灌溉智能决策支持系统研究与应用

主　编　姚　彬

副主编　于颖多　毛晓敏　宋文龙

中国水利水电出版社
www.waterpub.com.cn
· 北京 ·

内 容 提 要

本书是依托国家重点研发计划项目“水资源高效开发利用”专项下的“东北粮食主产区高效节水灌溉技术与集成应用”项目，在东北粮食主产区开展的“灌溉系统智能调控技术与产品”课题研究成果基础上撰写而成的。

全书共九章，分别介绍了灌溉系统智能调控技术与产品研究的意义、内容与技术路线；提出了地面多维数据的监测获取与作物需水指标研究方法；阐释了研究区基础信息遥感监测反演成果；构建了作物生长与灌溉预报决策模型库，率定了相关参数；阐明了灌溉控制器、两线解码器、灌溉电磁阀的工作原理及运用效果；论述了灌溉物联云平台的设计；介绍了灌溉智能决策支持系统开发与应用效果；提出了灌溉系统智能调控技术标准化模式。

本书适合农业、水利、遥感、信息化、地理信息等行业的研究人员、学者及高等学院（研究机构）学生阅读。

图书在版编目（CIP）数据

灌溉智能决策支持系统研究与应用 / 姚彬主编. --
北京 : 中国水利水电出版社, 2022.12
ISBN 978-7-5226-1215-7

Ⅰ. ①灌… Ⅱ. ①姚… Ⅲ. ①农田灌溉－智能决策－决策支持系统－研究 Ⅳ. ①S274

中国国家版本馆CIP数据核字(2023)第003115号

书　　名	**灌溉智能决策支持系统研究与应用** GUANGAI ZHINENG JUECE ZHICHI XITONG YANJIU YU YINGYONG
作　　者	主　编　姚　彬 副主编　于颖多　毛晓敏　宋文龙
出版发行	中国水利水电出版社 （北京市海淀区玉渊潭南路 1 号 D 座　100038） 网址：www. waterpub. com. cn E - mail：sales@mwr. gov. cn 电话：（010）68545888（营销中心）
经　　售	北京科水图书销售有限公司 电话：（010）68545874、63202643 全国各地新华书店和相关出版物销售网点
排　　版	中国水利水电出版社微机排版中心
印　　刷	天津嘉恒印务有限公司
规　　格	184mm×260mm　16 开本　12.25 印张　298 千字
版　　次	2022 年 12 月第 1 版　2022 年 12 月第 1 次印刷
定　　价	**68.00** 元

前言

水是生命之源，作物生长离不开水。通过灌溉排水措施调节土壤含水量，是农作物获得丰产的重要保障。我国水资源短缺，洪涝灾害频繁，人均水资源占有量仅为世界平均水平的1/4。节水灌溉作为一项革命性措施在我国得到了快速发展，喷灌、微灌等节水灌溉技术大幅度节约了田间灌溉用水，提高了水的利用率，在一定程度上缓解了农业用水供需矛盾。同时，节水灌溉还可以实现适时适量灌溉，提高农作物产量，改善农产品质量，实现增产增收。节水灌溉已成为实现水资源高效利用、保障国家粮食供给、加快农业现代化建设的坚实支撑。进入21世纪以来，尤其是近十年，以数字化为特征的信息化迅猛发展，利用现代信息技术对农作物、农田环境进行可视化表达，对农作物生长现象和灌溉过程进行模拟，使合理利用农业资源、降低生产成本、改善生态环境、提高农作物产量和品质成为可能，也将成为发展的必然趋势。水利部高度重视智慧水利建设，将推进智慧水利建设作为推动新阶段水利高质量发展的最显著标志和六条实施路径之一。智慧灌溉是智慧水利重要组成部分，推动现代信息技术与农田灌溉的深度融合，实现农田灌溉作物需水预报、作物干旱预警、用水调度预演、形成调度预案，不断提高灌溉的及时性和保障程度，是智慧灌溉的工作重点。

本书依托“水资源高效开发利用”专项下的“东北粮食主产区高效节水灌溉技术与集成应用”项目，在东北粮食主产区开展了“灌溉系统智能调控技术与产品”的研究、集成与应用。基于物联网、移动互联、3S技术的作物、土壤、气象等要素建立多维实时监测与采集系统，在充分利用互联网、大数据和云平台技术的基础上，建成了农田灌溉智能决策支持系统，通过系统智能决策和执行实现智能灌溉。研究和构建了规模化农业多维数据实时监测与数据采集系统，通过物联网技术实现了各类信息的实时监测、指令传输和执行；集成、比对和验证了玉米生长形状、产量和水肥气热多要素响应模型，探究了基于作物高效用水生理学的作物需水信号诊断指标与需水感知模型；研究集成了当地降水与地下水补给模型、作物腾发量实时监测与预报模型、土壤水分修正系数模型、农田水量平衡方程模型，建立灌溉系统智能决策模型库；应用卫星遥感和无人机低空遥感技术对灌区与试验区的基础空间信息、潜在蒸散发进行了遥感反演；研发规模化农田野外工况的低功耗灌溉监控设备以及灌溉电磁阀；开发了灌溉系统智能调控设备及灌溉智能决策支持系统，提出灌溉系统智能调控技术标准化模式。研发的预测预报结果精度高，能够指导当地农业灌溉和农业生产。另外，为解决节水灌溉物联网系统建设过程中不同设备之间的联通问题，本书作者还编写了《高效节水灌溉物联网平台数据接口技术规范》（T/JSGS 006—2022），推动了灌溉系统智能化健康发展，为数据应用和深度挖掘奠定基础。

本书由中国灌溉排水发展中心、中国水利水电科学研究院、中国农业大学等单位联合撰写完成，主编为姚彬，副主编为于颖多、毛晓敏和宋文龙。第一章由姚彬、杨伟才编写；第二章由毛晓敏、杨伟才编写；第三章由宋文龙、卢奕竹、余琅、刘杰编写；第四章由姚彬、毛晓敏、杨伟才编写；第五章由于颖多、赵金鹏编写；第六章由姚彬、徐锐编写；第七章由徐锐、姚彬编写；第八章由姚彬、徐锐编写；第九章由姚彬编写。

本书由苏春宏教授任主审，在编写和审稿过程中提出了很多建设性的意见和建议；在课题研究过程中，得到李远华教授、韩振中正高级工程师、龚时宏研究员的大力指导和帮助，同时得到了黑龙江省水利水电科学研究院、克山县水利局的支持与帮助，在此一并表示感谢。

由于编者水平有限，书中不妥之处在所难免，敬请各位同行批评指正。

编者

2022年10月

目录

第一章　绪　　论

一、研究背景及意义

水资源短缺是一个世界性的问题，全球水资源不断减少给国家安全、经济发展和社会稳定带来严重隐患，影响人类健康、能源储备和粮食供应。水资源的可持续利用与食物安全保障是人类社会持续发展的最基本支撑点。确保食物安全，已成为人类面临的重大挑战。水安全是食物安全的基础，水资源短缺将直接导致食物生产的波动，从而在源头上导致真正的粮食危机。联合国粮食及农业组织原总干事何塞·格拉齐亚诺·达席尔瓦（Jose Graziano Da Silva）指出“没有水安全就无法实现食物安全”。农业是最主要的用水部门，消耗了全球总用水量的70%。

中国是一个缺水国家，多年平均水资源总量28405亿m^3，居世界第6位，但人均水资源量仅为世界人均水平的1/4，且水资源与其他社会资源的空间分布不匹配。北方地区国土面积、耕地面积与人口分别占全国的64%、46%和60%，但其水资源量仅占19%。西北地区水资源量仅占全国的8%，单位面积水资源量仅为全国的1/4，水资源过度开发利用引发了严重的生态环境问题；华北地区耕地面积占全国的16.96%，但水资源量却只占全国的2.25%，海河流域人均水资源量不足300m^3，低于以色列人均400m^3的水平。据《2020年中国水资源公报》，全国农业用水量占到了总用水量的62.1%，并且农业灌溉耗水量占到了全国耗水总量的64.0%。发展农业节水，提高农业用水效率是保障全球水安全与食物安全的重要途径。

党中央、国务院对节水工作高度重视。习近平总书记提出“节水优先、空间均衡、系统治理、两手发力”治水思路，党的十九大报告指出“推进资源全面节约和循环利用，实施国家节水行动”。为节水发展指明了方向，也提出了新的要求。解决中国水短缺问题，节水是根本出路。一直以来，农业是我国的用水大户，也是最有潜力的节水大户。习近平总书记2018年在北大荒建三江国家农业科技园区考察时指出，要把发展农业科技放在更加突出的位置，大力推进农业机械化、智能化，给农业现代化插上科技的翅膀。

当前，发达国家农业已全面进入机械化、自动化阶段，农业产业化、组织化、合作化、规模化程度很高。21世纪以来，现代生物技术、信息技术、先进制造技术等高新技术以及新材料迅猛发展，正在加速传统农业技术变革与升级，传统农业生产方式与产业结构正在发生前所未有的深刻变革，逐步摆脱了仅仅依靠土地等自然资源生产农产品的传统产业羁绊，向科技主导型的多功能现代农业产业转变。新时期中国农业农村发展如何跟进世界农业绿色科技革命的潮流，实现降本提质增效和绿色发展，提升农业产业的竞争力和实现乡村振兴是水利科技工作者面临的严峻挑战。

随着现代计算机、网络技术、电子通信、智能一体化控制、遥感卫星等技术在水资源信息感知、智能控制、动态调度等方面的应用，逐步实现灌溉基本数据的自动收集、远程传输、远程控制、实时存储、科学分析，提高灌溉效率。因此，充分利用上述技术，结合节水灌溉技术、灌溉模型库，实施智能决策，提高农业用水效率，实现降本提质增效和绿色发展，是新时期中国农业农村发展跟进世界农业绿色科技革命潮流的重要路径之一。

黑龙江省是国家重要的商品粮基地，肩负中国粮食安全重任，是国家粮食安全“压舱石”。2020年，黑龙江省玉米种植面积达到548.1万hm^2，占全省粮食作物种植面积的37.96%，主要分布在松嫩平原。黑龙江省多年平均降雨量为533.2mm，据2011—2020年中国水旱灾害公报10年的统计数据显示：黑龙江省几乎每年都不同程度地发生洪灾与旱灾，尤其是春旱，概率达90%～100%。为确保粮食的产量安全、质量安全、生态安全，更好地发挥黑龙江省国家粮食安全“压舱石”的作用，在该地区开展节水灌溉与信息化技术集成研究是十分必要的。一是通过节水工程建设，可以实现精准灌溉，节约用水，增产增粮；二是引入灌溉预报技术，推测作物需水，实现实时监测预报，开展实时灌溉调度，实施准确定量灌溉，在提高粮食产量的同时，提高藏粮于技的成色。

灌溉系统智能调控技术能够根据需水感知模型来决策配水，实时感知气象、土壤等环境要素的变化，以及作物自身生理需水要求等，实现科学灌溉，满足作物需水，利于作物生产，节约用水量，节省人工、降低灌溉成本。通过利用物联网技术、移动互联、3S技术，综合作物、土壤、气象等要素，多维实时监测与采集系统，实现现场气象数据、实地土壤墒情的实时监测，感知实际作物需水量，并且根据判断情况综合运用智能控制系统，结合物联网技术对土壤灌溉系统进行远程控制，完成农业灌溉系统的监测、判断和决策。

二、研究任务

本书依托国家重点研发计划“水资源高效开发利用”专项下的“东北粮食主产区高效节水灌溉技术与集成应用”项目，在东北粮食主产区开展了“灌溉系统智能调控技术与产品”的研究、集成与应用。

课题基于物联网、移动互联、3S技术的作物、土壤、气象等要素建立多维实时监测与采集系统，研发低功耗灌溉智能控制设备以及“互联网+”灌溉决策支持系统，提出规模化、农田标准化灌溉系统智能调控成套技术与产品，并在示范区内进行规模化集成与示范。利用现代信息技术，构建高效节水灌溉技术集成应用模式，提供实时决策支持、精准灌溉，为实现本书总目标起到重要、关键的支撑作用。

三、研究内容

本书研究基于物联网、移动互联、3S技术之上的作物、土壤、气象等要素多维实时监测与采集系统，通过集成、率定和验证玉米生长性状、产量与水肥气热多要素协同响应模型，再基于作物生理学需水信号诊断指标与需水预测的基础上，集成和率定当地降水、地下水补给、作物腾发量实时与预报模型，构建灌溉系统智能决策模型库。研发低功耗灌溉智能控制设备以及“互联网+”灌溉决策支持系统，提出规模化、农田标准化灌溉系统智能调控成套技术与产品。具体包括以下研究内容。

1. 节水灌溉多维数据实时监测云平台技术

基于物联网、移动互联、3S等技术，通过对多维数据监测与研究、基础信息与ET_0遥感监测反演、灌溉物联云平台的构建等研究，研发多维实时监测与多维数据采集系统，实现节水灌溉多维数据实时监测云平台技术。

（1）多维数据监测与研究。通过对试验区 2017—2019 年，3 年气象、土壤、作物生长及其需水等指标进行实时监测研究，了解玉米生育期内气温、空气湿度、辐射强度、风速、ET_0 和降雨等变化规律，分析土壤温度、含水率及其相关基本物理参数对蒸散发的影响以及参考作物腾发量的时间变化规律，研究这些变化过程对植物光合作用等生理生化过程的影响，实现多维数据监测与研究。

（2）基础信息与 ET_0 遥感监测反演。采用中分辨率（1km）MODIS 卫星影像、高分一号 GF－1 卫星影像（16m）、搭载可见光与热红外相机的无人机平台与数据处理软件等，反演得到试验区高分辨率（cm 级）正射无人机影像与灌溉相关的遥感监测基础信息，包括研究区土地利用、植被指数、植被覆盖度、作物类型、灌溉面积等，并反演了时间尺度为日情况下多年平均 ET_0 及其不同气候类型下的数据。

（3）灌溉物联云平台的构建。智能灌溉决策物联网云平台集成了物联网监测数据、遥感解译数据、视频及图像监控等多源数据，构建了决策模型库，通过各种算法的模拟与反演，达到了智能决策、自动控制和节水灌溉的目的。

通过多维实时监测与多维数据采集系统，构建以云数据存储和云计算中心为核心、以数据标准化为基础、以智能物联云网关为接口、以便携式智能终端为手段的灌溉物联云平台，实施多维多源数据的融合和大数据分析功能。

2. 灌溉系统智能决策模型库

灌溉系统智能决策模型库是智能灌溉决策的核心内容，也是实现智能精准灌溉的关键技术，主要由作物生长模型与灌溉预报模型组成。

（1）作物生长模型。通过系统分析原理和计算机模拟技术来定性、定量地描述作物生长、发育、产量形成及其与所处环境间的动态关系。为了更进一步验证 CropSPAC 模型的适应性，将试验区 2018 年、2019 年的气象资料、玉米生育期内生长状态、土壤水热状况等资料作为输入数据，提供给 CropSPAC 模型，CropSPAC 模型模拟 2018 年、2019 年玉米生育期内光合作用与蒸腾作用的变化过程及其地上生物量、叶面积指数、作物腾发量、土壤 1m 土层贮水量等模拟值，将输出的模拟值与实测值进行比对，以此验证 CropSPAC 模型的适应性。

（2）灌溉预报决策模型库。灌溉预报决策模型库是将田间监测到的实时土壤水分状况、气象数据、作物生长状态等信息，通过灌溉预报决策模型库对作物根部区域进行分析、预测，实现对作物短期或逐日水分变化准确预报。本书采用克山县试验区监测资料，利用灌溉预报决策模型进行演算，并通过智能灌溉决策支持系统的调控结果进行比对验证。

3. 节水灌溉智能控制设备及配套产品

基于低压电力载波通信的两线解码器灌溉控制系统，研发规模化农田野外工况下的低功耗灌溉监控设备；根据灌溉控制面积的需要增/减编码器模块，单台控制器的控制能力最大可达 360 个电磁阀，可以较好地适应当前规模化农业种植中控制阀门数量较多的情境，灌溉控制器软件采用 B/S 结构，支持远程访问，可以实现灌溉系统的远程管理，开发统一规范的、扩展性较强的、可以提供丰富数据服务的通用型应用层网关设备；通过数值模拟，揭示电磁阀流道结构对水力学特征的影响机制，开发具有低水头损失、低启动压力特点的电磁阀系列产品。

4. 灌溉智能决策支持系统和标准化模式

基于多维数据实时监测与多维数据采集，研发灌溉智能决策支持系统，包括物联网数据、遥感数据分析利用、灌溉预报决策支持平台、灌溉系统智能决策、移动应用、系统管理及基础数据库等功能模块，提出灌溉系统智能调控技术标准化模式。

（1）灌溉智能决策支持系统。基于物联网、移动互联、3S技术的灌溉物联云平台，设计开发了互联网＋灌溉决策支持系统——灌溉智能决策支持系统，该系统汇集感知层、汇聚层、数据层、服务层和应用层等部分，包括物联网数据采集、遥感数据处理、灌溉系统智能决策库、灌溉预报决策支持平台、远程控制系统、移动应用系统、系统管理平台、基础数据库建设等8个大模块，下面又含29项子模块。实现了节水灌溉系统数据的采集、融合、决策、执行、反馈全流程。通过2018年、2019年对灌溉智能决策支持系统在克山县试验区的试运行，初步研究成果较精准，能够指导当地农业灌溉，服务农业生产。

（2）灌溉系统智能决策系统标准化模式。在应用示范基础上，对灌溉系统智能调控技术进行总结提炼，形成了标准化模式，为灌溉智能决策支持系统的推广应用提供了技术指导，尤其是编写的《高效节水灌溉物联网平台数据接口技术规范》（T/JSGS 006—2022）能够有效规范高效节水灌溉物联网系统建设，从技术上统一和协调各个子系统的集成问题，避免重复建设和实现数据互通互联。

四、研究方法与技术路线

1. 研究方法

本书通过系统智能决策与执行，实现了智能灌溉，建成了农田灌溉智能决策支持完整体系。具体研究方法包括以下几方面。

（1）通过物联网技术实现各类信息的实时监测、指令传输和执行。

（2）采用集成、比对和验证方法，完成玉米生长性状、产量与水肥气热多要素协同响应模型，在作物生理需水信号诊断指标与需水感知模型基础上，补充、完善其他相关模型，构建灌溉系统智能决策模型库，解决传统灌溉预报不能解决的问题，如灌溉预报时间及空间尺度的变异性、灌溉预报与作物生理需求信息实时修正等。

（3）在集成应用试点基础上，完成高效节水灌溉物联网数据接口技术规范，为解决节水灌溉物联网系统建设过程中不同设备之间的联通问题提供技术支撑，推动灌溉系统智能化健康发展，为数据应用和深度挖掘奠定基础。

2. 技术路线

本书基于物联网、移动互联、3S等技术，对节水灌溉智能系统调控技术与产品进行应用研究，形成灌溉智能决策支持系统，并完成该系统的应用与推广。本书节水灌溉智能系统调控技术与产品共包含了节水灌溉多维数据实时监控云平台技术、灌溉系统智能决策模型库、节水灌溉智能控制设备及配套产品三部分。

节水灌溉多维数据实时监控云平台技术共分为多维数据监测与研究、基础信息与ET_0遥感监测反演、灌溉物联云平台的构建，多维数据监测与研究主要由气象、土壤、作物等多要素构成实时监测与采集系统，对农田作物本身的生长状态以及环境变化进行实时监测，对遥感数据的分析利用，获得灌溉区域内基础信息以及蒸散发遥感反演模拟，通过物联网、移动互联、3S等技术，对采集到的数据进行集成、处理、分析和汇总，形成灌溉物联云平台。

灌溉系统智能决策模型库包含作物生长模型与灌溉预报模型，作物生长模型可以对作物生长发育阶段生物量产量的积累、土壤水热动态的传输、腾发量以及蒸散发的状态等进行实时监测、模拟和预报，灌溉预报模型也可将所有的信息汇总传输到灌溉预报决策支持平台，做到灌溉预报的实时决策控制。

节水灌溉智能控制设备及配套产品主要由低功耗灌溉智能控制设备的研发、可提供丰富数据服务的通用型应用层网关设备开发、具有低水头损失及低启动压力特点的电磁阀系列专利产品构成。

由此形成灌溉智能决策支持系统通过互联网+灌溉决策支持系统，执行来自灌溉预报决策支持平台的决策指令，将本书所有的研究成果、技术和产品进行综合凝练，最终提出规模化、农田标准化灌溉系统智能调控成套技术与产品。具体的课题技术路线见图1-1。

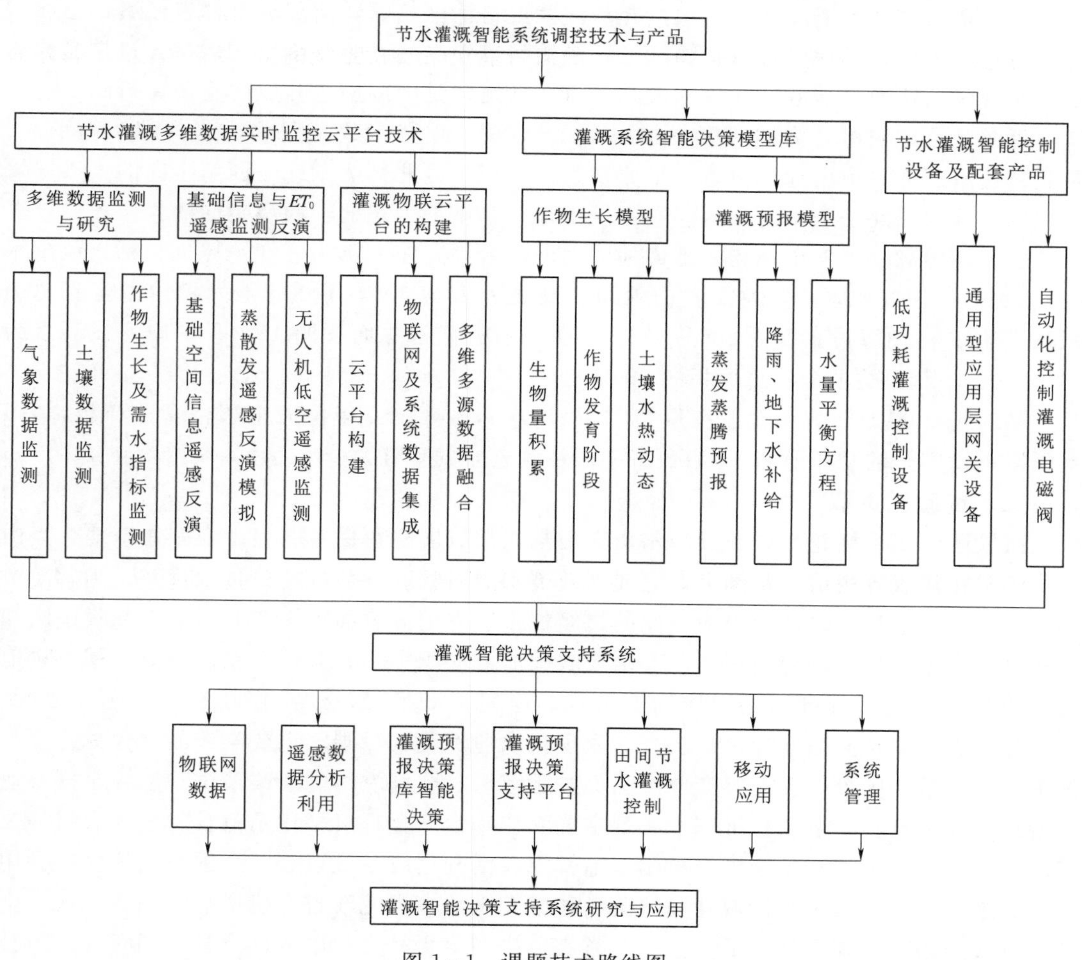

图1-1 课题技术路线图

第二章　研究区多维数据监测与研究

第一节　研究区概况

一、研究区域

本书以东北粮食主产区为依托，选取国家重要的商品粮基地——黑龙江省为研究对象。黑龙江省位于中国东北部，是中国地处最北、纬度最高的省份，西起东经121°11′，东至东经135°05′，南起北纬43°26′，北至北纬53°33′，东西跨14个经度，南北跨10个纬度。北、东部与俄罗斯隔江相望，西部与内蒙古自治区相邻，南部与吉林省接壤。总面积为47.3万km^2（含加格达奇和松岭区），居全国第6位。边境线长2981.26km，是亚洲与太平洋地区陆路通往俄罗斯和欧洲大陆的重要通道，是中国沿边开放的重要窗口。

黑龙江省地貌可分为“五山一水一草三分田”。地势大致是西北、北部和东南部高，东北、西南部低，由山地、台地、平原和水面构成。西北部为东北—西南走向的大兴安岭山地，北部为西北—东南走向的小兴安岭山地，东南部为东北—西南走向的张广才岭、老爷岭、完达山脉。兴安山地与东部山地的山前为台地，东北部为三江平原（包括兴凯湖平原），西部是松嫩平原。黑龙江省山地海拔高度大多为300～1000m，面积约占全省总面积的58%；台地海拔高度为200～350m，面积约占全省总面积的14%；平原海拔高度为50～200m，面积约占全省总面积的28%。

2020年，黑龙江省粮食总产量为7540.8万t，连续10年位居全国粮食总产量之首，是国家粮食安全的“压舱石”，肩负着中国粮食安全的重任。

二、试验区选取

试验区坐落于黑龙江省齐齐哈尔市克山县北部战区空军保障部克山农副业基地。克山县位于黑龙江省齐齐哈尔市东北部，地处东经125°10′57″～126°8′18″，北纬47°50′51″～48°33′47″，为小兴安岭伸向松嫩平原的过渡地带，克山县总面积3320km^2，以丘陵漫岗和平原地形为主，现有耕地面积2013km^2，农田灌溉面积1873.3km^2，农田灌溉面积占耕地面积的93.1%。该县种植的农作物有大豆、小麦、玉米等，经济作物有马铃薯、亚麻、甜菜等。克山县是全国双拥模范县、国家现代农业示范区、国家重要农产品（大豆）生产保护区试点县、国家级生态原产地产品保护示范区、全国农村配套改革试验区、全国农业可持续发展试点县、全国首批基本实现主要农作物生产全程机械化示范县、全国农村一二三产业融合发展试点县、全国农村闲置宅基地盘活利用改革试点县、全国黑土地保护利用整建制推进试点县、全国区域性马铃薯良种繁育基地、黑龙江省有机产品认证示范区、全省主要农作物绿色高产创建示范县、全省农业生产全程社会化服务试点县。同时，克山县又被誉为中国马铃薯种薯之乡、中国高蛋白大豆之乡。

三、试验方案布置

试验的目的是探索水肥管理模式，监测作物生长过程中的生理变化，获取伴随作物生长过程中土壤的物理化学特性，为智能灌溉决策系统模型库中各项参数的率定提供科学依据。因此，试验方案需设置不同的田间试验情境，根据实测值对作物生长模型进行验证，确定模型参数的准确性，使模型更加本土化。作为灌溉预报模型库的一部分，通过多种情景模式下模拟作物生长以及土壤水热特征，得到不同情境下作物的实际需水量，从而为灌溉决策起到一定的指导和引领作用。同时，为搭建田间数据监测设备和网络系统，将此作为智能灌溉决策系统调试的依据，通过田间试验地块对系统功能开展实际验证，测试系统功能准确性和可操作性。

为保障试验数据的可行性，按照对农作物轮作的统一部署，将2017—2019年的田间试验站点、试验处理均进行了调整。

2018年、2019年试验区移至2017年试验区道路南侧，土壤理化性质相似的地块进行试验研究。2017年、2018年试验设置了不同的水分处理小区，用于率定作物在充分供水以及水分亏缺状态下的作物参数（如作物系数和土壤水分胁迫系数等）；2019年试验考虑了覆膜、水分、施肥3种因子，主要用于对多要素协同作用下作物生长模型的参数率定。各年的具体试验方案如下。

1. 2017年试验布置

2017年试验区共划分5个不同的试验小区，从北向南依次为W_1～W_5，由于W_1通风条件较好，作物提前进入生育期，所以又将W_1小区分为3个试验小区（即W_{1-1}、W_{1-2}、W_{1-3}），因此2017年试验区最终有7个试验小区，分别对各试验小区进行率定。

2017年试验区施肥方式一致，一次性施足底肥，后期不追肥，底肥按当地经验进行，施加专用缓释肥，（N－P_2O_5－K_2O，24－10－12），相当于施用氮（N）、磷（P）和钾（K），分别为288kg/hm^2、120kg/hm^{2}和144kg/hm^2。

试验区内布设1条DN75灌溉干管120m，6条DN63灌溉支管49m，安置高清摄像头1台，用于拍摄每天冠层绿叶覆盖度（LCP），埋设土壤水参数自动采集器（EM50）6台，土壤水热盐三参数自动采集器（EM50）2台，每个小区均布设2个蒸渗桶，分别安装在垄台和垄沟上，在W_{1-1}和W_5各布设茎流计1台。试验区平面布置图及仪器布设见图2－1。

2017年的试验小区设置不同的水分处理，各水分处理的灌水上、下限以田间持水量（FC）为基数，通过占FC百分数确定，各小区试验方案见表2－1。

表2－1　2017年各小区灌水量试验方案

试验小区	水分处理	
	灌水上限（FC）	灌水下限（FC）
W_{1-1}	100%	60%
W_{1-2}	不灌水	
W_{1-3}	90%	60%
W_2	80%	70%

续表

试验小区	水分处理	
	灌水上限（FC）	灌水下限（FC）
W_3	100%	80%
W_4	90%	70%
W_5	100%	90%

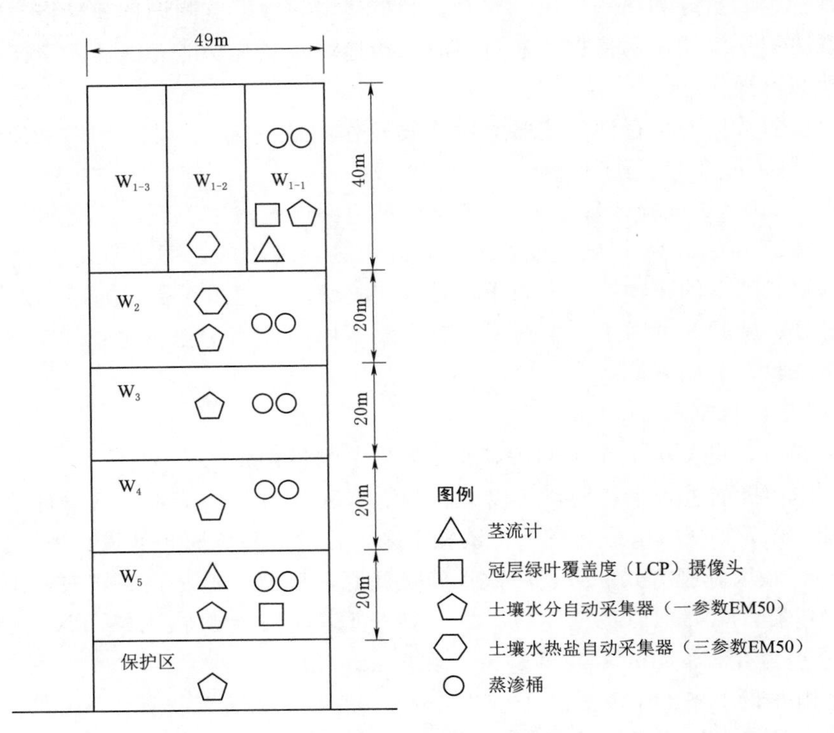

图 2-1 2017 年试验区仪器布设

灌水方案及灌水上下限以田间持水量（FC）为基准，其中：

（1）W_{1-1}：灌水上限 100%FC，灌水下限 60%FC，灌溉量：$4\Delta w$（Δw 为 10%FC）。

（2）W_{1-2}：不灌水。

（3）W_{1-3}：灌水上限 90%FC，灌水下限 60%FC，灌溉量：$3\Delta w$。

（4）W_2：灌水上限 80%FC，灌水下限 70%FC，灌溉量：Δw。

（5）W_3：灌水上限 100%FC，灌水下限 80%FC，灌溉量：$2\Delta w$。

（6）W_4：灌水上限 90%FC，灌水下限 70%FC，灌溉量：$2\Delta w$。

（7）W_5：灌水上限 100%FC，灌水下限 90%FC，灌溉量：Δw。

2017 年试验区种植作物为春玉米，品种是瑞福尔 1 号，种植模式为 1.1m 大垄双行南北向种植，播种方式采用平播，耕作方式为免耕，播种深度约 5cm，垄行距约 40cm，株距约 20cm，单株玉米占地面积为 $0.11m^2$，种植密度约为 9 万株/hm^2；灌溉方式为滴灌，统一采用“一带双行”布置，滴灌带毛管间距 110cm，滴头间距 30cm，滴头流量 1.38L/h，泵站流量 40m^3/s，扬程 130m。除草、喷洒农药等农艺措施以当地经验为准。

2. 2018 年试验布置

在 2017 年试验的基础上，依据农作物轮作要求，在 2017 年试验田道路南侧，土壤理化性质与 2017 年地块相似，新设 2018 年试验区，该试验区共设置 5 个灌水小区，自北向南依次为 $W_1 \sim W_5$，每个试验区又设置 3 个试验小区，增设 1 个灌溉预报小区 Y_1。

整个试验区施肥方式一致，一次性施足底肥，后期不追肥，底肥为复合肥，施肥量为 80kg/亩，养分含量为 N 24%、P_2O_5 10%、K_2O 12%，总养分不小于 46%，相当于纯氮量（N）为 288kg/hm^2、有效磷（P_2O_5）120kg/hm^2 和有效钾（K_2O）144kg/hm^2。

试验区内布设完整灌溉系统，安置高清摄像头（监测 LCP）1 台，埋设土壤多参数自动采集器（EM50）6 台，每个试验小区均布设蒸渗桶 1 个，共计 15 个，试验区平面布置及仪器布设见图 2-2。

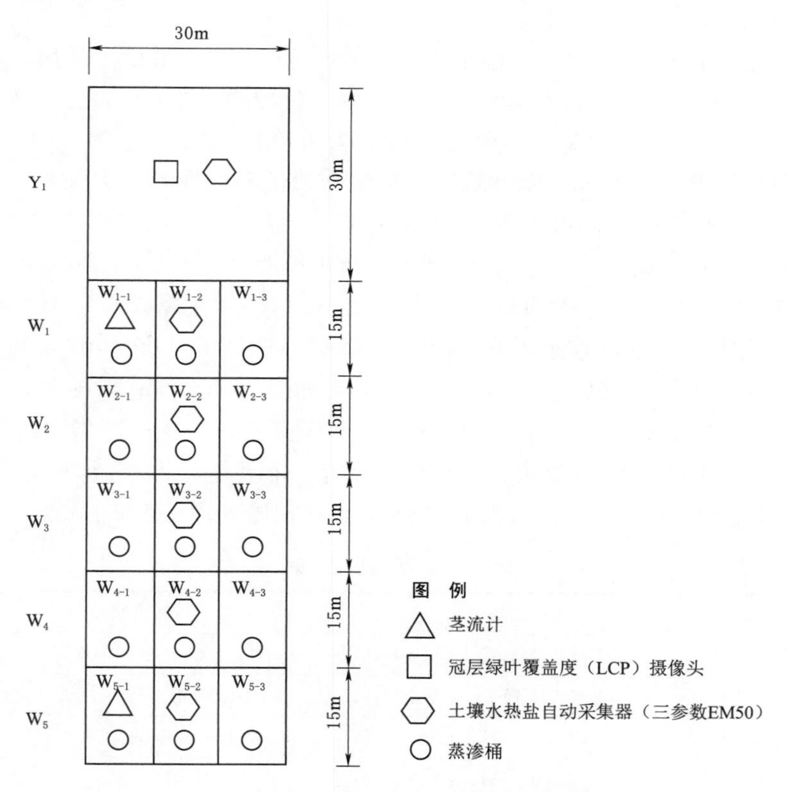

图 2-2 2018 年试验区平面布置图

2018 年试验区按灌水量不同，共设置 6 个水分处理，各水分处理的灌水上、下限依然以田间持水量（FC）为基数，通过占 FC 百分数确定，试验方案见表 2-2。

2018 年试验春玉米种植品种为富单 2 号，种植模式同 2017 年，即 1.1m 大垄双行，垄上 70cm，垄下 40cm；南北向种植，播种方式为平播，耕作方式为免耕，播种深度约 5cm，垄行距约 40cm，株距约 20cm，种植密度约 9 万株/hm^2；灌溉方式为滴灌，滴灌方式为“一带双行”，滴灌带毛管间距 110cm，滴头间距 30cm，滴头流量 1.38L/h，泵站流量 40m³/s，扬程 130m。除草、喷洒农药等农艺措施以当地经验为准。

表 2-2　2018 年试验方案及各小区计划灌水量

试验小区	水分处理	
	灌水上限	灌水下限
Y_1	按灌溉预报灌水	
W_{1-1}～W_{1-3}	100%FC	90%FC
W_{2-1}～W_{2-3}	90%FC	80%FC
W_{3-1}～W_{3-3}	100%FC	70%FC
W_{4-1}～W_{4-3}	80%FC	70%FC
W_{5-1}～W_{5-3}	100%FC	50%FC

3. 2019 年实验布置

2019 年试验区是在 2018 年的基础上实施，较 2018 年又新增设了覆膜、施肥 2 种因子。本试验考虑覆膜、水分、施肥 3 种因子，设置 3 种覆膜方式：不覆膜（M_0）、覆可降解膜（M_1）、覆普通透明膜（M_2）。所用膜参数为可降解，膜厚度为 0.012cm，膜宽为 2.5m，降解原理为微生物降解，降解效果与微生物的生理活性有很大关系；普通透明膜厚度为 0.008cm，膜宽为 1.2m。以田间持水量（FC）为基准，均设置 2 种水分，具体为灌水上限 100% FC，下限 80% FC；不灌水。4 种追氮水平 N_0、N_1、N_2、N_3，分别代表施底肥 60kg/hm²（60kg/hm² 指的是纯氮量），不追肥（N_0）；施底肥 60kg/hm²，在大喇叭口期追氮 30kg/hm²，在吐丝追氮 30kg/hm²（N_1）；施底肥 60kg/hm²，在大喇叭口期追氮 70kg/hm²、吐丝期追氮 70kg/hm²（N_2）；施底肥 60kg/hm²，在大喇叭口期追氮 100kg/hm²、吐丝期追氮 100kg/hm²（N_3）。此外，还设置了一组对照处理（CK），即播种后，无灌溉，无施肥共 15 种处理，每种处理设置 3 个重复，共 45 个小区，小区随机布置。每个小区为矩形，设置长 7.5m，宽 8.8m，具体试验处理见表 2-3。

表 2-3　2019 年试验方案

编号	覆膜方式	灌水量	追肥次数和追肥量	处理名称
1	普通透明膜	上限 100%FC，下限 80%FC	2 次，100kg/(hm²·次)	N_3M_2
2	普通透明膜	上限 100%FC，下限 80%FC	2 次，70kg/hm²·次	N_2M_2
3	普通透明膜	上限 100%FC，下限 80%FC	2 次，30kg/(hm²·次)	N_1M_2
4	普通透明膜	上限 100%FC，下限 80%FC	不追肥	N_0M_2
5	普通透明膜	不灌水	不追肥	CKM_2
6	可降解膜	上限 100%FC，下限 80%FC	2 次，100kg/(hm²·次)	N_3M_1
7	可降解膜	上限 100%FC，下限 80%FC	2 次，70kg/(hm²·次)	N_2M_1
8	可降解膜	上限 100%FC，下限 80%FC	2 次，30kg/(hm²·次)	N_1M_1
9	可降解膜	上限 100%FC，下限 80%FC	不追肥	N_0M_1
10	可降解膜	不灌水	不追肥	CKM_1
11	不覆膜	上限 100%FC，下限 80%FC	2 次，100kg/(hm²·次)	N_3M_0

续表

编号	覆膜方式	灌水量	追肥次数和追肥量	处理名称
12	不覆膜	上限 100%FC，下限 80%FC	2 次，70kg/(hm² · 次)	N_2M_0
13	不覆膜	上限 100%FC，下限 80%FC	2 次，30kg/(hm² · 次)	N_1M_0
14	不覆膜	上限 100%FC，下限 80%FC	不追肥	N_0M_0
15	不覆膜	不灌水	不追肥	CKM_0

2019 年试验种植作物仍为春玉米，玉米品种与 2018 相同，富单 2 号。种植模式为 1.1m 大垄双行，垄上 70cm，垄下 40cm；南北向种植，播种方式为平播，耕作方式为免耕，播种深度约 5cm，垄行距约 40cm，株距约 20cm，种植密度约为 9 万株/hm^2；灌溉方式为滴灌，滴灌方式为“一带双行”，滴灌带毛管间距 110cm，滴头间距 30cm，滴头流量 1.38L/h，泵站流量 40m^3/s，扬程 130m。

第二节 气象数据监测

一、参考作物腾发量计算公式

风速、气温、太阳辐射、降水等气象要素存在不同程度的变化，而这些要素的变化直接影响作物需水状况，评价作物需水状况最重要的指标是作物需水量（蒸散发），即地面上植物的叶面蒸腾与植株间土壤蒸发量之和。蒸散发与参考作物腾发量（简称“ET_0”）相关，联合国粮农组织《作物腾发量：作物需水量计算指南》（FAO-56）将 ET_0 定义为“假设作物高度为 0.12m，冠层阻力和反照率分别为 70s/m 和 0.23 的参考冠层的蒸散，相当于生长旺盛、长势一致、完全覆盖地面且水分供应充足的开阔绿色草地的蒸散”，并且推荐了基于气象要素的彭曼公式（Penman-Monteith 公式）进行计算。ET_0 代表了标准植被表面的腾发速率，表征了大气蒸发能力的气象参数。ET_0 现已是全球范围内普遍认可的计算作物田间耗水量及评价区域资源用水效率的基础参数，同时也是制定水法、国际河流水资源分配、生态用水及水环境评估的依据。ET_0 的研究历来受到国内外学者高度重视，如何精准地计算 ET_0 已成为研究作物需水规律的热点。

本书采用 FAO-56 推荐的 Penman-Monteith 计算公式，计算时间尺度为日，公式如下：

$$ET_0=\frac{0.408\Delta(R_n-G)+\gamma\dfrac{900}{T+273}u_2(e_S-e_a)}{\Delta+\gamma(1+0.34U_2)} \tag{2-1}$$

式中：R_n 为作物表面净辐射量，MJ/(m^2 · d)；G 为土壤热通量，MJ/(m^2 · d)；u_2 为 2m 高处平均风速，m/s；e_S 为饱和水汽压，kPa；e_a 为实际水汽压，kPa；Δ 为饱和水汽压与温度曲线的斜率，kPa/℃；γ 为干湿表常数，kPa/℃；T 为温度，℃。

在试验区内安置微型自动气象站（PC-4 型自动气象站，锦州阳光气象科技有限公司），见图 2-3。仪器安装高度为 2m，实时监测试验区内气象状况，每 15min 记录一次，包括太阳辐射、风速、大气温度、大气湿度、降雨等气象参数。对 2017—2019 年监测的气象数据进行整理分析，研究玉米作物生长期内气温、空气湿度、辐射强度、风速、ET_0

图 2-3 气象站

和降雨等变化规律，分析气象数据以及参考作物腾发量的时间变化规律，研究这些变化过程对植物光合作用等生理生化过程的影响，有助于为作物生长模拟和灌溉预报提供更加精准的资料。

二、气温

气温是 FAO-56 推荐的 Penman-Monteith 计算公式中的主要气象指标，大量研究结果表明温度与 ET_0 之间呈现明显关系，气温的升高会导致参考作物腾发量的显著上升，苏春宏等（2006）对呼和浩特地区 43 年的气象资料进行研究，结果表明：温度增加对 ET_0 中辐射项影响很大，递增幅度均呈线性关系，每增加 1℃，ET_0 的增加幅度为 2.3%～2.8%；戚迎龙等（2020）对通辽市 2017 年、2018 年春玉米生长季内 ET_0 与日值气象因子进行分析发现：ET_0 与最高气温、最低气温、日均风速、日照时数呈正相关，并对 ET_0 与日值气象因子敏感性指数大小进行排序，即日均风速（0.220/0.324）＞最高气温（0.125/0.157）＞日均相对湿度（0.100/0.139）＞日照时数（0.091/0.116）＞最低气温（0.007/0.034），其中前 4 个指数为高敏感因子；刘昌明等（2011）对影响中国地表潜在蒸散发的气象因子进行了敏感性分析，其敏感程度由高到低排序为：水汽压＞最高气温＞太阳辐射＞风速＞最低气温。本书对克山县 2017—2019 年春玉米生育期内的最高、最低、平均气温进行监测，具体见图 2-4。

实验地点位于我国高寒地区，由图 2-4 可看出 3 年春玉米生育期内的平均温度均为 17～18℃，最低温度为-6.6℃，最高温度为 34.8℃。春玉米生育初期气温偏低，之后气温逐渐上升，在 7—8 月达到同年气温最高值，春玉米生长发育速率达到最大，到 9 月气温开始逐渐下降。

2018 年、2019 年春玉米生育初、末期温度整体低于 2017 年，并在 9 月出现霜冻天气，导致春玉米遭遇冻害，提前收获。

三、相对湿度

相对湿度对植物耗水的影响是由水汽压差作用产生的，春玉米通过叶片气孔的开合完成蒸腾，气孔的开合程度是对外界水汽压变化的响应，外界湿度变化导致叶片内外水汽压差产生，故认为大气湿度在较大程度上影响植物的蒸腾速率。刘建立等（2009）认为，空气饱和差与湿度呈负相关，空气饱和差可以较好地模拟蒸腾对微气象因子的响应。Kumagai 等（2004）发现在同一温度下植物蒸腾强度会随着相对湿度的提高而下降，同时，他认为空气湿度不能独自影响植物的蒸腾作用，必须与空气温度共同作用。对 2017—2019 年春玉米生育期内逐日最大相对湿度与最小相对湿度进行监测，见图 2-5。

春玉米生育期内空气最大、最小相对湿度逐日变化过程由图可知：春玉米生育前期空气相对湿度波动较大，后期最高湿度变化较为平缓，均为 90%～100%，可能与夏季频繁降雨有关。最低相对湿度随着生育期推进，逐渐升高，7—8 月为 50%～80%，随后在 9

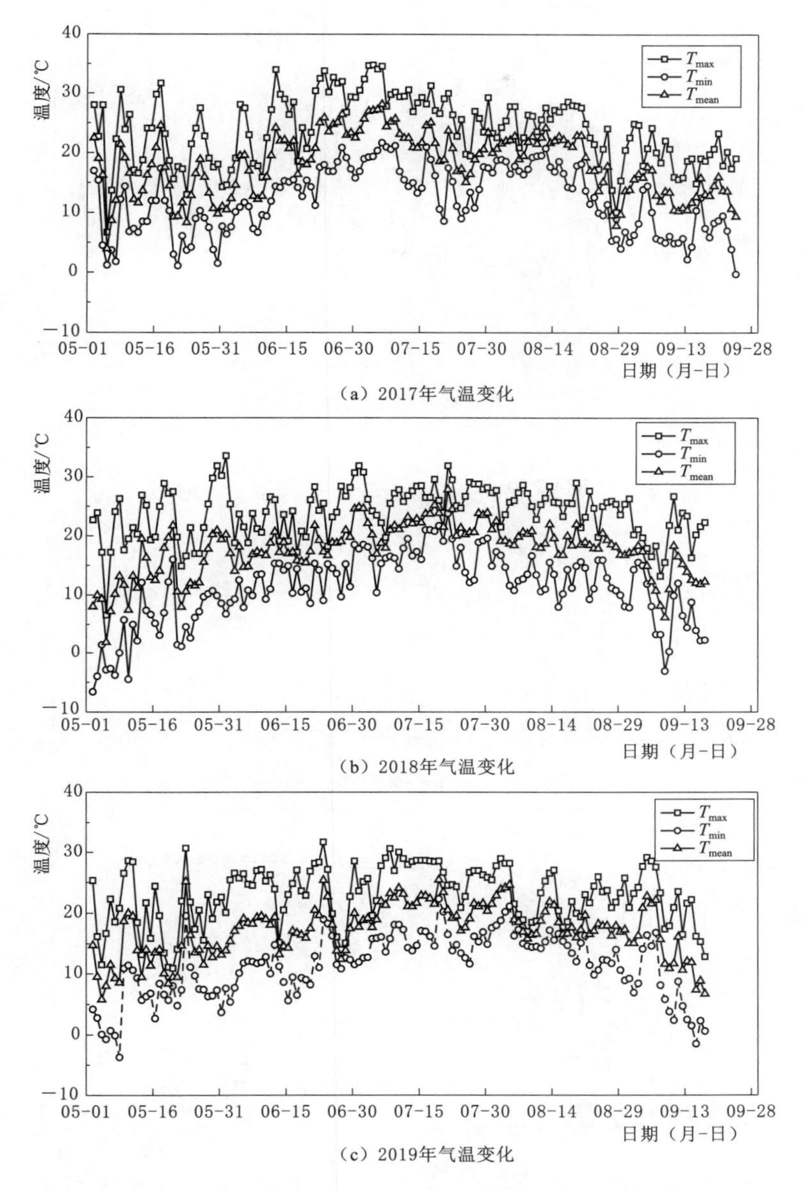

（a）2017年气温变化

（b）2018年气温变化

（c）2019年气温变化

图 2-4　2017—2019 年春玉米生育期内最高、最低、平均气温逐日变化过程图

月又出现下降趋势。

四、辐射强度

光是作物生长、光合作用的能量来源，同时也是光合作用和植物生长发育的重要调节因子。国内外对 ET_0 研究的学者，依据不同的假设条件，发展了近几十种 ET_0 的计算模型，归纳起来主要分为以下 4 类：①以实测辐射数据为基础的辐射计算法；②以温度数据估测太阳辐射的温度计算法；③以区域水面蒸发为基础参数的蒸发皿计算法；④以综合考虑空气动力项及太阳辐射动力项的综合计算法。这 4 类计算模型中就有 3 类将辐射强度作

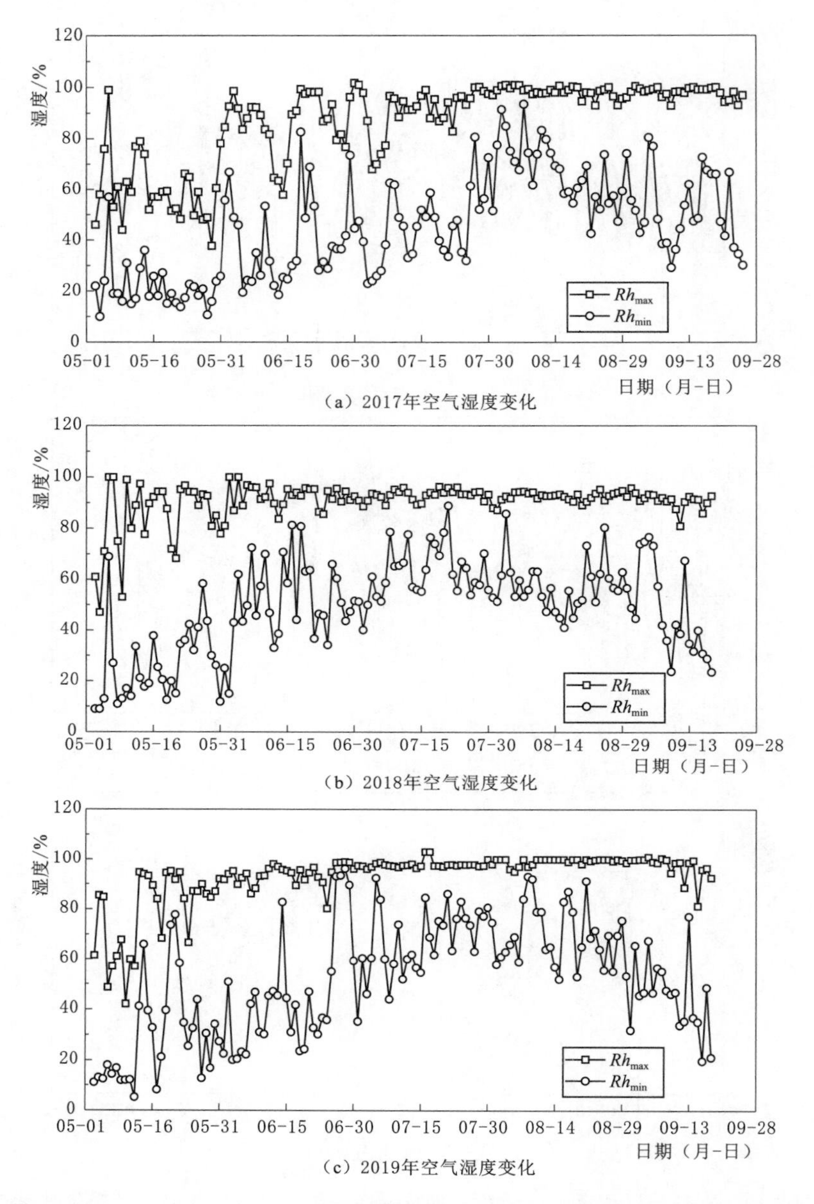

（a）2017年空气湿度变化

（b）2018年空气湿度变化

（c）2019年空气湿度变化

图 2-5　2017—2019 年春玉米生育期内最大、最小相对湿度逐日变化过程图

为重要因素。

在众多的研究成果中，FAO-56 推荐的 Penman-Monteith 计算公式属于第④类，即综合考虑空气动力项及太阳辐射动力项的综合计算法，尽管 FAO-56 PM 公式被认为是缺少实测数据区域 ET_0 计算较规范方法，同时将 Penman-Monteith 计算公式作为半理论半经验模型，被视为评价其他 ET_0 计算模型的标尺，由于受气象（特别是辐射）、水文等因素影响，在不同区域的计算成果也与实际监测结果存在一定差异。

为此，本书将太阳辐射作为 ET_0 主要影响因子进行研究，对 2017—2019 年玉米生育期内逐日太阳辐射（*Rs*）与净辐射（*Rn*）实施监测，见图 2-6。

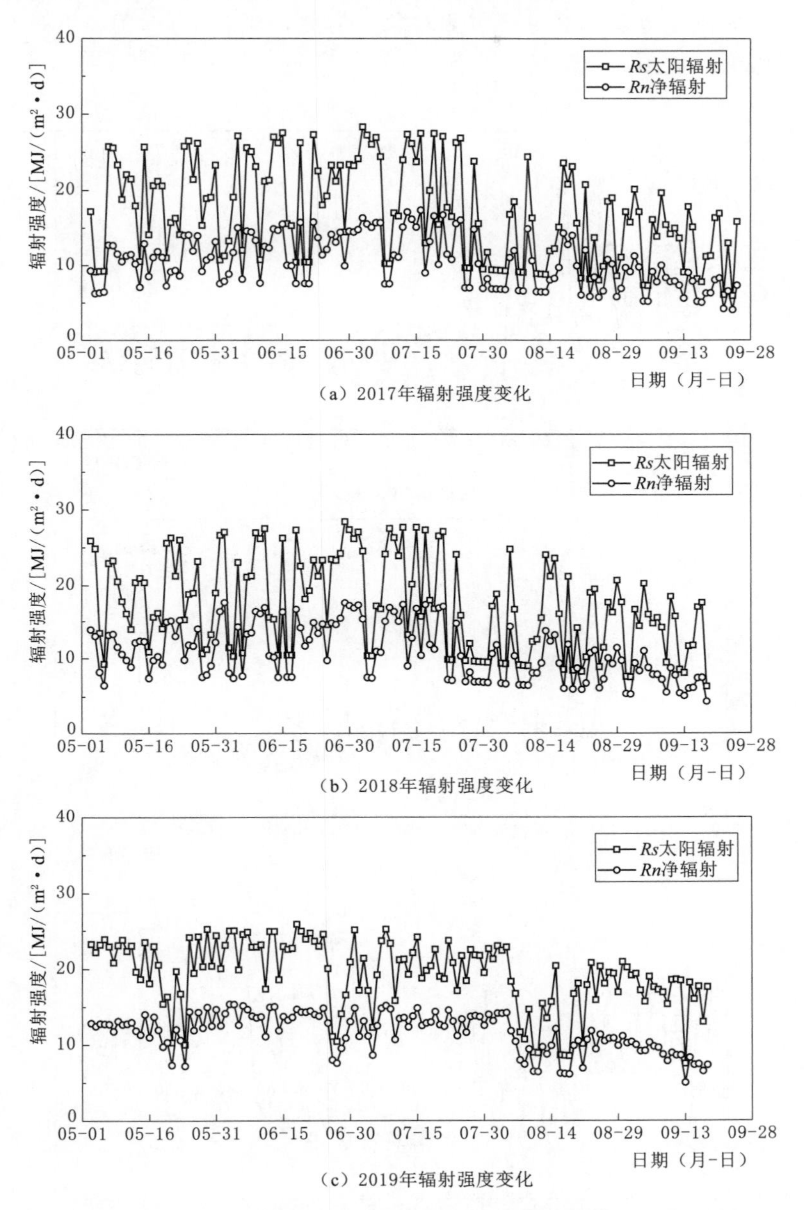

（a）2017年辐射强度变化

（b）2018年辐射强度变化

（c）2019年辐射强度变化

图 2-6　2017—2019 年春玉米生育期内辐射强度逐日变化过程图

东北地区光照资源丰富，日照时数长，有利于作物光合作用的积累。从图 2-7 可见，太阳辐射受天气、云层的遮挡影响比较大，在 10～30MJ/(m^2·d) 左右波动，而净辐射约占太阳辐射的 1/2。3 年春玉米生育期内太阳辐射累计值为 2428～2694MJ/m^2；净辐射平均值为 10～12MJ/(m^2·d)，生育期内累计值为 1502～1616MJ/m^2。

五、风速

在全球气候变暖的背景条件下，风速、气温、太阳辐射、降水等气象要素都有不同程度地变化，而这些要素的变化均与作物需水密切相关，作为 Penman - Monteith 计算公式中主要气象因子的风速也是本书主要监测对象。为此，对 2017—2019 年春玉米生育期内逐日风速进行监测，见图 2-7。

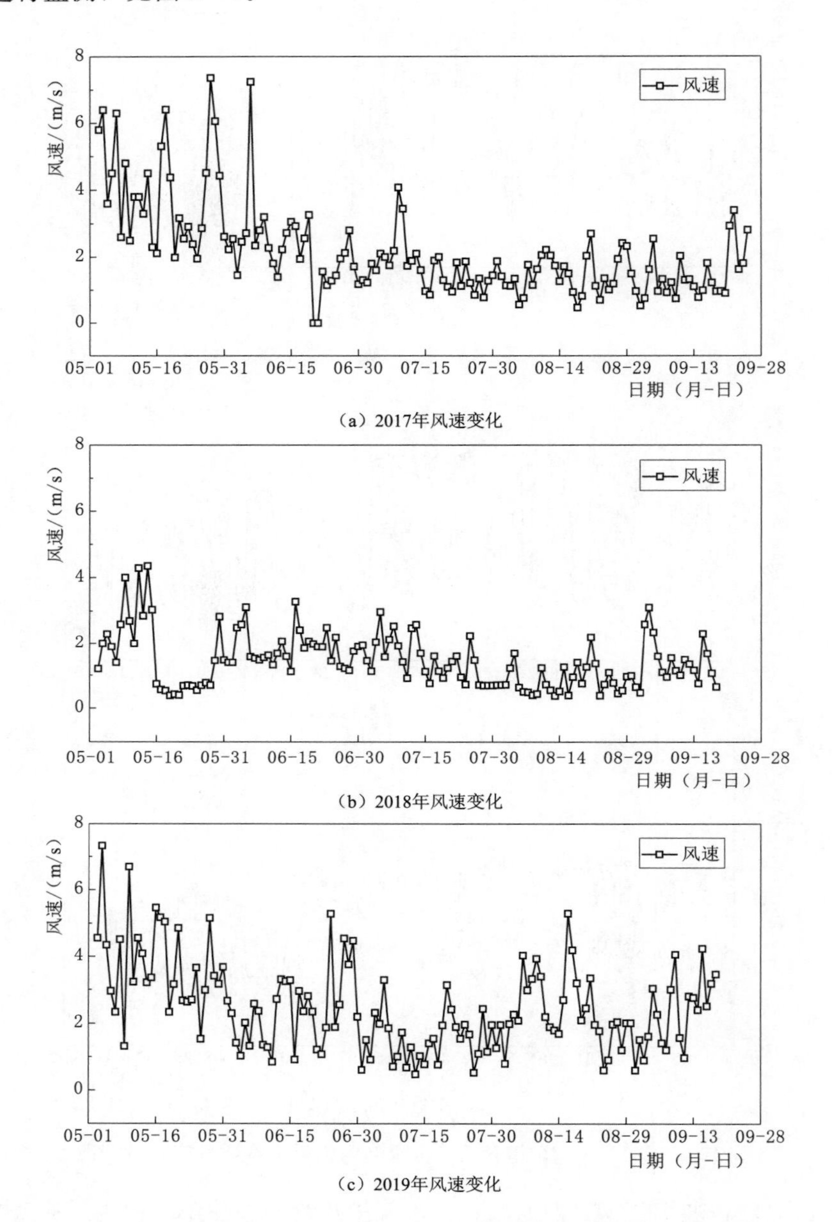

(a) 2017年风速变化

(b) 2018年风速变化

(c) 2019年风速变化

图 2-7 2017—2019 年春玉米生育期内风速逐日变化过程图

由图 2-7 可以看出：风速在春玉米生育期内呈先减小后增大的趋势，在生育初期最大风速可达 7～8m/s；后期风速稳定在 1～4m/s。春玉米在生育初期处于大风期间，大风影响苗壮苗齐、土壤蒸发，对春玉米的生长以及最终产量造成影响。

六、参考作物腾发量和降雨

降雨量和参考作物腾发量（ET_0）的匹配程度直接影响着灌溉系统调控技术，受气象条件、下垫面等因素的影响，二者之间存在着较强的随机性和不确定性。降雨量和参考作物腾发量的不确定性直接影响到本研究智能决策技术水平。本书基于 Penman - Monteith 计算模型，对 2017—2019 年春玉米生育期内 ET_0 与监测降雨量 P 进行比对，见图 2-8。

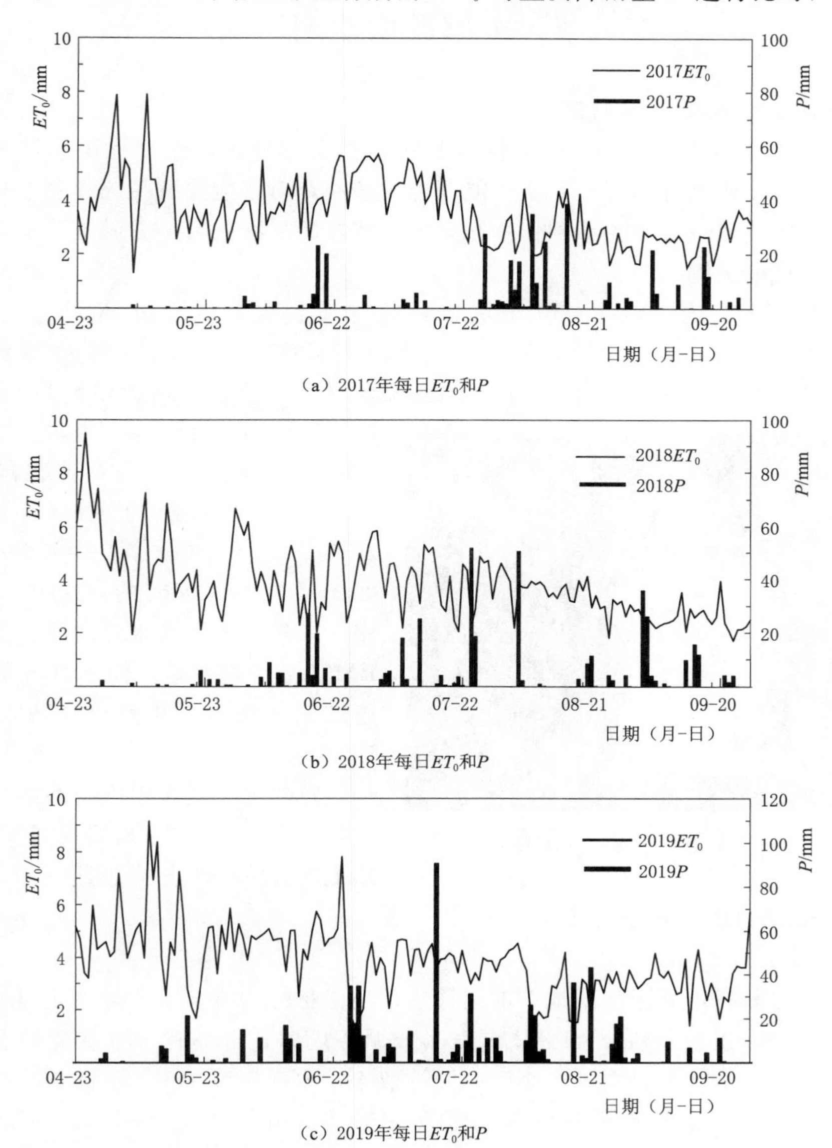

图 2-8　2017—2019 年春玉米生育期内 ET_0 和降雨逐日变化过程图

2017—2019 年春玉米生育期内逐日参考作物腾发量的变化趋势基本相近，生育期前期 5—6 月，风速较大，地表蒸腾快，ET_0 值偏高，春玉米生育后期 ET_0 逐渐降低，平均为 3～4mm。2019 年春玉米全生育期参考作物腾发量最高，为 488.83mm；而降雨量与参考作物腾发量有所不同，2017年降雨集中在7月中旬至8月中旬，春玉米生育前期降雨较常年偏少，6月出现一次干旱；2018年春玉米全生育期内降雨较为分散，5月出现一次强降雨，最大降雨量出现在7月下旬，达50mm；2019年春玉米生育期内累计降雨量654mm，降雨集中在7—8月，最大一次降雨量出现在7月19日，达到90mm左右。

第三节　土壤数据监测与测定

一、土壤温度和含水率监测

土壤水分是土壤-植被-大气连续体（SPAC）的关键变量，作物腾发量是本书实施智能调控的基础。土壤水分是灌溉系统智能调控的核心，对智能灌溉系统起着十分重要的作用。土壤要素的监测一方面关系到作物智能灌溉调控的精准，另一方面也关系到作物生长发育和产量形成的关键。

在每个试验小区内埋设EM50土壤多参数自动监测采集器和ECH_2O - 5TE传感器（5TE，Decagon Devices公司，美国），监测土壤温度和含水率。5TE土壤水分传感器可靠、精度高，其探针通过土壤的介电常数来确定体积含水量，数据精度为±3%，校正后可达±(1%～2%)。为防止探针阻碍土壤水分下渗，5个5TE传感器垂向测定深度为1m，间距为20cm，分别以0～20cm、20～40cm、40～60cm、60～80cm、80～100cm的层位侧向插入土壤中，采集5层土壤水分数据。数据采集仪EM50放入防水盒，防水盒缝隙使用高强度玻璃胶密封，并裹上厚防水袋埋于距EM50探针50cm以外处。每15min自动记录每层的土壤含水率，并结合定期钻孔取样，采用烘干法测得土壤含水率，对EM50值进行校正，见图2-9。

图2-9　EM50土壤多参数自动监测采集器

二、土壤基本物理参数测定

1. *土壤质地*

土壤中水热盐在不同土壤质地中的运移规律与渗透能力有显著差异，土壤质地类型作为重要的下垫面因素，对研究SPAC农田水分循环规律，也具有十分重要的意义。为切实调查试验田的土质状况，在每个小区内开挖取土，取样深度1m，每20cm取一层土样，整个剖面共取5层，取样点取样深度分别为：0～20cm、20～40cm、40～60cm、60～80cm和80～100cm，风干后装密封袋。

利用激光粒度分析仪MS2000对土壤质地进行分析，表2-4为春玉米田块在0～20cm、20～40cm、40～60cm、60～80cm和80～100cm深度土壤质地分析结果，春玉米田块在0～100cm深度各层土壤的砂粒、粉粒、黏粒的变化范围分别为19.788%～21.355%、67.213%～69.548%、9.805%～11.486%。根据《美国农业部土壤质地划分标准》，确定玉米田块 0～100cm 深度土壤质地均为粉壤土，见表 2-4。

表 2-4　土 壤 质 地 类 型

土层/cm	砂粒 2000～50μm	粉粒 <50～2μm	黏粒 <2μm	质地
0～20	19.841	69.217	10.941	粉壤土
20～40	20.862	67.213	11.486	粉壤土
40～60	19.788	69.548	10.663	粉壤土
60～80	21.136	68.066	10.798	粉壤土
80～100	21.355	68.839	9.805	粉壤土

2. 土壤水分特性

采用环刀法实地取土测定土壤水分特性指标（土壤干容重、田间持水率、饱和含水率等）。在平坦未扰动的地段选取采样点，清除地表杂物，挖开长 1.5m、宽 1m、深 1.2m 的土坑，取 0～20cm、20～40cm、40～60cm、60～80cm 和 80～100cm 深度土层的原状土，分别测定其不同土层田间持水率。

将土坑长轴一侧垂直剖面修平，沿垂直方向铲除 0～20cm 土层并修平，用皮锤将环刀（规格为 $100cm^3$）垂直打入取样点，取土层厚 20cm 原状土，重复取样 3 次，修平环刀表面多余的土，一侧铺垫滤纸，并盖上将带孔口的环刀铝盒盖，另一侧盖上无孔的环刀铝盒盖，分别编号，放入托盘内避光保存，依此相同步骤，分别取土层深度 20～40cm、40～60cm、60～80cm 和 80～100cm 的原状土，各取 3 组，依次编号，放入托盘内避光保存。

将装有原状土的环刀铝盒放入注水托盘内浸泡，水面低于环刀铝盒上缘表面 2mm，环刀铝盒盖垫有滤纸、有孔盒盖面朝下，浸泡 24h，直至饱和，去掉水分饱和的环刀铝盒盖和滤纸，擦干环刀表面的附水，称重，记为 W_0，称重后盖上滤纸，一起放在装有干土的平底托盘，用物块压实，当水分自由下渗时开始计时，每隔 1 小时称重 1 次，直至 3 次称重的质量相同为止，记为 W_1。

经过 2 天后，待质量稳定后将装有湿土样的环刀放入烘箱内，设定温度 80℃，烘干 20h 后取出称重，再次烘干，每隔 2h 后取出称重，直到数值恒定为止，记为 W_2。将环刀中的土去掉，称取环刀重量，记为 W_3。根据环刀体积，结合实测结果，分别计算土壤干容重、田间持水率、饱和含水率等值，结果见表 2-5。

表 2-5　试验区土壤物化特性指标

取土深度/cm	土壤干容重/(g/cm^3)	田间持水率/%	饱和含水率/%
0～20	1.17	40.28	55.64
20～40	1.13	39.12	60.21
40～60	1.18	37.22	55.06
60～80	1.30	37.24	51.92
80～100	1.39	36.61	48.55
1m 土层平均值	1.23	38.09	54.28

经计算，春玉米田块在0～100cm深度内各层土壤的干容重、田间持水率、饱和含水率的变化范围分别为1.13～1.39g/cm^3、36.61%～40.28%、48.55%～60.21%。取多次环刀法量测的平均值作为最终土壤物理基本参数值，得到1m土层平均干容重1.23g/cm^3，平均田间持水率38.09%，平均饱和含水率54.28%。

3. 土壤饱和导水率

根据土壤质地及土壤水分特性值，由RETC软件分析非饱和土壤水分和水力传导特性。由土壤的颗粒级配中砂粒、粉粒、黏粒的百分含量以及土壤干容重等土壤物理性质数据，直接输出Van-Genuchten模型中的4个参数。由于饱和含水率已由实验测得，故为已知值。将表2-4中土壤颗粒级配参数输入到RETC软件中，由此确定0～20cm、20～40cm、40～60cm、60～80cm和80～100cm深度土层的θ_r（残留含水率），θ_s（饱和含水率），K_s为土壤饱和导水率，α、n为经验参数，结果见表2-6。

表2-6 土壤水力特性参数

取土深度/cm	θ_r /(cm^3/cm^3)	θ_s /(cm^3/cm^3)	α /cm^{-1}	n	K_s /(cm/d)
0～20	0.08	0.38	0.07	1.10	6.42
20～40	0.09	0.39	0.01	1.10	3.35
40～60	0.09	0.40	0.07	1.13	4.62
60～80	0.09	0.36	0.09	1.13	3.21
80～100	0.09	0.39	0.09	1.13	3.66
平均值	0.09	0.39	0.07	1.12	4.25

可见土壤饱和导水率在3.21～6.42cm/d之间，平均值4.25cm/d；0～20cm的饱和导水率最高，深层土壤饱和导水率相对偏低。

第四节 作物生长指标监测

作物产量除了与灌溉、土壤状况有关外，还与气候条件、光照条件等密切相关。叶面积指数、株高、茎粗是最直接衡量植株生长状况的指标，这些指标均受到作物光合作用的影响，光合作用的强弱对作物生长与产量具有非常明显的作用。在作物生长期内，作物群体生产能力和干物质积累受到植株光合作用的影响，干物质积累量直接影响到最终作物的产量。

为研究春玉米生长状况，每天在特定时间内观测各小区植株生长情况，当小区内70%以上春玉米植株表现出某生育期该具有的特征时，作为进入该生育期的标准，将春玉米生育期划分为苗期、拔节期、抽雄吐丝期、灌浆期、成熟期5个生育阶段，并分别记录各生育阶段的起止时间，同时对不同生育阶段内春玉米的叶面积指数、作物冠层覆盖度、株高和地上干物质积累量进行研究，为最终产量的形成提供理论基础。

一、叶面积指数

叶面积指数（LAI）又称叶面积系数，是指单位土地面积上植物叶片总面积占土地面积的倍数。若已知植物不同高度叶面积密度［用表示 $\mu(z)$，m^2/m^2；z 为植株高度，cm］，对植株整个高度的叶面积密度函数积分就得到植物冠层的叶面积指数。叶面积指数已成为分析植物光合作用、蒸腾作用、光合作用与蒸腾作用之间关系及其水分利用和生产力的一个重要参数。本书采用卷尺（精度为 1mm）对叶面积进行测量，测量所有叶面完全展开的长度和宽度，用叶片的实际面积乘以修正系数 0.75，来计算叶面积指数。

从苗期开始，每隔 15d，在每个试验小区内随机选取具有代表性的玉米植株，取回后测量玉米的叶面积，得 2017—2019 年春玉米叶面积指数动态变化图，见图 2-10。

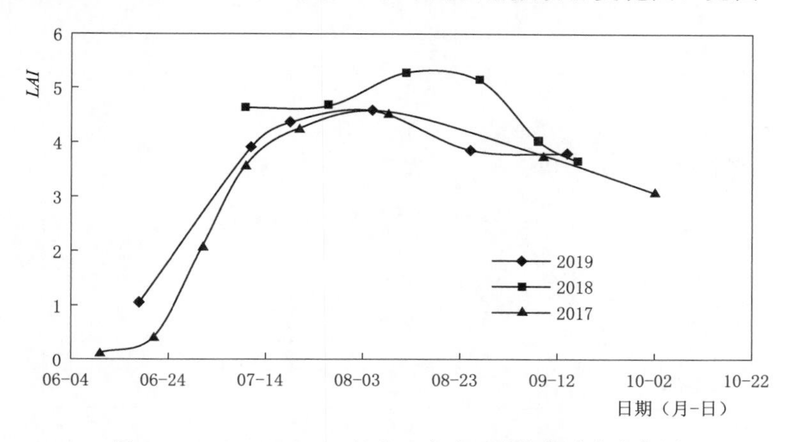

图 2-10　2017—2019 年春玉米叶面积指数动态变化图

各年叶面积指数动态变化显示：叶面积总体变化趋势基本相同，从 6 月下旬开始，进入拔节期后迅速增长，到灌浆期后增速减缓，并逐步趋于平稳，在成熟期后，由于部分叶片变黄枯萎，叶面积指数有所下降。2017 年、2018 年、2019 年叶面积指数最高值分别为 4.42、5.28、4.57，最高为 2018 年，其次是 2019 年、2017 年；生育期内，2018 年叶面积指数普遍高于 2019 年、2017 年；2019 年和 2018 年在生育后期气温急剧降低，玉米遭受冻害，叶面积指数衰减速度快于 2017 年。

二、作物冠层覆盖度

作物冠层覆盖度指某一田块作物垂直投影面积与该田块面积之比，用百分数表示。它是对作物生长状况综合结果的反映，也是表征农作物生长的重要参数。它能客观地反映作物在生长期内整体动态变化和作物光合作用及蒸腾作用的能力。可作为实际量测作物棵间蒸腾量的一项重要指标，也可作为有效地预测作物生长营养状况及作物产量一个有效参考值。

在灌溉预报小区内架设摄像头，用于每天拍摄作物冠层照片，通过后台计算，得到作物冠层绿叶覆盖度（LCP），用于预报系统进行每日灌溉预报的计算，见图 2-11。

图 2-11　LCP 摄像头采集每日冠层覆盖度

三、株高

灌溉系统智能调控是灌溉系统用水的一项关键技术，可有效地减少农作物地表径流和土壤无效蒸发，增加土壤降水入渗，具有促进土壤调温保墒、抗风压碱、抑制土壤杂草、作物生长发育、提高作物光合能力等的作用，保墒和增产施肥效果明显，玉米冠层的形态和结构是直接影响玉米群体光能分布与其光合特性的重要影响因素。因此，从苗期开始，每隔 15d，在每个试验小区内随机选取具有代表性的玉米植株，采用卷尺（精度为 1mm）对株高进行测量，自植株底部量至植株生长点得玉米株高，2017—2019 年春玉米株高动态变化见图 2-12。

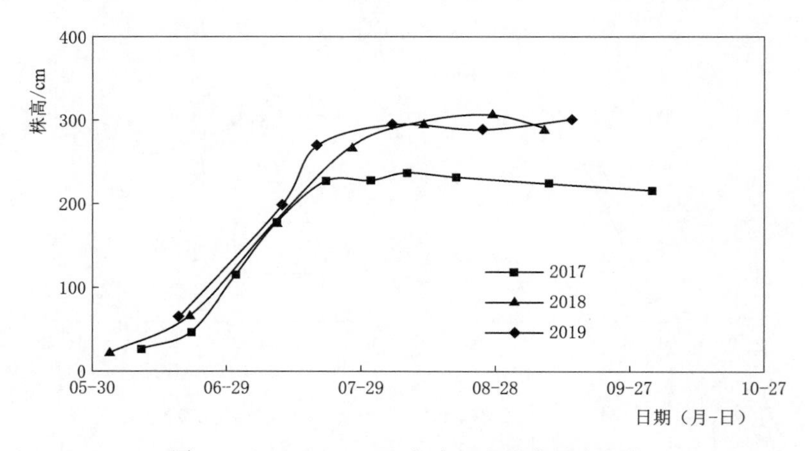

图 2-12　2017—2019 年春玉米株高动态变化

2017—2019 年生育期内株高的动态变化图显示：株高整体变化趋势相同，随着生育期的推进，玉米株高呈现先增大后减小趋势，自 7 月初起，玉米进入拔节期后，株高增速加快，此时玉米营养和生殖生长并行；到 7 月下旬，玉米营养增长放缓，逐渐进入以生殖生长为中心的阶段，因此株高增长逐渐放缓并趋于平稳。2017—2019 年玉米株高最高值是 2018 年的 306.3cm，其次是 2019 年，300.8cm，再者 2017 年，236.7cm。2017 年玉米株高最高值比其他两年偏小的原因有以下两方面：一是玉米品种不同，二是 2017 年前期干旱少雨，在玉米营养生殖阶段株高未完全发育，最终影响了植株生长。2018 年 9 月初玉米株高就开始有下降趋势，主要原因是 9 月上旬冻害造成玉米衰败。

四、地上干物质积累量

春玉米进入成熟期开始测产，为消除边界效应，在每个小区中间且长势均匀处进行测产取样。测产取样时，在各小区内，沿滴灌带方向随机选取一行玉米，每行取样 20 株，重复取样 3 次，作为春玉米产量的观测株，测定产量与果实品质构成穗粗（cm）、穗长（cm）、行粒数、穗行数、百粒鲜重（g）、百粒风干重（g）、含水率（%）等，统计各小区玉米株数，根据播种密度和实测密度计算春玉米的保苗率，再将产量换算到群体生物量上，算出亩产量。玉米成熟后期，在每个试验小区随机选取 3 行，每行按顺序选取 20 株春玉米，量取每个玉米穗的凸尖长，并将 20 株春玉米穗从大到小排序，从中选取 5 株长势均匀的穗棒，测量穗长、穗粗、穗行数、穗粒数，脱粒后对所有 20 株穗粒测鲜重，从中随机选取 100 粒，用精度 0.01g 的电子秤称重，得 100 粒、20 穗、5 穗玉米粒湿重，并将此100颗玉米粒用铝盒单独包装，并烘干得百粒干重。同时，将取回的每株玉米的茎、叶、穗分开后分别装入信封袋，测量鲜重，然后放入烘箱在105℃下杀青30min，以防止叶片呼吸作用导致生物量减小，之后在85℃下烘干至重量不再变化，最后用精度为0.01g的天平分别称量，得到单株生物量，然后再根据单株生物量、种植密度，得2017—2019年春玉米地上生物量动态变化，见图2－13。

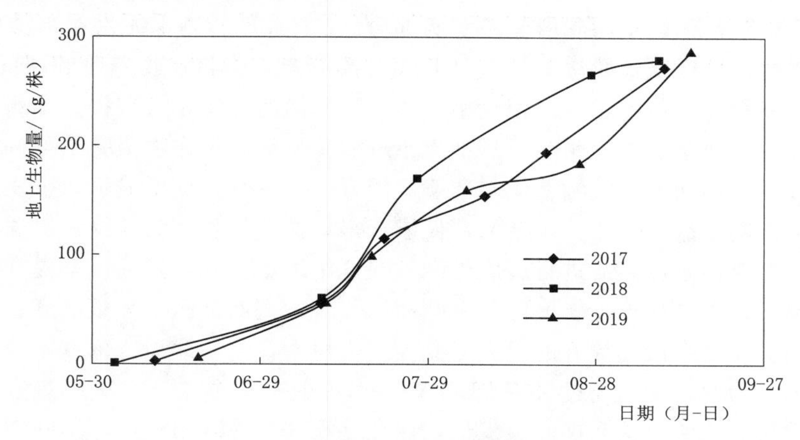

图2－13　2017—2019年春玉米地上生物量动态变化

图2－14显示，各年地上生物量变化规律基本一致，地上干物质积累速度在拔节期较为平稳，灌浆期为一个高峰期；春玉米生育前期地上生物量增长速率相近，2019年春玉米后期（7—8月）地上生物量生长速率变缓，其原因是2019年7—8月进入雨季后，每日均有降雨，涝渍和气温偏低导致地上干物质积累速度变缓；春玉米生育期末地上生物量最高值是2019年，287.97g/株，其次是2018年，279.06g/株，再者是2017年，271.78g/株。

五、产量

灌溉系统智能调控技术最终是要实现产量的提高，作物产量的增加可以缓解国家对进口粮食的需求，为农民增加一定的经济收入，改善农民的生活质量。春玉米不仅作为鲜食玉米越来越受到人们青睐，而且还逐渐成为重要的工业原料，将有更大的发展空间。因此，实现春玉米稳产、增产将具有重要的意义。为此，对2017—2019年春玉米总产量进行对比，见图2－14。

2017—2019年春玉米收获后测得产量如图2－14所示。2017年平均总产量为11.45t/hm^2，2018年为12.18t/hm^2，2019年为9.53t/hm^2。2019年总产量要低于2017年、2018年，原因是2019年整体气温较前2年偏低，且7—8月降雨量过大，涝渍影响了最终产量。

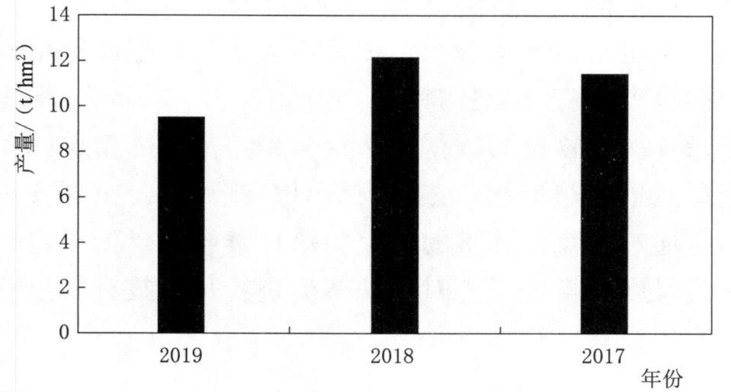

图2－14　2017—2019年春玉米总产量对比图

通过2017—2019年的实验，在

充分灌水和施肥的处理组中，对不同的指标进行了不同年份的比对，所用实验结果均作为每个处理采集样本时的平均值。所测得的作物生长指标可用于作物模型调试验证。

第五节 作物耗水指标监测与研究

作物腾发量包括作物蒸腾和棵间蒸发两部分。ET 常见的测定方法有蒸渗仪法、涡度相关法、波文比法、区域遥感法等，但以上方法都不能直接将作物蒸腾和棵间蒸发分开，不利于精准灌溉和提高作物水分利用效率。茎流计和微型蒸渗仪可直接分开测量计算作物蒸腾、棵间蒸发，大量研究表明基于热平衡原理的茎流计测量作物蒸腾是可行的，且精度较高。国内外学者们探究了植物茎流与环境等因素的相关性，结果显示，植物蒸腾、平均气温和风速与夜间茎流显著相关，茎流计仅能获得单株茎流量，为掌握农田群体作物的蒸腾耗水规律，需要将单株茎流进行尺度提升。在这个由单株到群体的尺度提升过程中需确定尺度转换因子，常见的尺度转换因子有叶面积、茎干截面面积、种植密度、茎粗等。有关单株茎流到群体蒸腾尺度提升的研究对象大多为树木，对东北地区单株玉米茎流尺度提升的研究较少。为此，本书通过采用 FLOW32 - 1K 包裹式茎流计和微型蒸渗桶，测得春玉米需水关键期的茎流数据和棵间蒸发值，探究茎流速率在降雨前后、不同天气条件下的变化规律及其差异，并解析茎流速率与环境因素之间的相关关系及变化特征，通过比较不同尺度转换因子计算农田尺度春玉米群体的蒸腾量，确定适合典型东北高寒黑土区单株春玉米茎流的尺度转换因子，进一步探究春玉米在灌浆期内作物蒸腾、棵间蒸发及作物腾发量的变化规律，为该地区精准灌溉提供理论支撑。

一、作物蒸腾

在作物 SPAC 系统中，作物蒸腾是非常重要的一环，它与光合作用形成碳水化合物，碳水化合物的不断积累，形成最终的产量。在 SPAC 系统中，90%以上的水分被大气、土壤蒸发和植株蒸腾耗散，储存在作物产量中的水分占比极少。从作物生理功能中挖掘其节水潜力，减少蒸腾耗水量，提高作物自身水分有效利用是灌溉系统智能调控技术的突破点。本书以热平衡原理的包裹式茎流计（FLOW32 - 1K，Decagon Devices 公司，美国）测定春玉米生长旺盛阶段的茎流速率，并通过尺度提升方法转换为植株蒸腾速率。

在试验区内选取具有代表性，且相隔一定距离的玉米植株，测量其叶面积，将包裹式茎流计随机包裹在春玉米第 3 节茎秆位置上，包裹时需要除去茎秆处的叶鞘，用游标卡尺测量包裹植株的茎直径。随后，为了防止包裹处植株伤口增生，涂抹植物油，并在茎流计外面包裹 2～3 层泡沫锡箔。最后，用保鲜膜胶带封口，防止雨水进入传感器，每 15min 记录 1 次作物蒸腾数据。选定包裹茎流计的植株每 10d 左右换 1 次，同时为防止降雨对仪器造成损害与干扰，在降雨后对茎流计进行重新安装。

通过茎流计测得的茎流为单株蒸腾量，为了得到玉米群体的蒸腾量，通过采用叶面积作为尺度转换因子，对单株茎流进行尺度提升。以叶面积为转换因子，单株茎流进行尺度提升的计算方法如下：

$$T_{\text{叶面积}} = 10\frac{1}{n}\sum_{m=1}^{n}\frac{Q_m}{LA_m\rho}LAI \tag{2-2}$$

式中：$T_{叶面积}$ 为采用叶面积尺度转换因子得到的玉米群体蒸腾量，mm/d；LA_m 为第 m 个样本植株的叶面积，cm^2；LAI 为平均叶面积指数，m^2/m^2；ρ 为水的密度，g/cm^3。

图 2-15 为试验区内采用茎流计测量植物茎流及植株蒸腾实验照片。

图 2-15　茎流计测量植物茎流及植株蒸腾

1. 玉米茎流速率日变化特征

选取 2017 年、2018 年玉米灌浆期茎流速率和有效降雨的日变化进行研究，研究结果见图 2-16。

2017 年、2018 年春玉米灌浆期茎流速率和有效降雨的日变化如图 2-16 所示。2017 年茎流速率峰值最高与最低分别出现在 8 月 13 日（91.03g/h）和 8 月 30 日（19.80g/h）。2018 年茎流速率峰值最高与最低值出现在 8 月 6 日（82.169g/h）和 9 月 2 日（8.56g/h），且茎流速率随生育后期推进呈下降趋势。2017 年 8 月 16—23 日与 2018 年 8 月 6—16 日玉米茎流速率呈现较高水平，原因是这几日降雨少，光合有效辐射、气温都比灌浆期其他时间高。

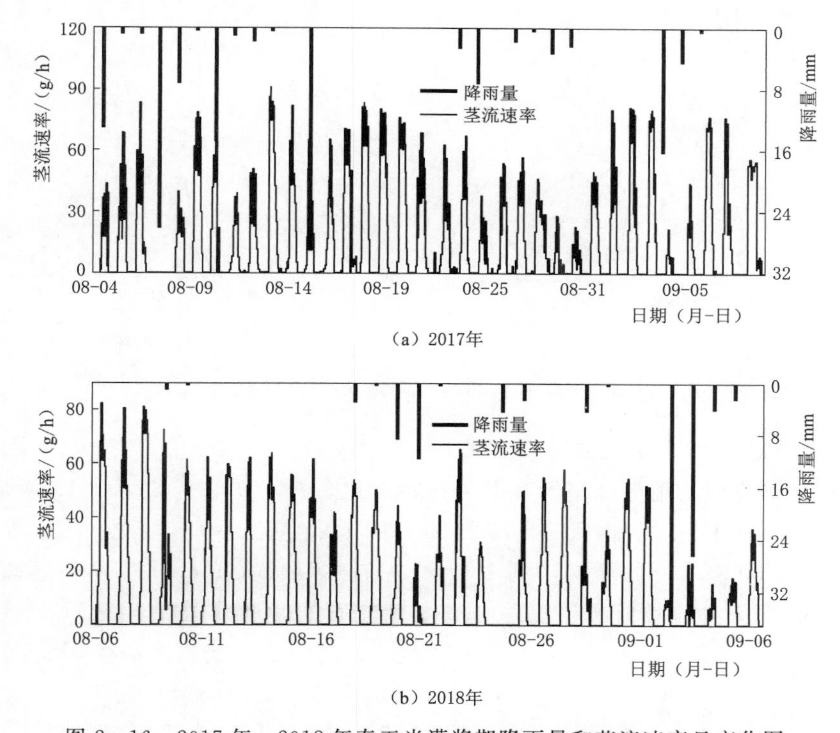

图 2-16　2017 年、2018 年春玉米灌浆期降雨量和茎流速率日变化图

玉米茎流速率呈现出明显的昼夜变化规律，变化趋势大约呈“几”字形，隔天会出现一次茎流骤降，然后又上升的情况，这是因为植物通过蒸腾作用水分以气体形式散发到大气中，中

午温度过高，植物需要通过减小气孔开度从而降低蒸腾作用来减少水分的流失，更好地维持生理上的稳态，因而出现“午休现象”。2017年、2018年灌浆期内茎流速率峰值的平均值分别为58.72g/h、48.26g/h。2017年观测期内（8月4日至9月8日）有效降雨量为134.64mm，2018年在观测日期内（8月6日至9月6日）有效降雨量为104.6mm。2017—2018年在茎流计观测时间段内均未灌水，玉米耗水主要来自降雨，且在灌浆期内玉米叶面积较大，绝大部分耗水用于蒸腾作用，因此2017年比2018年茎流速率平均峰高、值大。

2. 降雨后玉米茎流日变化

选取2017年、2018年降雨前、降雨时和降雨后的茎流数据进行分析，可以看出降雨对玉米茎流有较强的抑制作用，在降雨后，土壤含水率增加，并且随着太阳辐射升高、气温回升等因素的影响，蒸腾速率明显提高。此外，降雨后的茎流明显大于降雨天茎流，达到甚至超过了降雨前的茎流。经计算，2017年、2018年降雨后日茎流速率峰值分别比降雨天增加24.67%、187.39%。见图2-17。

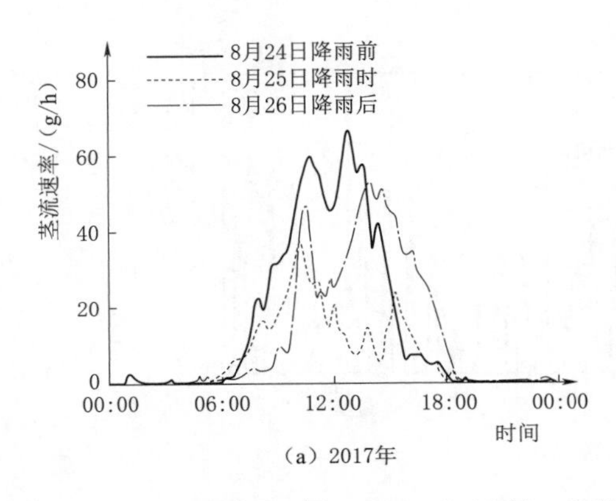

（a）2017年

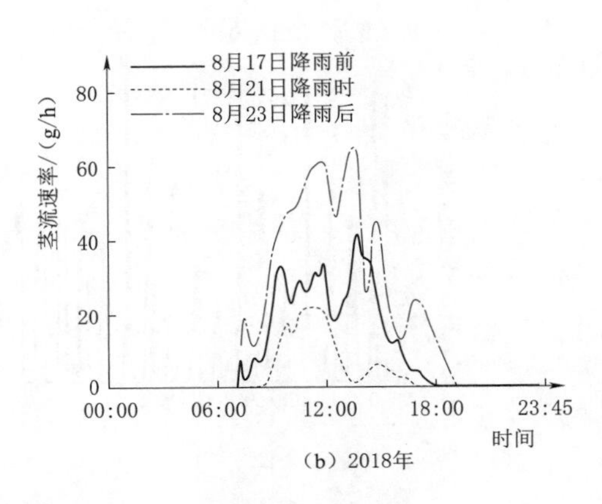

（b）2018年

图2-17 2017年、2018年降雨前后玉米茎流日变化

3. 不同天气条件下玉米茎流的日变化

选取2018年典型的雨天、晴天和阴天进行对比分析。图2-18为2018年晴天（8月15日）、阴天（8月17日）、雨天（8月21日）的玉米茎流速率日变化过程。晴天，玉米茎流速率在06：00左右开始增加，到12：30左右达到最大值，18：30后茎流速率开始逐渐减小到0；阴天茎流数值波动较大，06：00左右开始逐渐增加，在17：30左右逐渐减小到0；雨天玉米茎流速率在07：30左右开始增加，达到峰值的时间最早为10：30，持续时间最短，16：00左右茎流速率减小至0。晴天、阴天、雨天茎流速率平均值分别为16.14g/h、8.28g/h和3.13g/h，晴天最大，阴天次之，雨天最小。在阴雨天气，玉米茎流速率日变化呈多峰曲线，波动较大，这是因为在多云条件下由于云量的变化导致太阳辐射变化频繁，加上阴雨天气下各环境因子大幅度变化所致。见图2-18。

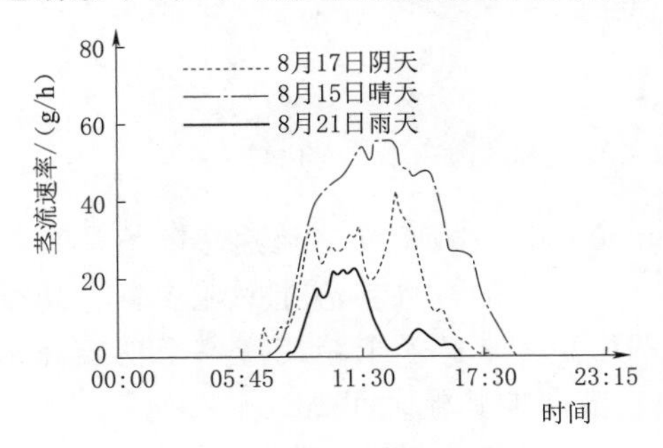

图2-18 2018年不同天气条件下玉米茎流日变化

4. 环境因素对茎流速率的影响

为了更进一步研究春玉米茎流速率与土壤温度、土壤水分、水汽压、空气温度、相对湿度、大气压、光合有效辐射等环境因子之间的关系，对茎流速率与各环境因子进行相关性分析，分析结果见表 2-7。

表 2-7 玉米茎流与环境因子相关性分析

年份	风速	土壤温度	土壤水分	水汽压	空气温度	相对湿度	大气压	光合有效辐射
2017	0.15*	−0.14*	0.02	0.51**	0.81**	−0.88**	0.07	0.86**
2018	0.39**	−0.77**	−0.37**	0.37**	0.80**	−0.87**	0.05	0.96**

注：* 在 0.05 水平上显著相关，** 在 0.01 水平上极显著相关。

从表 2-7 可以看出，茎流速率与空气温度、风速、水汽压、光合有效辐射呈显著正相关，与相对湿度、土壤温度呈显著负相关，其中茎流速率与空气温度、光合有效辐射、相对湿度间相关系数的绝对值皆在 0.8 以上，是影响东北黑土区茎流速率的主要环境因素。玉米茎流速率随气温变化而变化，但气温出现峰值的时间比茎流速率首个峰值出现的时间晚 1h 左右，当气温达到最大值时，茎流速率会下降，一段时间后慢慢恢复到另 1 个峰值，主要是因为玉米在气温高时启动了自我保护机制，减小了气孔的大小，避免过度失水。光合有效辐射开始增加时间早于茎流开始增加时间，之后光合有效辐射逐渐减小，茎流速率随之减小，两者间变化的时间差可能是因为当外部环境变化时，玉米内部需要一定的时间来适应。相对湿度与玉米茎流速率变化趋势相反，相对湿度出现波谷比茎流速率的高峰时间晚，减小至最小值的时间比茎流速率减小至 0 的时间晚。

5. 植株蒸腾

通过以叶面积指数为转换因子，将单株茎流转化为植株蒸腾量，计算结果见图 2-19。

在灌浆期内，处于作物生长旺盛时期，每日的植株蒸腾量在 2～6mm/d。蒸腾量波动受太阳辐射、云层遮挡以及雨天的影响非常明显。

二、棵间蒸发

本书采用自制微型土壤蒸渗桶量测表层土壤蒸发量（图 2-20）。微型蒸渗桶由内筒和外筒组成，材质为 PVC 管。内筒直径 10cm、高 20cm，外筒内径略大于内筒，高度与内筒相同。先将内筒打入土壤钻取原状土，修平底端，用尼龙纱网封底，再将外筒置于取土处固定。

将原土取出，内筒底部填充 2cm 厚的垫层，按模拟土壤干容重 1.23g/cm^3、土样初始含水率 θ_0（在烘箱内烘干后测得）和测筒容积 V，计算应装填的土重 M，按 2cm 厚一层，将土柱分成 10 等份进行装填，每次装 $M/10$ 重的土，均匀捣实（注意捣实周边土），使每层均达到要求的密实度为准。各层土样间“打毛”，保证层间结合良好，全部装填完后，刮平表面。扣除刮落之土重，以实际装填之土重，计算土柱的土壤干容重。

测量时，内筒底部用塑料薄膜封堵，将内筒放入预埋在田间的套筒中，以便能够及时取出和放回，也不破坏周围土壤的结构。每隔 7d 换一次土，当发生有效降雨或灌水后更换微型蒸发器土体，每次更换土体取原状土。微型蒸渗桶测量土壤蒸发见图 2-20。

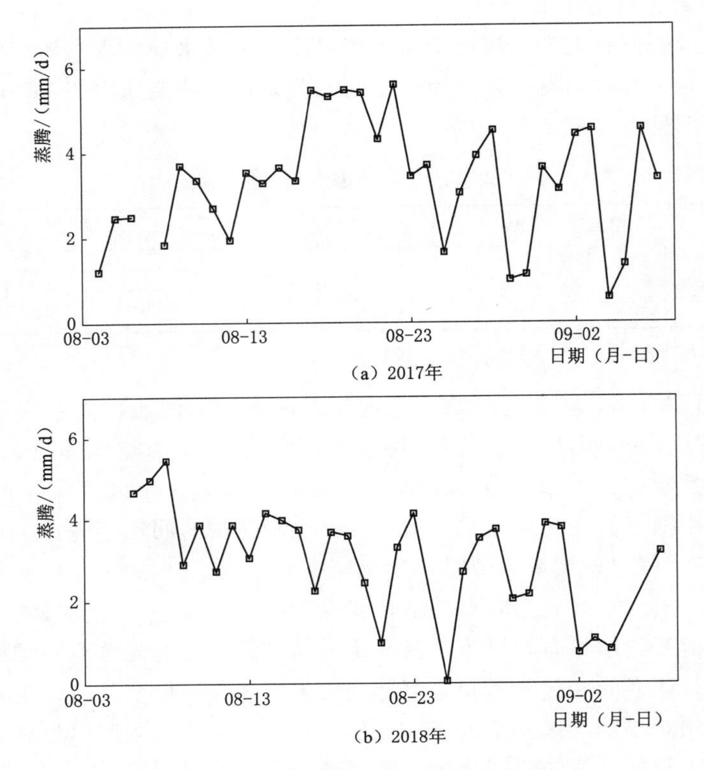

图 2-19 灌浆期内植株蒸腾日变化

图 2-20 微型蒸渗桶测量土壤蒸发

每天 19：00 用精度为 0.01g 的电子秤称质量，根据内筒内径截面积计算棵间蒸发量（mm/d），计算公式如下：

$$E=f\frac{10}{N}\sum_{i=1}^{N}\frac{\Delta M_i}{A\rho} \qquad (2-3)$$

式中：E 为土壤棵间蒸发量，mm/d；A 为微型蒸渗桶的横截面面积，cm^2，本书蒸渗桶横截面面积为 78.5cm^2；ΔM_i 为第 i 日和 $i-1$ 日的微型蒸渗桶质量差值，g；f 为裸土所占比例；N 为微型蒸渗桶重复数；ρ 为水的密度，g/cm^3。

由蒸渗桶测得的每日蒸发量见图 2-21，降雨天缺失的棵间蒸发值通过支持向量机模型率定后进行补充。灌浆期内最高日棵间蒸发值分别为 3.59mm、3.31mm，日均棵间蒸发值分别为 1.17mm、1.03mm，2017 年灌浆期内棵间蒸发（42.32mm）大于 2018 年（32.98mm），这是因为 2017 年灌浆期内降雨量、1m 土层平均含水率、平均风速、平均净辐射均高于 2018 年。全生育期平均土壤蒸发量在 1.5mm/d 左右。见图 2-21。

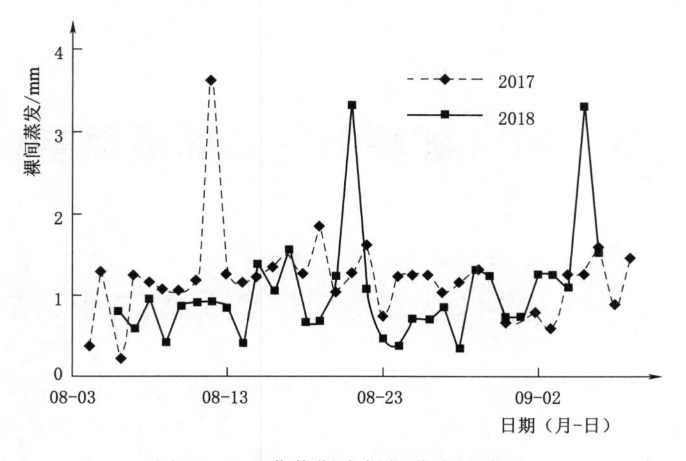

图 2-21 灌浆期内棵间蒸发日变化

第六节 本 章 小 结

（1）2017—2019 年叶面积指数、株高、地上干物质积累量总体变化趋势基本相同，叶面积指数、株高在拔节期后将迅速增长，到灌浆期后增速减缓，并逐步趋于平稳；地上干物质积累速度在拔节期较为平稳，灌浆期为一个高峰期。

（2）通过 2017 年、2018 年作物需水指标监测与研究发现：玉米茎流速率有明显的昼夜变化规律，变化趋势大约呈“几”字形，降雨对茎流速率有较强的抑制作用，春玉米茎流日变化在晴天、阴天、雨天总体趋势相同，但是在阴雨天气，玉米茎流速率日变化呈多峰曲线；玉米茎流的变化是各种气象因子综合作用的结果，茎流速率与空气温度、光合有效辐射、相对湿度密切相关。

（3）以叶面积为尺度转换因子将单株茎流尺度扩展得到春玉米群体蒸腾量，在灌浆期内，处于作物生长旺盛时期，每日的植株蒸腾量 2～6mm。蒸腾量波动受太阳辐射、云层遮挡以及雨天的影响非常明显。灌浆期内最高日棵间蒸发值分别为 3.59mm、3.31mm，日均棵间蒸发量分别为 1.17mm、1.03mm，2017 年灌浆期内棵间蒸发（42.32mm）大于 2018 年（32.98mm），这是因为 2017 年灌浆期内降雨量、1m 土层平均含水率、平均风速、平均净辐射均高于 2018 年。全生育期平均土壤蒸发量在 1.5mm/d 左右。

第三章　研究区基础信息遥感监测反演

第一节　灌区基础空间信息遥感监测反演

精准与智能灌溉均离不开及时、准确地获取农田灌溉基础空间信息，农田灌溉基础信息的识别是未来农业生产过程中的重要环节，灌区基础空间信息遥感监测反演已成为当前农业智能、精准灌溉研究的热点问题，也是未来农业智能灌溉的焦点。遥感技术在灌区基础空间信息识别上已经得到广泛应用，卫星遥感技术在反演植被指数、覆盖度、作物类型、作物生长状况、产量评估等方面应用广泛（彭继达等，2019）；无人机低空遥感技术发展迅速，成为灌区高时空信息获取的有效途径，无人机搭载多光谱、高光谱、热红外相机等载荷，可获得高时空和光谱分辨率遥感信息，用于作物生长过程精细监测（樊鸿叶等，2021）。区域基础空间数据及大尺度 ET_0 遥感监测反演，为课题技术推广应用与空间尺度效应分析提供技术与数据支持。本书采用中分辨率（1km）MODIS 卫星影像、高分一号（GF－1）卫星影像（16m），搭载可见光与热红外相机的无人机平台与数据处理软件等，反演得到试验区高分辨率（cm 级）正射无人机影像与灌溉相关的遥感监测基础信息，包括研究区土地利用、植被指数、植被覆盖度、作物类型、灌溉面积等，并反演了日尺度 ET_0 数据。

一、遥感数据选择

1. 遥感数据

本书应用到的数据主要来源于 GF－1、MODIS 及相关气象资料等。

（1）GF－1 卫星影像数据。我国 GF－1 卫星影像数据由中国资源卫星应用中心提供。卫星搭载了 1 台 2m 分辨率全色多光谱相机和 1 台 8m 分辨率多光谱相机，4 台 16m 空间分辨率的多光谱相机（GF－1 WFV）。GF－1 卫星具有对地观测和大幅宽成像结合的高空间分辨率特点，其中 GF－1PMS 影像幅宽大于 60m，GF－1WFV 影像幅宽大于 800km，可为区域精细化观测提供一定的宽幅空间，周期分别为 4d、2d。在中国资源卫星应用中心网站选取云量低于 15%且可见度良好的 GF－1 数据下载。

（2）MODIS 多波段数据。本书所用的遥感影像数据源于地理空间数据云平台。采用中分辨率（1km）MODIS 卫星影像，MODIS 多波段数据可以同时提供反映陆地、云边界、云特性、海洋水色、浮游植物、生物地理、化学、大气中水汽、地表温度、云顶温度、大气温度、臭氧和云顶高度等特征信息，用于对陆表、生物圈、固态地球、大气和海洋进行长期全球观测。具体见图 3－1 克山县域图。

2. 相关气象资料

本书气象数据采用中国气象数据共享网（网址：http：//cdc. nmic. cn）克山县气象

观测站，获取气压、气温、相对湿度、风速等自建站起历年逐日气象数据。

二、土地利用遥感解译

为了进一步提高灌溉系统智能调控技术的精准化，分析土地利用变化情况，从自然和人文的角度出发，将整个研究区域以县级行政单元分区进行划分，从不同的角度深入分析土地利用变化的趋势和方向，从而更深层次地了解和判断灌溉系统的发展情况。土地利用遥感解译主要采取基于支持向量机的监督分类方法，包括定义训练样本、执行监督分类、分类后处理等步骤。

图 3-1　克山县域图

1. 定义训练样本

定义训练样本是依靠目视判读选择每种土地分类类型的样本点。本书以 GF-1 影像数据为主，谷歌影像数据为辅（分辨率为 1m）进行目视判读，根据研究区的土地类型特点，按照国家《土地利用分类现状》（GB/T 21010—2017）标准，将土地利用类型分为 6 类：耕地、林地、草地、水域、建设用地、裸地。由于影像受云等外在条件的影响，致使影像有时会出现忽明忽暗的弊端，这对于监督分类是一个很大的障碍。所以选取样本点要尽可能地涵盖每种土地类型所有影像上表现的颜色，样本均匀分布在研究区内，这样才能使得监督分类更加准确。在此过程中，还要评价训练样本的质量，保证有效地区分开不同的土地利用类型。在 ENVI（完整的遥感图像处理平台）中有特定评价的参数，参数在 0～2 区间波动，参数大于 1.9 就说明两种土地利用类型可以有效地区分开，小于 1.8 说明选择的样本点不能有效区分，需要修改样本点。

2. 执行监督分类

根据分类的复杂度、精度需求等选择一种分类器。在 ENVI 软件中有多种分类器，包括有平行六面体、最小距离、马氏距离、最大似然、神经网络、支持向量机等，本区域土地利用分类采用支持向量机。

支持向量机（SVM）是一种与学习算法相关的监督学习模型，它是建立在统计学理论基础上的机器学习方法，在解决小样本、非线性及高维模式识别中表现出许多特有的优势。支持向量机可以依据所选择的样本信息自动寻求对分类有相对较大区分的支持向量，由此构造出分类器，可以使每类之间的间隔最大，更好地使农业用地、森林、草地、水体、人类居住区、裸土有别于其他几类，因此这种分类器有较好的推广性和较高的分类准确率。

3. 分类后处理

通过以上步骤能得到初步的土地分类结果，不可避免会出现一些碎斑点，无论从专题制图角度还是从实际应用角度，都有必要将这些斑点剔除。所以还要对其进行分类后处理，通过土地分类结果与高分影像和谷歌影像的比对调整，提升土地利用遥感解译的分类效果，然后才能将土地分类结果进行应用。常用分类后处理主要包括更改分类颜色、分类统计分析、小斑点处理、矢量转换栅格等。

还有一些利用软件无法识别，分类不太准确的地方，需要在 ArcMap 中比对着高分影像和谷歌影像进行人工目视解译，对土地利用类型进行人工微调。对各类土地面积进行统计，计算出各类面积的占比，见表 3-1。

表 3-1　2017—2019 年土地利用类型面积占比统计表 %

类型＼年份	2017	2018	2019
耕地	74.79	75.41	75.37
裸地	8.86	8.17	8.06
草地	5.68	5.64	5.74
建设用地	5.33	5.59	5.62
水域	2.14	2.11	2.09
林地	3.2	3.08	3.12

从表 3-1 可见，克山县土地利用总体变化不大，基本趋于稳定，耕地占比 74.79%～75.41%，裸地占比 8.06%～8.86%，草地占比 5.64%～5.74%，建设用地占比 5.33%～5.62%，水域占比 2.09%～2.14%，林地占比 3.08%～3.20%。主要土地利用类型中，耕地面积占比最高，约 75%，其次是裸地、草地、建设用地、林地和水域面积。从这 3 年的变化来看，2018 年克山县耕地面积较 2017 年增加 0.62%，2019 年与 2018 年耕地面积占比基本持平；裸地面积 2017 年占比 8.86%，到 2019 年占比 8.06%，克山县裸地面积占比再减少；建设用地面积 2017 年占比 5.33%，2019 年占比 5.62%，建设用地面积占比再增加。克山县这 3 年土地利用变化特征是裸地面积、水域面积占比减少，而建筑用地面积占比增加。

三、植被指数遥感反演

植被指数（Vegetation Index，VI）是根据植被的光谱特性将卫星多光谱波段进行组合计算得到，是反映作物生长状况的重要参数，地表植被在不同生育发展阶段内，冠层的结构、叶片形态及其生理、生态特征也不同，植被指数在图像中表现出的光谱特征亦有不同。常用植被指数有归一化植被指数（normalized difference vegetation index，NDVI）、增强植被指数（enhanced vegetation index，EVI）、差值植被指数（difference vegetation index，DVI）、叶面积指数（Leaf Area Index，LAI）、植被覆盖度等。

光谱植被指数法已经成为一种快速获取地表信息的手段，被国内外学者用于作物长势监测研究，樊鸿叶等（2021）通过无人机搭载多光谱相机获取多光谱影像，分析位于吉林省公主岭市中国农科院公主岭试验基地 2018 年、2019 年玉米两个品种 *LAI* 和地上部生物量与植被指数的相关性，分别构建了基于叶面积指数 *LAI* 和地上部生物量预测模型。分析结果显示，同一植被指数在两个品种中对施氮量的变化响应规律不同，吐丝期幂函数对地上部生物量估算效果好；灌浆期幂函数对两个品种的 *LAI* 估算效果最佳，而指数函数对两个品种地上部生物量估算效果最好。王亚杰（2018）基于无人机获取的多光谱数据，系统地比较了玉米叶面积指数不同的监测方法，研究显示，在不同水分处理情况下，基于 *EVI* 构建的一元线性模型，能够较好地预测玉米灌浆期和成熟期的 *LAI*。目前，利用光谱特性快速地获取地表植被信息，作为一种手段已被国内外学者广泛地应用，对监测作物长势具有非常重要的意义。

本书主要使用 *NDVI*、*LAI*、*VF* 等植被指数，对克山县 2019 年 1—10 月植被指数进行遥感反演。

1. *NDVI*

NDVI 是最为广泛地被用于监测植被动态变化的植被指数，它能够有效地反映出植被的生长状态、植被覆盖度等生理参数信息。同时，归一化植被指数也是反映农作物长势和营养信息的重要参数之一，通过该参数可以知道不同季节农作物对氮的需求量，对合理施用氮肥具有重要的指导作用。其计算公式为

$$NDVI=\frac{NIR-R}{NIR+R} \tag{3-1}$$

式中：*NIR* 为近红外波段的反射率；*R* 为红光波段的反射率。

NDVI 值一般为 [−1，1]，负值表示地面覆盖为云、水、雪等，对可见光高反射；0 表示有岩石或裸土等，*NIR* 和 *R* 近似相等；正值表示有植被覆盖，且随覆盖度增大归一化植被指数也增大。

2. 叶面积指数（*LAI*）

叶面积指数（*LAI*）又称为叶面积指数，是反映植物群体生长状况的一个重要指标，其大小直接与最终产量高低密切相关。在生态学中，叶面积指数是生态系统的一个重要结构参数，用来反映植物叶面数量、冠层结构变化、植物群落生命活力及其环境效应，为植物冠层表面物质和能量交换描述提供结构化定量信息，并在生态系统碳积累、植被生产力与土壤、植物、大气间相互作用的能量维持平衡，在植被遥感等方面起着重要作用。本书采用唐世浩等人提出的三波段梯度差植被指数法进行 *LAI* 大尺度反演。三波段梯度差植被指数（Three - band Gradient Difference Vegetation Index，TGDVI）物理意义明确、计算简单，并具有一定的消除背景和薄云影响能力，同时该植被指数还解决了 *NDVI* 饱和点低的问题，还能有消除土壤背景影响的能力。*TGDVI* 的表达式如下：

$$TGDVI=\begin{cases}\dfrac{R_{ir}-R_r}{\lambda_{ir}-\lambda_r}-\dfrac{R_r-R_g}{\lambda_r-\lambda_g} & \\ 0 & if \quad TGDVI<0\end{cases} \tag{3-2}$$

式中：R_{ir}、R_r 和 R_g 分别为近红外、红、绿波段的反射率；λ_{ir}、λ_r 和 λ_g 为相应波段的中心波长。

$$LAI=\begin{cases}\ln(1-TGDVI/TGDVI_{max})/(-k) & A<1\\ LAI_{max} & A=1\end{cases} \tag{3-3}$$

式中：*A* 为植被覆盖度；LAI_{max} 为该植被类型的最大 *LAI* 值；*k* 为与几何结构有关的系数，可以通过模拟、试验等方法获得。

$$k=\Omega \cdot K \tag{3-4}$$

式中：Ω 为聚集指数，随机分布 $\Omega=1$，规则分布 $\Omega>1$，丛生分布 $\Omega<1$，不同 IGBP（国际地圈生物圈计划）土地覆盖类型 Ω 值见表 3-2；K 为消光系数。

对于两年生或多年生树木，K 的计算方法如下：

$$K=0.5/\cos\theta_z \tag{3-5}$$

式中：θ_z 为太阳天顶角，Monsi（1953）认为草本植物的 $K=0.3\sim0.5$，而水平叶子的 $K=1$。

表 3-2　　不同 IGBP 土地覆盖类型聚集指数表

序号	IGBP 土地覆盖类型	Ω	序号	IGBP 土地覆盖类型	Ω
1	常绿针叶林	0.6	10	草地	0.9
2	常绿阔叶林	0.8	11	永久湿地	0.9
3	落叶针叶林	0.6	12	农田	0.9
4	落叶阔叶林	0.8	13	城市和建设用地	0.9
5	混合林	0.7	14	农作物和自然植被交错区	0.9
6	郁闭灌丛	0.8	15	雪/冰	0.9
7	开放灌丛	0.8	16	裸地或稀疏植被	0.9
8	有林草原	0.8	17	水体	0.9
9	稀树草原	0.8			

对于无遥感数据时，一般使用以下几种方法进行 *LAI* 测量（吴伟斌等，2007；谭一波等，2008；程武学等，2010）。

（1）格点法。格点法是将采集到的叶片平摊在水平面上，在叶片上覆盖一块透明方格纸，然后统计在叶内的格点数和叶边缘的格点数计算叶片的面积，不足半格者不计，超过半格者按一格记，最后合计叶片所占的总格点数作为 *LAI*。

（2）消光系数法。该法通过测定冠层上下辐射以及与消光系数相关的参数来计算叶面积指数，前提条件是假设叶片随机分布和叶倾角呈椭圆分布，由 Beer - Lambert 定律知：

$$LAI=\frac{1}{k}\ln(Q_0/Q) \tag{3-6}$$

式中：LAI 为叶面积指数；Q_0 和 Q 分别为冠层上下部的太阳辐射；k 为特定植物冠层的消光系数，一般在 0.3～1.5 变化，其计算公式为

$$k=\frac{\sqrt{x^2+\tan\theta^2}}{x+1.744(x+1.182)^{-0.733}} \tag{3-7}$$

其中 x 为叶倾角分布参数，θ 为天顶角。消光系数 k 与植物种类、天顶角、叶片倾角以及非叶生物量有关，在确定时常需要根据经验公式获得。

（3）仪器测量法。基于辐射测量的方法是通过测量辐射透过率来计算 *LAI*，主要仪器有：LAI - 2200C、AccuPAR、Sunscan、Demon 等。这些仪器主要由辐射传感器和微处理器组成，它们通过辐射传感器获取太阳辐射透过率、冠层空隙率、冠层空隙大小或冠层空隙大小分布等参数来计算 *LAI*。

3. 植被覆盖度（*VF*）

植被覆盖度指植被（包括叶、茎、枝）在地面垂直投影面积占总面积的百分比，是衡量地表植被状况的一个重要指标，描述生态系统的重要基础数据，也是区域生态系统环境变化的重要指标，对水文、生态、区域变化等具有重要意义。

采用 Nilson（1971）提出的方法，基于叶面积指数 *LAI* 来估算植被覆盖度：

$$VF=1-e^{-k\times LAI} \tag{3-8}$$

$$k=\Omega\times K \tag{3-9}$$

$$K=\frac{0.5}{\cos\theta_z} \tag{3-10}$$

式中：*VF* 为植被覆盖度；*LAI* 为叶面积指数；k 为与冠层几何结构有关的系数；Ω 为聚集指数，与土地覆被类型有关，不同类型对应的 Ω 值；θ_z 为太阳天顶角，rad。

由于植被覆盖度与 *NDVI* 呈明显的正相关性，因此对于植被覆盖度遥感估算方法是通过关联 *NDVI* 进行覆盖度估算，首先对全县地区的 *NDVI* 值进行统计，之后选取占比5%与 95%的 *NDVI* 值作为合理估算的上、下限值，这样可以有效地去除误差干扰，再将介于上限与下限之间的值进行归一化并重分类处理，以便更直观地反映出植被覆盖度差异。

四、作物结构与灌溉面积遥感反演

遥感作为一种不直接接触目标事物来获取信息的科学技术，可用于灌区作物分类，识别灌溉面积，并能够及时准确地了解作物种类分布和长势，确定水资源位置、分布，在灌区管理中发挥着重要作用。光谱匹配是指通过研究参考光谱曲线和待测光谱曲线之间的相似度来判断待测光谱归属类别。世界水资源管理研究所（IWMI）于 2007 年提出了一种基于光谱匹配技术确定土地利用类型及灌溉面积的方法体系，并应用该方法绘制出了世界第一份全球灌溉面积分布图。在 2014 年、2015 年和 2016 年，由 IWMI 在南非比勒陀利亚区域开展了实际灌溉面积遥感监测。通过灌溉改变作物水分供应，改善作物生长受水分胁迫的情况，在作物光谱上将获得客观体现。总的来看，目前我国农田灌溉面积的遥感监测还处于方法探索和实验阶段，相关方法还需要完善（张威，2019）。

本书针对高分辨率遥感影像，将光谱匹配方法应用于像元尺度，保证所有像元的时序光谱曲线参与匹配计算，减少聚类过程造成的误差，并引入大津法，也叫最大类间方差法（OTSU）自适应阈值算法，自动确定灌溉面积提取阈值。OTSU 算法的引入可保证每个像元计算相似度信息的同时，自动确定相似度合理变化范围，对于不同年份与不同数据情况有良好变动适应性，无需人为干预即可提取灌溉区域。基于像元尺度光谱匹配计算的灌溉面积遥感监测方法适用于高分辨率卫星遥感数据，满足提取小地块灌溉信息的需求，能够提高灌溉面积监测结果的精度（宋文龙，2019）。灌溉改变作物水分供应，改善作物生长受水分胁迫的情况，在作物光谱上将获得客观体现，采用光谱匹配法对多期归一化植被指数（*NDVI*）变化趋势进行分析，辅以实地考察校核，可实现作物结构与灌溉面积的快速遥感监测反演。

1. 光谱匹配法

光谱匹配法是一种量化端元光谱（样本光谱）与目标光谱（待测光谱）相似度的方

法。根据光谱匹配原理，光谱匹配计算方法可以分为统计算法、光谱波形特征算法、光谱编码匹配算法以及特征空间算法。本书使用统计算法和光谱波形特征算法计算光谱相似度，通过 3 个指标对研究区主要作物端元光谱与目标光谱匹配程度进行定量分析。

(1) 形状测量。光谱关联相似度（Spectral Correlation Similarity，SCS）是衡量端元光谱与目标光谱 *NDVI* 时间序列曲线形状相似度的指标。*SCS* 值越高，端元光谱与目标光谱的 *NDVI* 时间序列曲线就越相似。当 *SCS* 值为 0 时，相似度最小；当 *SCS* 为 1 时，相似度最大，即两种光谱完全一致。所有 *SCS* 值在 0～1 范围之外的像元即可认为与端元光谱相似差异度过大，直接剔除。*SCS* 或 ρ 通过式（3-11）计算：

$$SCS=\frac{1}{n-1}\left[\frac{\sum_{i=1}^{n}(t_{\mathrm{i}}-\mu_{\mathrm{t}})(h_{\mathrm{i}}-\mu_{\mathrm{h}})}{\sigma_{\mathrm{t}}\sigma_{\mathrm{h}}}\right] \tag{3-11}$$

式中：t_{i} 为目标光谱的 *NDVI*（$i=1\sim n$）值；μ_{t} 为目标光谱的 *NDVI* 平均值；h_{i} 为历史光谱的 *NDVI*（$i=1\sim n$）；μ_{h} 为历史种类光谱的 *NDVI* 平均值；σ_{t} 为目标种类光谱的 *NDVI* 标准误差；σ_{h} 为历史种类光谱的 *NDVI* 标准误差；n 为数据集层数；i，j 为分别为第 i 行、第 j 列。

(2) 距离测量。欧几里得距离（Euclidian Distance Similarity，*EDS*）是用于衡量端元光谱与目标光谱在光谱空间中距离的指标，在光谱空间中距离越近则越相似。*EDS* 计算公式如下：

$$EDS=\sqrt{\sum_{i=1}^{n}(t_i-\rho_i)^2} \tag{3-12}$$

通常欧几里得距离越大则代表着两种光谱差异性越大，反之则差异性越小。为了方便计算将上述公式获得结果通过归一化处理，将其标准范围处理至 0 到 1。公式如下：

$$EDS_{\mathrm{normal}}=(Ed_{\mathrm{orig}}-m)/(M-m) \tag{3-13}$$

式中：EDS_{normal} 值的范围在 0～1，它从光谱特征空间距离上测量端元光谱与目标光谱 *NDVI* 时间序列曲线间相关性的大小；M，m 分别代表最大、最小的欧几里得距离。

通过对 *EDS* 的计算，可以把 *SCS* 运算结果中满足条件像元点进行计算，理想状态下，0 表示二者完全一致，1 表示二者完全不相关。此外，*EDS* 受像元数量的影响，一旦有新的像元参与计算，该式中的 M 和 m 即可能会发生变化，对不同研究对象有较好的变动适应性。同时欧几里得距离的局限性在于不同年份气候情况可能导致 *NDVI* 光谱曲线会发生上、下平移，进而会影响判断结果的一致性。因此，仅使用光谱距离的特征描述往往还不足以较好地完成光谱匹配工作，需要进一步对端元光谱与目标光谱的相似程度进行量化。

(3) 形状距离综合定量。光谱相似值（Spectral Similarity Value，*SSV*）综合了 *SCS*（形状定量）与 *EDS*（距离定量）的特点，从 *NDVI* 时间序列曲线形状和光谱特征空间距离两方面衡量了端元光谱与目标光谱间的形似度，计算公式如下：

$$SSV=\sqrt{EDS^2+(1-\rho)^2} \tag{3-14}$$

式（3-14）中 *SSV* 的范围介于 0～1.414，*SSV* 值越小，光谱之间越相似，不同作物之间，*NDVI* 时间序列曲线的差异较大，*SSV* 值高；对于同一种作物，灌溉区域的 *NDVI* 时间序列曲线比非灌溉区域具有更高的一致性，*SSV* 值更低。

2. 实测样点数据

利用光谱仪采集小麦、玉米和水稻等典型作物关键生长期在灌溉与非灌溉等情景下的波谱信息，建立作物生长波谱库。基于多期 Landsat8、MODIS、GF－1 等较高空间分辨率卫星影像，利用面向对象和总变差正则化图像分割算法，提取田块和作物种植结构空间信息；应用作物生长波谱匹配方法，实现灌区作物种植结构与实际灌溉遥感动态监测；通过野外定点踏勘，分析作物种植结构与实际灌溉面积遥感监测精度。

为采集基础信息，于 2019 年 10 月 8 日在克山县开展野外调研，补充相应的作物种植结构空间分布信息、采取不同作物样本曲线，了解作物生长信息与灌溉信息以便后续开展实际灌溉面积与作物种植结构遥感反演与验证工作。在实际采点过程中，主要围绕着克山县城周边，从东南至西北逐步调研，保证所选取的样点可以覆盖到各种作物。据与克山水利局工作人员座谈了解，所选样点已覆盖克山县大范围内不同种类的种植地块，共计 72 个真实样点，具体见图 3－2。

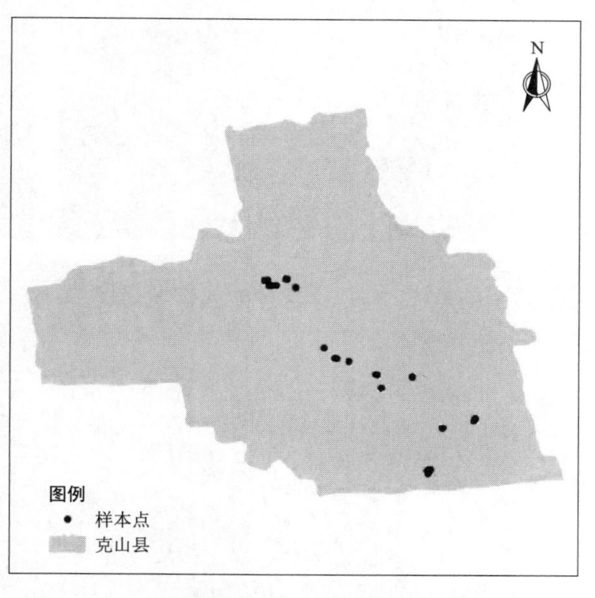

图 3－2　克山县样点分布图

3. 实地考察

据实地考察了解，当地以种植大豆、玉米为主。同时在克山县有较大规模的马铃薯种植区，由于是公司合作种植，分布相对集中，除此以外，县内还有部分零星马铃薯种植区。除以上作物种植外，还有少量的西瓜、萝卜、水稻、旱稻与麻等作物。在实地考察过程中发现，由于 2019 年降水充足，大规模灌溉水量明显减少，部分地块通过蓄水池供水灌溉与井灌，其余大部分地块主要以降水为主。具体见图 3－3 实地考察。

4. 种植结构与灌溉面积

对主要作物类型和作物物候特征开展调查分析与观测，应用不同时相的多光谱遥感数据，使用 ENVI 软件光谱匹配模块建立农作物类型波谱库，基于 MODIS 土地利用分类产品，应用 GF－1 遥感影像，通过多期影像对比和面向对象方法，解译试验区 2017—2019 年最新作物种植结构和灌溉面积，并结合无人机低空遥感、地面调查和农业统计数据，对主要作物类型遥感提取效果进行验证。

采用光谱匹配技术（SMT）开展实际灌溉面积遥感监测。可系统开展土地利用、作物结构与实际灌溉面积等遥感监测结果的系统提取。根据实际调研情况获得各种作物的标准光谱，如玉米、大豆、马铃薯、水稻等。再将不同种作物光谱输入进行光谱匹配计算，获得作物间相似度，即二者相似概率。利用 OTSU 算法设定阈值，进行该种作物提取。由于受算法的合理值限定，在进行运算过程中，会剔除部分地物，如水体、建筑、道路等干扰地物，为后续作物提取工作提供了便利。

除玉米与大豆外，对其他大面积种植作物同样进行了作物种植结构提取。为了更直观地反映作物种植结构，对其进行了重分类，并提取相应信息，统计像元计算面积。结果发现大面积种植作物为大豆和玉米，而其他作物则相对较少，与实地考察一致，见图 3－4。

图 3－3 实地考察照片

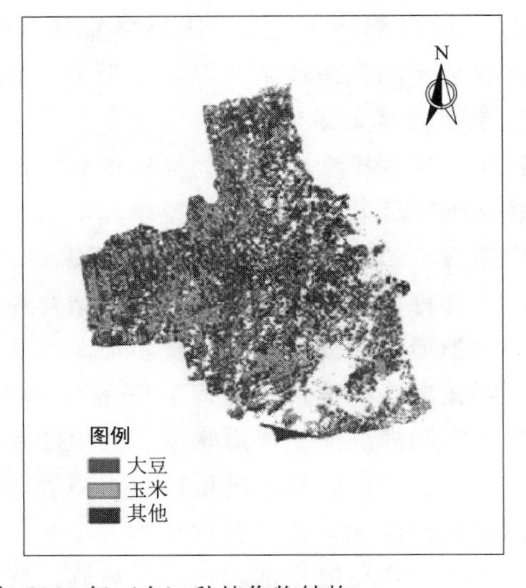

图 3－4 克山县 2018 年（左）与 2019 年（右）种植作物结构

总体看来2018—2019年克山县作物种植情况变化不大，基本趋于稳定，主要的作物为玉米和大豆，玉米占50.96%、49.58%，大豆占41.26%、41.90%，旱稻、麻等作物占比较少，具体情况见表3-3。

表3-3　　2018—2019年作物种植结构统计表

作物种类	2018年		2019年	
	面积/亩	占比/%	面积/亩	占比/%
玉米	2115560.0	50.96	2058144.0	49.58
大豆	1712684.0	41.26	1739237.0	41.90
马铃薯	147169.4	3.54	160155.0	3.86
旱稻	7266.5	0.18	9069.1	0.22
麻	5518.9	0.13	7431.7	0.18
西瓜	119248.7	2.87	128081.9	3.09
萝卜	28100.2	0.68	30084.7	0.72
水稻	15820.7	0.38	18780.6	0.45
合计	4151368.4	100.00	4150984.0	100.00

5. 合理性分析

除降雨外，灌溉是田间土壤水补给的主要途径，针对灌水期短、实灌面积空间分布不均等时空特性，利用卫星遥感与无人机低空遥感技术，结合面向对象、图像分割、干旱指数与作物生长波谱匹配等方法，对田间实际灌溉面积实施动态监测。灌溉面积的识别主要是通过选取灌溉样本点光谱信息与非灌溉样本点光谱信息之间的差异性进行识别，灌区内非灌溉区域基本为雨养区，在降雨补给不充分时，会与灌溉区作物长势出现明显差异，以此识别有效灌溉面积。考虑到不同作物具有不同的生长周期与长势，需对不同种作物进行区分识别。通过实地调研、识别、分析发现，未灌溉区域作物结构并不复杂，因此便于建立光谱信息库。

由于2019年克山县作物生长期内降雨充沛，大部分地区未实施人工灌溉，据5—9月气象资料显示：5月、6月降水天数均为8d，7月、8月高达13d、11d，9月为1d，每月平均降水周期最少4d/次，最多达2～3d/次。克山县2019年5—9月降雨天数见图3-5。

为探究无灌溉活动是否会对作物长势造成影响，选取克山县无灌溉大豆与实验站有灌溉大豆进行生长光谱曲线比对，比对结果见图3-6。可见二者形状走势基本一致，2019年灌溉活动并未影响作物长势。在实施灌溉区域与未实施灌溉区域的光谱匹配时，难以对其进行识别，因此无法识别出2019年克山县域内有效灌溉面积，图3-6为克山县大豆灌溉与非灌溉光谱曲线比对图。

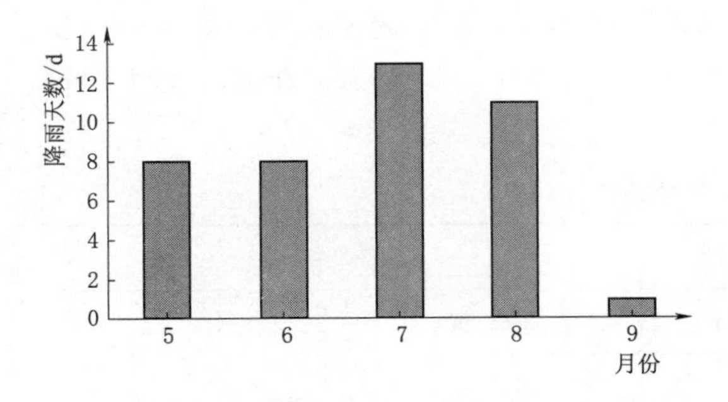

图 3-5 克山县 2019 年 5—9 月降雨天数

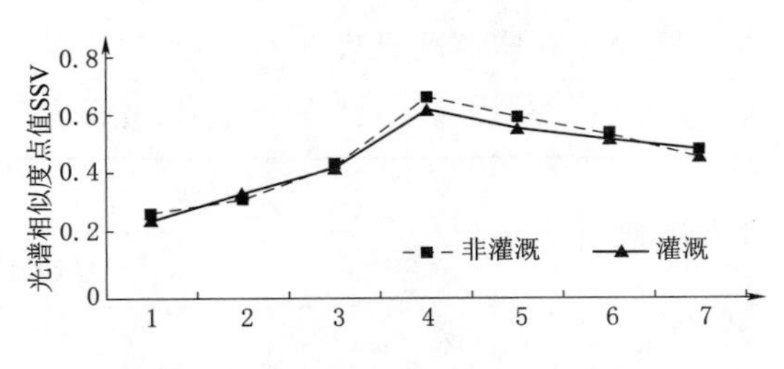

图 3-6 克山县 2019 年大豆灌溉与非灌溉光谱曲线比较图

第二节 无人机低空遥感监测

无人机低空遥感是将无人驾驶飞行器技术与遥感技术、传感器技术、遥控技术、定位技术、通信技术等有机结合，实现遥感数据获取与分析的新型综合应用技术。

无人机技术、大数据与人工智能技术的飞速发展，使得无人机在水利、农业、电力、环保、灾后救援、军事等众多国民经济与管理领域的应用成为现实，已成为数据获取、信息提取、管理辅助等领域备受关注的创新方向。中国无人机技术创新与推广应用，也走在了世界前列，出现了大疆等知名无人机公司。研发具有下垫面适用范围广、航片拼接处理速度快和智能专题信息提取处理等独特技术优势的无人机软硬件平台技术系统，将大大推动无人机的实际应用效果与效率，丰富多元信息获取途径。

一、无人机实用技术

在长期的科研工作中，一直重视数据获取手段的先进性与有效性，近年来将无人机技术应用到相关的研究中，大大提高了下垫面信息获取的有效性，提高了效率、节约了成本、取得了相关研究成果。发明了一种大尺度植被覆盖度航空动态获取系统（专利号CN103438869B，2015 年授权），该发明主要应用于野外，对于大范围、特别是工作人员难以到达的区域进行地表覆盖动态观测、拍照，结合植被覆盖度动态获取系统（VC-DAS），实时、动态、批量整体直接测算大尺度植被覆盖度信息，通过该发明的实施，熟悉无人机、载荷、信息传输、数据处理与专业信息提取等技术方法流程与解决方案。同时，跟踪国际大数据信息处理技术的新发展，采用相机参数自动解算、最新计算机视觉和人工智能算法以及应急处理模式，与高科技企业合作研发了无人机航拍智能快速处理软件，与国外航空测量软件相比，具有下垫面适用范围广、航片拼接处理速度快和智能应急处理等独特技术优势，适用于无人机航飞、野外飞控与航片实时快速处理，与植被覆盖度等专业软件结合，可快速协同获得飞行区 DOM 影像、土地利用类型、植被盖度、DEM、坡度、坡向等基础信息，大大推动了无人机在水土保持、防洪抗旱减灾、灌区等水利领域实际应用的可行性与效率。该技术获得 2017 年水利部先进实用技术示范项目支持，并入选 2017 年水利先进实用技术重点推广指导目录。

利用无人机平台，搭载相机、红外相机和多光谱相机，可获得地块与小区域范围内较高空间分辨率的正射影像图、地表温度和多光谱信息。已购置了旋翼和固定翼无人机平台、相机、红外相机和多光谱相机，并自主研发了航片快速处理软件系统，见图 3-7。

（a）多旋翼无人机

（b）固定翼无人机

图 3-7　多旋翼与固定翼无人机

二、信息提取方法

1. 智能处理软件

本书采用中国水利水电科学研究院与北京易测天地科技有限公司联合研发、具有独立知识产权的无人机航片智能处理软件系统 YC-mapper，对无人机航片进行校正、拼接等预处理，该软件无需人工干预，可快速完成空三解算、DEM 生成（数字高程模型）、正射影像拼接等一系列任务。见图 3-8 无人机航片智能处理软件成果图。

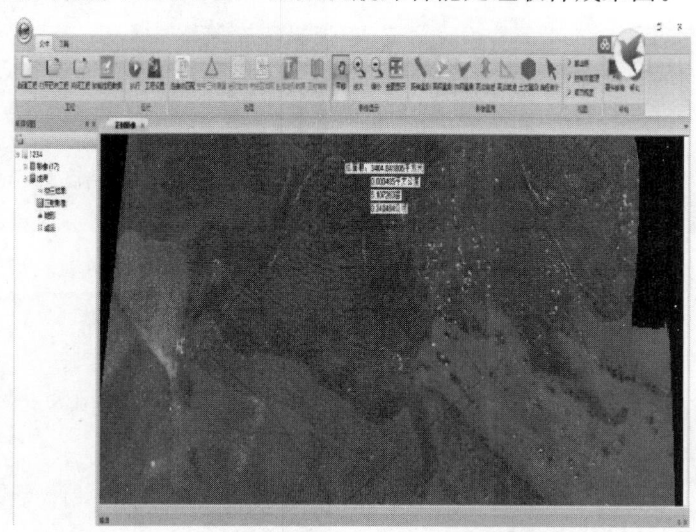

图 3-8　无人机航片智能处理软件成果图

2. 航飞效果

2018 年 4 月，应用多旋翼无人机和固定翼无人机在试验区开展了野外作业工作，获得了试验区高清可见光与红外低空遥感数据、土壤墒情实测数据等，见图 3-9。

图 3-9 试验区航飞效果图

(1) 多旋翼无人机搭载红外载荷飞行。多旋翼无人机最大特点是具有多对旋翼，可通过改变旋翼的转速实现俯仰、滚转、航向和高度通道控制，本研究采用多旋翼无人机搭载红外载荷对试验区进行地表温度监测飞行。图 3-10 为多旋翼无人机红外载荷飞行作业现场，图 3-11 为多旋翼无人机红外载荷飞行航片处理成果。

(2) 固定翼无人机搭载高清相机飞行。固定翼无人机飞行姿态平稳、机动性、灵活性好，受天气的影响小，为飞行质量提供保障。基于此特点，可以在固定翼无人机上加装传感器、相机，且操作简单，选择固定翼无人机搭载高清相机为本研究提供高空间分辨率试验区航飞影像。图 3-12 所示为固定翼无人机搭载高清相机载荷飞行作业现场，图 3-13 为固定翼无人机可见光航片处理成果。

图 3-10 无人机作业现场

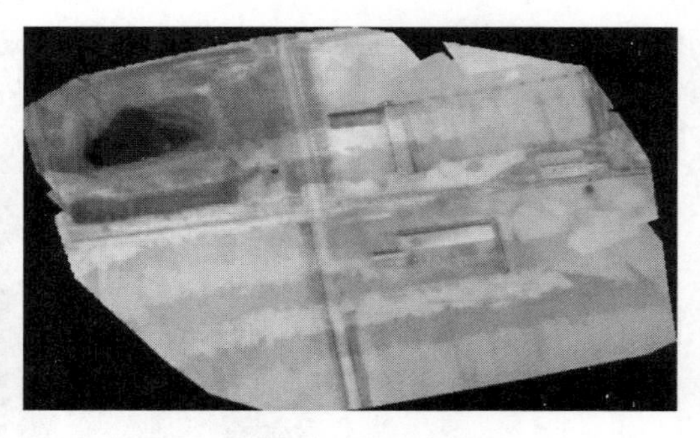

图 3-11 无人机航片处理成果

图 3-12 无人机作业现场

图 3-13 无人机航片处理成果

3. 提取地面数据验证

试验区内具有气候多样、农业种植结构多样、田块相对破碎、信息化水平不高等特性，部分作物在不同的生长阶段内灌溉面积空间分辨率差异较小，因此遥感监测对不同作物灌溉面积空间数据分辨率要求更高，遥感监测技术需要取得进一步突破，本书针对试验区的实际情况，应用高分辨率的国产卫星提取遥感数据，通过光谱匹配方法构建高分辨率灌溉面积遥感监测新方法，采用实地采样与监测灌溉面积进行核对，提取结果进行比对、验证，确定本试验区无人机低空遥感监测数据。图3-14为地面调研作业现场，表3-4为地面调研结果。

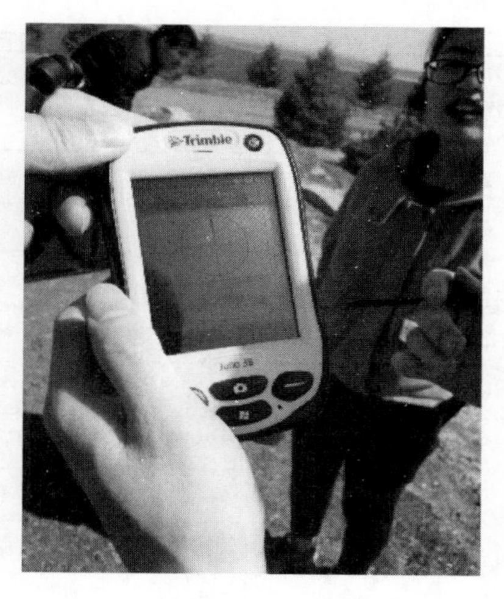

图3-14 地面调研作业现场

表3-4 地面调研结果（克山县实验记录数据）

标号	坐标位置		种类	地温/℃	土壤重量		铝盒净重/g	土壤水含量/(g/g)
					烘干前/g	烘干后/g		
1	48°14′59.897	125°36′39.792	小麦	26.8	59.9	50.5	16.13	0.214758967
2	48°14′57.926	125°36′30.896	林地	8	72.8	60.7	15.93	0.212765957
4	48°15′02.329	125°36′42.749	林地 松树	18.7	60.1	50.7	15.22	0.209447415
6	48°14′57.637	125°36′37.126	蔬菜	25.5	60.7	50.8	15.08	0.217010083
7	48°14′57.106	125°36′29.975	湖边	16.9	70.4	59.8	15.65	0.193607306
8	48°14′54.294	125°36′32.691	旱稻	13.5	71.9	60.6	15.83	0.201533797
9	48°14′55.336	125°36′32.608	旱稻	13.7	67.1	56.5	15.95	0.207233627
10	48°14′54.015	125°36′27.813	玉米	19.7	65.2	53.2	15.51	0.241497283
12	48°14′59.591	125°36′36.682	小麦	35.4	71.8	60.4	15.18	0.201342282
13	48°15′01.223	125°36′43.301	小麦	32.6	64.4	63.8	16.21	0.219962648
15	48°14′55.308	125°36′30.900	马铃薯	21.2	71.6	58.7	15.19	0.228682858
16	48°15′02.856	125°36′42.259	林地 松树	18.6	74	61.9	16.02	0.208692653
18	48°14′54.856	125°36′32.601	旱稻	13.6	69.4	57.8	15.11	0.213667342
19	48°14′56.954	125°36′34.487	小麦	25.7	70.3	58.2	15.84	0.222181418
20	48°14′53.960	125°36′30.425	马铃薯	20.8	61.1	51.1	15.86	0.221043324
21	48°15′01.057	125°36′42.513	小麦	7	75.6	62.1	15.96	0.226358149
22	48°15′02.567	125°36′42.151	林地 松树	17.6	52.1	44.3	15.98	0.215946844

续表

标号	坐标位置		种类	地温/℃	土壤重量		铝盒净重/g	土壤水含量/(g/g)
					烘干前/g	烘干后/g		
23	48°14′55.793	125°36′30.848	路边	19.6	78.7	66.6	15.59	0.191728728
25	48°14′57.056	125°36′32.059	菜地	25.2	57.3	48.6	15.1	0.206161137
27	48°14′58.931	125°36′32.071	林地	6.8	59	49.3	16.65	0.229043684
28	48°14′58.931	125°36′31.710	林地	14.8	73.3	63.4	16.23	0.173471176
30	48°14′54.690	125°36′27.685	玉米	13.1	64.8	53.3	15.89	0.235125741
31	48°14′54.519	125°36′30.839	马铃薯	21.3	78.2	64.6	16.17	0.219248751
32	48°14′53.548	125°36′28.070	玉米	20.4	64.9	53.6	15.96	0.230894973
33	48°15′01.389	125°36′36.355	路边	20.9	68.1	57.6	15.88	0.201072386
34	48°14′59.778	125°36′32.046	林地	26.4	57.9	49.7	15.88	0.195145169
36	48°14′57.786	125°36′32.878	林地	25.5	56.2	47	16.6	0.232323232
37	48°14′56.456	125°36′31.908	菜地	27.2	64.4	55.2	16.87	0.193561961
38	48°14′57.176	125°36′30.769	湖边	19	67.7	56.9	15.41	0.206540448
40	48°15′00.883	125°36′41.003	小麦	22.7	66.7	55.8	16.17	0.0215713438
41	48°14′58.980	125°36′36.850	蔬菜	31.5	58.7	49.2	16.03	0.222638856
49	48°14′58.875	125°36′32.203	林地	15.2	61.8	52.7	16.08	0.19903762

第三节 ET_0 遥感反演模拟

在非均一下垫面情况下，地基观测无法提供大尺度作物腾发量信息，遥感已成为一种切实可行的方法。为了降低各种作物腾发量自身带来的不确定性，在估算作物需水量之前需要先确定适用于试验区参考作物腾发量 ET_0 的卫星遥感模型，并对其进行反演模拟。

一、模型构建

以生态水文过程机理为理论基础，结合卫星遥感、GIS 数据处理方法，北京师范大学遥感水文团队开发了以流域水文、水资源和面源污染等过程为核心的遥感驱动生态水文模型软件系统 EcoHAT。EcoHAT 已开发的功能包含 54 个函数过程及 39 个预处理过程，涉及领域涵盖了入渗产流、坡面及河道汇流、陆面蒸散发、土壤水分运动、植被 NPP（植被净初级生产力）、生态需水、取水便利性和土壤营养元素循环等环节。EcoHAT 致力于为高校、研究所、政府及相关企事业单位从事遥感、水文、生态、环境、国土及农业等相关领域及其研究人员提供丰富、便捷、有效的技术支持。通过在半干旱半湿润的黄河流域、资料短缺的准噶尔盆地、青藏高原地区、中高纬冻融区、西南喀斯特区及东部沿海等地区长期应用和实践，EcoHAT 在承接国家重大科研项目的同时不断发展和创新，形成了以系统为平台、模型为手段、函数为基础的架构体系，为深度反演遥感生态水文过程提供了更为高效的开放式平台。

根据 Priestley - Taylor 公式，关键物质能量参数通过遥感反演，开展较大像元尺度的参考作物腾发量 ET_0 的遥感反演与模拟。

Priestley - Taylor 公式如下：

$$ET_P=\alpha\frac{R_n-G}{\lambda}\frac{\Delta}{\Delta+\gamma} \tag{3-15}$$

式中：ET_P 为参考作物腾发量，mm；α 为 Priestley - Taylor 系数，取值 1.26；R_n 为地表净辐射，W/m^2；G 为土壤热通量，W/m^2；λ 为汽化潜热，MJ/kg；Δ 为饱和水气压-温度曲线斜率，kPa/℃；γ 为干湿表常数，kPa/℃。

1. 太阳辐射

太阳辐射是太阳向宇宙空间发射的电磁辐射，是地表能量的主要来源。采用 SEBS 模型中的方法来计算太阳辐射（Su Z，2002）：

$$R_S=\frac{I_0\times\tau\times\cos\theta_z}{R^2} \tag{3-16}$$

式中：R_S 为瞬时太阳辐射，W/m^2；I_0 为太阳常数，取值为 1353W/m^2；τ 为大气透射率，无量纲；θ_z 为太阳天顶角，rad；$\frac{1}{R^2}$为日地订正因子，无量纲。

τ 基于地面高程估算：

$$\tau=0.75+2\times10^{-5}\times H \tag{3-17}$$

式中：H 为地面高程，m。

θ_z 通过式（3 - 18）计算：

$$\theta_z=\arccos(\sin\varphi\sin\delta+\cos\varphi\cos\delta\cos\omega) \tag{3-18}$$

式中：φ 为地理纬度，rad；δ 为太阳赤纬，rad；ω 为太阳时角，rad。

δ 通过式（3 - 19）计算：

$$\delta=0.006894-0.399512\cos\phi+0.072075\sin\phi-0.006799\cos2\phi+0.000896\sin2\phi-0.002689\cos3\phi+0.001516\sin3\phi \tag{3-19}$$

$$\phi=2\pi\frac{DOY-1}{365} \tag{3-20}$$

式中：ϕ 为太阳日角，rad；DOY 为对应日期在 1 年中的排序。

ω 通过式（3 - 21）计算：

$$\omega=\frac{\pi}{12}\left[\left(t+\frac{L_m-L_z}{15}+S_C\right)-12\right] \tag{3-21}$$

$$S_C=0.1645\sin\left[\frac{4\pi(DOY-81)}{364}\right]-0.1255\sin\left[\frac{2\pi(DOY-81)}{364}\right]-0.025\sin\left[\frac{2\pi(DOY-81)}{364}\right] \tag{3-22}$$

式中：t 为计算太阳辐射的时刻，在本书中为卫星过境时间；L_m 为计算点的经度，(°)；L_z 为当地时区中心经度，(°)；S_C 为太阳时的季节校正。

$\frac{1}{R^2}$通过太阳日角 φ 计算得到：

$$\frac{1}{R^2}=1.000109+0.033494\cos\varphi+0.001472\sin\varphi+0.000768\cos2\varphi+0.000079 \tag{3-23}$$

2. 地表净辐射

地表净辐射是指地表净得辐射能量的总和，包括短波辐射和长波辐射，是地表蒸散驱动能量来源。

在数据准备充分条件下，基于能量平衡原理，采用 SEBS 模型中的方法估算卫星过境时刻地表净辐射：

$$R_n=R_S\downarrow-R_S\uparrow+R_L\downarrow-R_L\uparrow=(1-\alpha)R_S+R_L\downarrow-R_L\uparrow \tag{3-24}$$

式中：R_S 和 R_L 为到达地表的太阳辐射和长波辐射，MJ/(m^2·d)；↓和↑分别代表下行和上行；α 为地表短波反照率。

长波辐射计算公式为

$$R_L\downarrow-R_L\uparrow=\sigma\varepsilon_a\varepsilon_s T_a^4-\sigma\varepsilon_s T_s^4 \tag{3-25}$$

式中：σ 为斯蒂芬-波尔兹曼常数，取值为 5.67×10^{-8} W/(m^2·K^4)；ε_a 为空气比辐射率，ε_s 为地表发射率；T_a 为空气温度，K；T_s 为地表温度，K。

ε_a 计算公式为

$$\varepsilon_a=9.2\times10^{-6}\times T_a^4 \tag{3-26}$$

缺少地表温度反演产品情况下，应用气象学方法，计算日长波辐射。

$$R_{nl}=\sigma T_d^4(0.56-0.08\sqrt{e_d})(0.10+0.90)\frac{n}{N} \tag{3-27}$$

式中：R_{nl} 为净长波辐射（向上为正，向下为负），MJ/(m^2·d)；σ 为斯蒂芬-波尔兹曼常数，4.903×10^{-9} MJ/(K^4·m^2·d)，日尺度，5.678×10^{-8} W/(m^2·K^4)；T_d 为日均气温，K；e_d 为气象站观测的日均水汽压，hPa；n 为实际日照时数；N 为最大可能日照时数；n/N 为日照百分率，数值范围 0～1。

3. 土壤热通量

地表净辐射一部分用于驱动地表蒸散及加热地表大气，剩下的部分则作为热交换能量储存在土壤或水体中，这部分能量即为土壤热通量。采用 Su（2002）提出的方法，基于净辐射和植被覆盖度来估算土壤热通量：

$$G=R_n[\Gamma_c+(1-VF)(\Gamma_s-\Gamma_c)] \tag{3-28}$$

式中：G 为土壤热通量，W/m^2；R_n 为地表净辐射，W/m^2；Γ_s 为裸地情况下 G 与 R_n 的比值，取值为 0.315；Γ_c 为全植被覆盖下 G 与 R_n 的比值，取值为 0.05；VF 为植被覆盖度。

4. 其他参数

饱和水气压-温度曲线斜率 Δ 通过式（3-31）计算：

$$\Delta=\frac{4098\left[0.6108\exp\left(\frac{17.27T_a}{T_a+237.3}\right)\right]}{(T_a+237.3)^2} \tag{3-31}$$

式中：T_a 为气温,℃。

干湿表常数 γ 通过式（3-32）计算：

$$\gamma=\frac{C_p P_r}{\varepsilon\lambda} \tag{3-32}$$

式中：C_p 为空气定压比热，取值为 1.013×10^{-3}MJ/(kg·℃)；P_r 为大气压，kPa；ε 为水汽分子量和干空气分子量的比值，取值为 0.622；λ 为汽化潜热，MJ/kg。

大气压 P_r 通过地面高程估算：

$$P_r=101.3\left(\frac{293-0.0065H}{293}\right)^{5.26} \tag{3-33}$$

式中：H 为海拔高度，m，由地面 DEM 图获得。

汽化潜热 λ 通过气温估算：

$$\lambda=2.5-0.0022T_a \tag{3-34}$$

式中：T_a 为气温,℃。

5. 积分计算

利用遥感数据只能算出卫星过境时刻的参考作物腾发量，必须经过转换才能得到 1 天中各时刻的参考作物腾发量。Hirsshman（1974）和 Jackson（1983）的研究表明，在晴朗天气条件下，太阳辐射各分量和农田蒸散量在 1 天内呈正弦曲线变化。谢贤群（1991）的研究表明，农田蒸散速率在日出后 1 小时和日出前 1 小时为零，在这之间呈余弦曲线变化，如图 3-15 所示。结合卫星过境时刻的参考作物腾发量和余弦曲线，可计算日出后 1 小时到日落前 1 小时任一时刻的参考作物腾发量，计算公式如下：

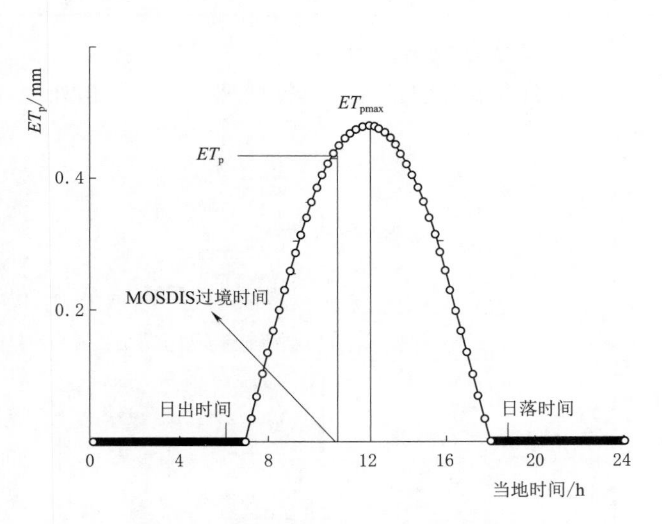

图 3-15　参考作物腾发量余弦曲线变化示意图

$$ET_{P\_max}=\frac{IN(ET_P)}{\sin\left[\frac{t_{pass}-(t_{rise}+1)}{t_{set}-t_{rise}-2}\pi\right]} \tag{3-35}$$

$$ET_{\mathrm{P}}(t)=ET_{\mathrm{P\_max}}\sin\left[\frac{t-(t_{\mathrm{rise}}+1)}{t_{\mathrm{set}}-t_{\mathrm{rise}}-2}\pi\right] \tag{3-36}$$

式中：$ET_{\mathrm{P\_max}}$ 为日最大参考作物腾发量，出现在正午时刻；ET_{P} 为卫星过境时刻的参考作物腾发量；t_{pass} 为卫星过境时刻；t_{rise} 和 t_{set} 为日出和日落时间，通过纬度和年份、日期计算得到；$ET_{\mathrm{P}}(t)$ 为推求任一时刻 t 的参考作物腾发量。

二、模型程序化

采用 IDL 语言编程，实现了模型方法的程序化。

参考作物腾发量模型输入、输出信息见表 3－5。

表 3－5　参考作物腾发量模型输入、输出表

模型名称	模型输入		模型输出	
	数据名称	格式说明	数据名称	格式说明
参考作物腾发量模型	经度	栅格图	参考作物腾发量	栅格图
	纬度	栅格图		
	地面高程	栅格图		
	反照率	遥感影像		
	日照百分率	栅格图		
	植被覆盖度	栅格图		
	土地利用类型	栅格图		
	日均气温	栅格图		

三、模型参数遥感反演

本书数据处理包括遥感数据处理和气象数据处理。

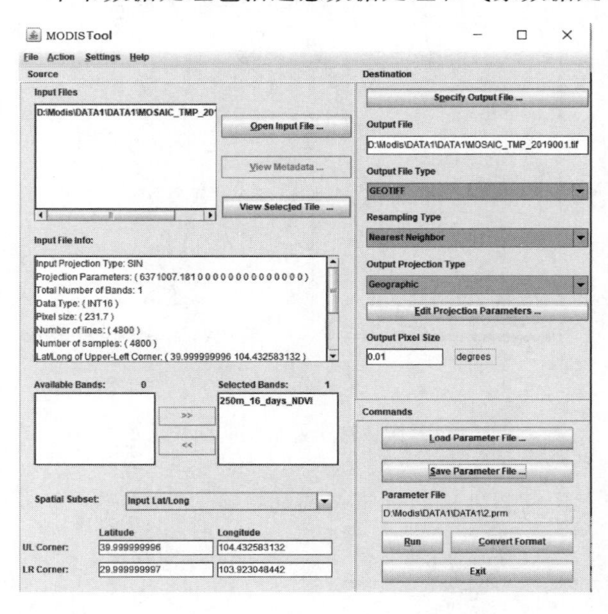

图 3－16　MODIS 数据预处理界面

1. 遥感数据处理

（1）MODIS 数据提取。遥感数据产品下载完毕后（http：//e4ftl01.cr.usgs.gov/MOLT/），可在 HDF Explorer 中查看 scale factor。

（2）数据预处理。利用 MRT 工具对已下载 MODIS 数据进行波段的提取、转投影、转换单位等预处理，如图 3－16 为 MODIS 数据预处理界面。

（3）数据拼接。由于 MODIS 产品没有恰好涵盖研究区域的遥感影像，故需要将同天中标号内含有 h26v05 及 h27v05 的数据产品进行遥感影像拼接才能够满足研究区内需求。

（4）波段计算。由于数据要求在 HDF 中查找的 scale factor 为 10000，所以需要将数据除以 10000 进行 NDVI 波段计算，见图 3-17。

（5）数据裁剪。在进行完上述数据坐标转换之后，需利用该研究区的遥感矢量边界对数据进行裁剪处理，得到只包含研究区的遥感影像数据。

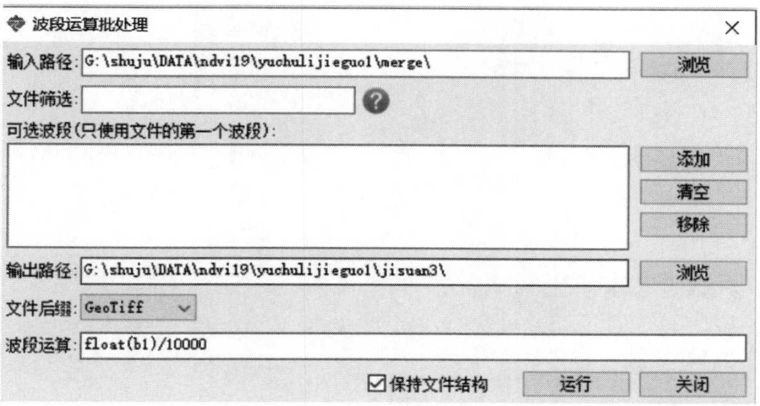

波段运算批处理

输入路径：G:\shuju\DATA\ndvi19\yuchulijieguo1\merge\ 浏览

文件筛选：

可选波段（只使用文件的第一个波段）：

添加 清空 移除

输出路径：G:\shuju\DATA\ndvi19\yuchulijieguo1\jisuan3\ 浏览

文件后缀：GeoTiff

波段运算：float(b1)/10000

☑保持文件结构 运行 关闭

图 3-17　波段计算

2. 气象数据处理

（1）数据获取。本次研究用到的气象数据包括气温、气压、空气饱和度以及风速，4 个日尺度数据产品，在中国气象数据网下载逐日地面气候资料产品。

（2）数据筛选及预处理。由中国气象数据网下载获得的数据为全国范围内文本数据，将其生成 EXCEL 文件，选择能够覆盖本研究区，且距离最近几个气象站点的数据并进行单位转换，以获取整个研究范围内的气象数据，如图 3-18 所示。

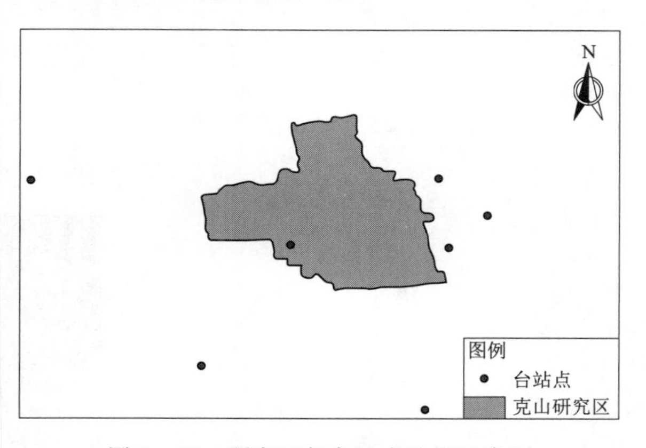

图 3-18　研究区气象站点选择示意图

（3）数据矢量化。将准备好的 EXCEL 数据导入 ArcGIS 中，设置经纬度坐标及 Z 值，生成点格式的矢量数据（以 2019244 气压数据为例，下同）。

（4）投影转换。由 EXCEL 文件生成的点数据不包含空间信息，需转换投影来设置投影坐标系，如图 3-19 所示。

（5）克里金插值。利用克里金插值将点文件生成一个连续的栅格数据曲面，以获取涵盖整个研究范围内的气象栅格数据，如图 3-20 所示。

（6）裁剪。由气象站点插值得到的数据范围往往较大，需要用本研究区的矢量边界进行裁剪，得到只包含本研究范围内的气象数据，如图 3-21 所示。

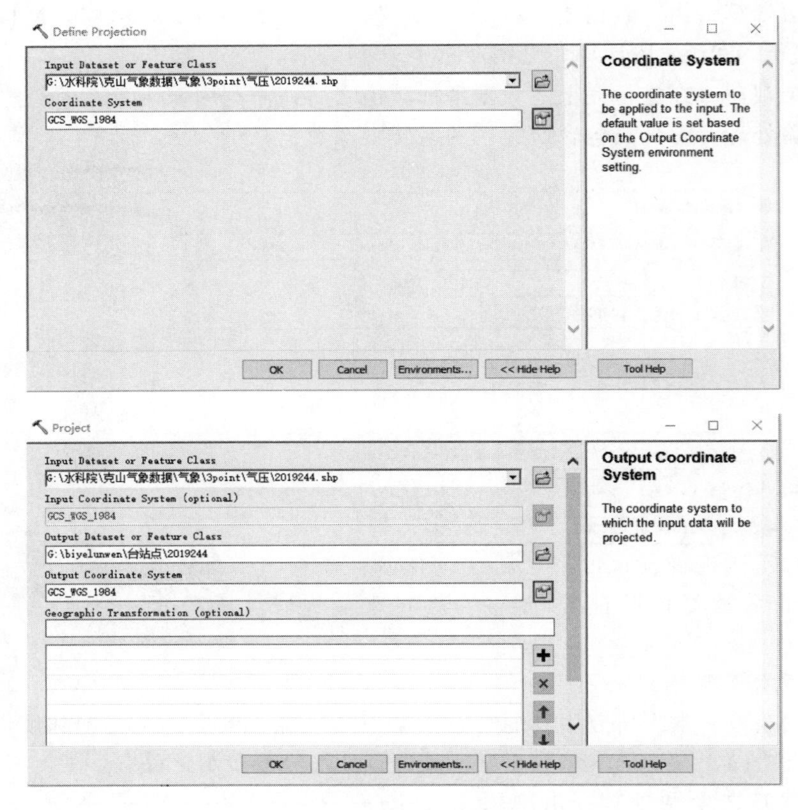

图 3-19 定义及转换投影

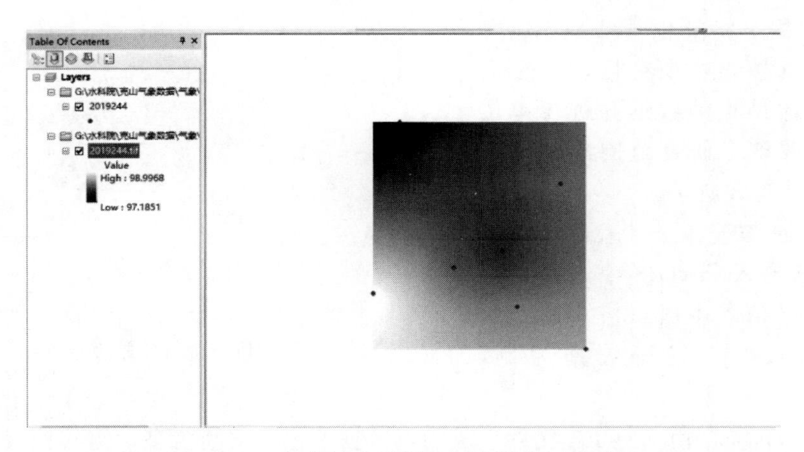

图 3-20 气象站点数据空间差值效果示意图

3. ET_0 数据生产

采用耦合遥感信息的 Priestley - Taylor 公式计算参考作物腾发量，分别得到 2018 年 8 月，2019 年 7—9 月日尺度 ET_0 空间分布信息，经过与监测站点实测数据对比分析，精度可靠，具体见图 3-22。

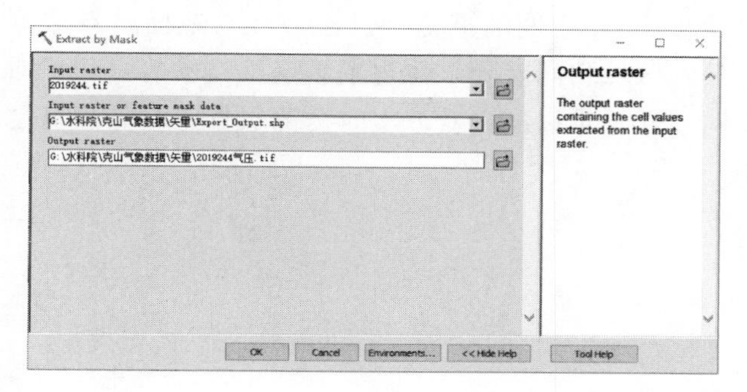

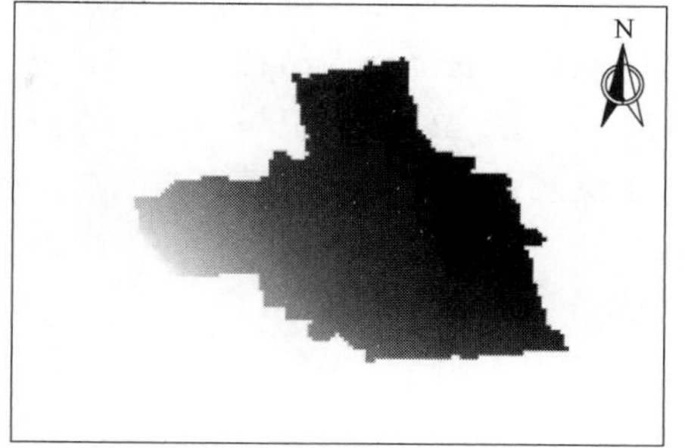

图 3-21　气象栅格数据裁剪及成果示意图

区域基础信息与 ET_0 遥感监测反演，实现了区域大范围节水灌溉控制所需的关键下垫面信息遥感监测反演，能够获取土地利用、作物类型、灌溉面积等基础信息，同时反演得到区域范围内像元尺度 ET_0，经过与地面站点监测数据对比验证，产品精度可靠，并能反应区域空间差异，体现了卫星遥感技术的空间特征优势。不足在于卫星数据获取应用的时效性，难以实时获取应用当日数据，尚无法满足节水灌溉系统对时效性数据的需求。该研究在技术上实现了空间信息的遥感反演，随着遥感技术发展，在突破了数据获取与产品应用时效性后，将能有效地服务于节水灌溉控制系统，并可得到应用与推广。

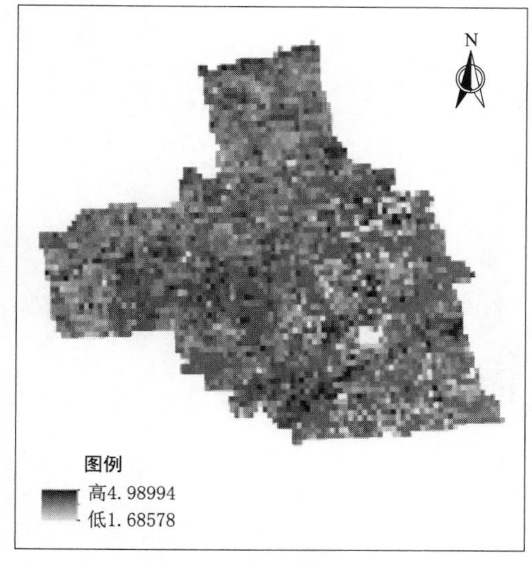

图 3-22　2019 年 2 月 29 日克山县 ET_0 计算结果示例

第四节　本　章　小　结

（1）GF-1 卫星影像数据、MODIS 多波段数据及气象数据，解译反演了克山县土地利用、作物类型、植被指数、植被覆盖度、灌溉面积等灌溉基础信息遥感监测数据产品。比对 2017—2019 年克山县六种主要土地利用类型面积占比发现，克山县耕地面积占比最高约 75%，其余依次是裸地（8%）、草地（5%）和水域（2%），从这 3 年土地利用类型动态变化看，最显著的是裸地面积逐年减少而建筑用地面积逐年增加；构建了作物实际灌溉面积遥感监测新方法，但由于近年克山县作物生长期内降雨充沛，灌溉区域识别效果不显著。

（2）研发了无人机航片快速处理技术与软件，实现了低空遥感技术与卫星遥感技术相结合，获取了试验区高空间分辨率下垫面 DOM 影像与热红外影像，为实验设备布设及土地利用、作物类型、实际灌溉遥感监测结果验证提供了数据支撑。

（3）基于 EcoHAT 系统成果，应用 MODIS、下垫面遥感反演成果、气象空间插值数据等，实现了区域范围内像元尺度的日尺度 ET_0 空间数据监测反演，经与地面站点监测数据对比、验证，产品精度可靠，并能反映区域空间差异，体现卫星遥感技术的空间特征优势。不足之处在于卫星数据获取具有时效性，难以准确获取实时监测数据，尚无法满足节水灌溉系统实行实时灌溉需求。

第四章 作物生长与灌溉预报决策模型库研究

第一节 作物生长模型库研究

作物生长模型库系智能灌溉决策系统中重要的一部分，可用于灌溉预报的智能辅助决策。作物生产系统是一个非常复杂的动态过程，通过作物生长、发育、产量等特性呈现，受遗传特征及周围环境，如气候特征、土壤条件、品种特性、农艺措施、水源（水量）、灌溉技术等多因素或多水准的综合影响，具有显著的时空变异性及多样性。作物生长模型是以作物内在的生长、发育规律为基础，综合作物遗传潜力、环境效应、调控技术等之间的因果关系，能够定量描述和预测作物生长发育过程及其与环境和技术的动态关系（朱艳等，2020）。

在大量实验的基础上借助于数值模拟方法对作物生长发育的过程进行动态模拟，构建作物生长模拟模型。然而，作物生长模型需具有较强的适用性、应用性和预测性，需融合气象学、灌溉学、生态学、土壤学、农学等多学科理论知识，借助模拟运行软件系统，构建相应的数学模型，并量化到作物生产与其环境系统中。通过系统分析原理和计算机模拟技术来定量、定性地描述作物生长、发育、产量形成过程及其与所处环境间的动态关系。

作物模型的研究始于20世纪60年代，从对植物冠层光合作用尝试性的研究开始，到以作物生长、发育为机理，使模型理论上可行，参数和数据输入简易，再发展到以作物生长发育特性为研究对象，在作物栽培、水肥管理、粮食安全评估等方面做出了巨大的飞跃。如今，作物模型已经取得了长足性发展，不仅可以模拟作物生长发育及产量形成的过程，同时还可描述农田生态水文过程中水热在冠层、植物以及土壤过程的运移。运用作物模型，可以更多情境地、科学地、精准地预测作物在农艺措施、水肥调控等状态下的需水规律，为智能灌溉决策提供更加精准的指导。

一、CropSPAC 模型介绍

CropSPAC模型是由中国农业大学毛晓敏教授团队开发的一款以模拟作物生长发育过程、产量以及SPAC（土壤-植物-大气-连续体）中冠层能量分配、土壤水热等变化的农业生态水文动态模型。主要包括作物生长模块、SPAC水热传输模块以及二者之间的耦合关系。作物生长模块主要包括作物生长发育阶段，生理生长指标的模拟以及最终的产量形成，它的输出项叶面积指数、株高和根系生长等对冠层能量分配与水热传输阻力等产生影响；SPAC水热传输模块主要包括地表以上能量平衡及其能量分配过程、地表以下土壤水热迁移过程，它的输出项土壤水分状况影响着作物生长。可以看出，作物生长和SPAC水热传输之间互相影响，互为输入与输出，存在着很强的相互作用。CropSPAC通过模拟这两者的动态变化以及两者之间的相互关系，可以更好地描述农田水热迁移以及作物生长的过程。

1. 作物生长模块

CropSPAC模型中作物生长模块着重研究光热、水肥以及遗传因子等因素对作物各生长发育阶段的地上生物量累积和分配等方面内容，实现定量化动态模拟。该模块通过光、辐射、CO_2、温度、水分、氮素等要素，形成光合作用与呼吸作用，最后实现作物生长阶段发育模块、叶面积指数动态变化模块、株高动态变化模块、地上生物量积累模块、物质分配和产量形成模块等部分，见图4-1。

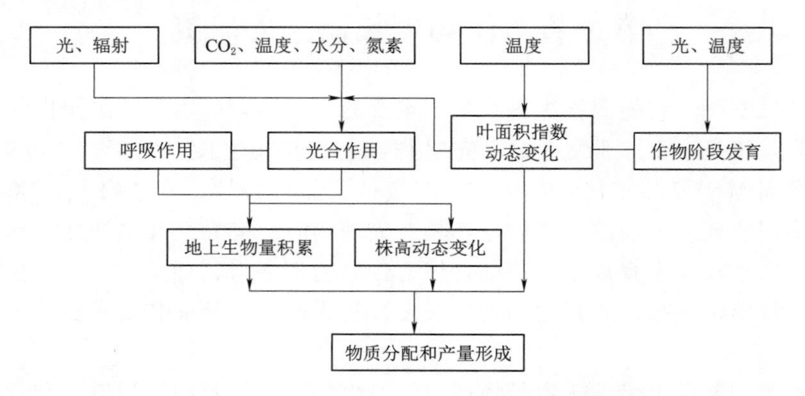

图4-1 CropSPAC模型作物生长模块基本框架

2. SPAC水热传输模块

SPAC水热传输模块是基于土壤水动力学、能量平衡原理、气象学、空气动力学等学科理论基础之上建立起来，采用单层大气、单层作物冠层、多层土壤的处理模式。该模块分为地面以上与地面以下两部分，地面以上是以地面与冠层大气之间的水热交换；地面以下是土壤水热迁移，并通过土壤表面热通量、作物腾发量、土壤水热状况以及根系吸水等联通过程。

3. 作物生长模块与SPAC模块的耦合

作物系统模拟就是运用作物生长对SPAC水热传输的影响，系统分析作物生长和SPAC中水热传输之间存在的耦合关系。对作物生长发育及其形成蒸发蒸腾、生物量、干物质分配等过程与环境、技术、品种之间动态关系进行定量的描述，主要体现在作物叶面积变化、根系生长等对SPAC系统中冠层能量分配、水热传输阻力、根系吸水及分配等方面所产生的影响，同时SPAC水热传输中的土壤水分状况会影响蒸发蒸腾、生物量形成以及干物质分配等。CropSPAC耦合模型不仅能够动态模拟作物生长、冠层能量分配和水热传输以及土壤水热等过程，还可以模拟土壤水分变化对作物生长过程的影响，以及作物生长发育状况对SPAC水热迁移的影响。因此，CropSPAC模型能更加有效地帮助人类理解和认识作物生长发育过程的基本规律及其与环境、技术、品种之间的量化关系，并对作物生长系统的动态行为及其形成的生物量、干物质进行定量预测，从而辅助作物生长和生产系统的优化管理和定量智能调控，实现科学有效地预估作物生产目标。

因此，在CropSPAC模型的机理上，体现在作物生长对SPAC水热传输的影响，主要反映在作物叶面积变化、根系生长等对冠层能量分配、水热传输阻力、根系吸水及分配等方面；SPAC 水热传输对作物生长的影响，主要表现在土壤水分胁迫对蒸发蒸腾、生物量形成以及干物质分配等若干环节。在模型的实现上，作物生长模块的输出为 SPAC 模型提供作物信息，包括叶面积指数、根系分布、株高、叶面宽等生物量；SPAC 模块的输出为作物生长模块提供土壤水分状况，具体表现在根系层的平均含水率。这些均通过气象数据、土壤参数、SPAC 水热传输、作物参数、作物生长等特性，实现作物生长与 SPAC 水热传输的耦合结构，见图 4-2。

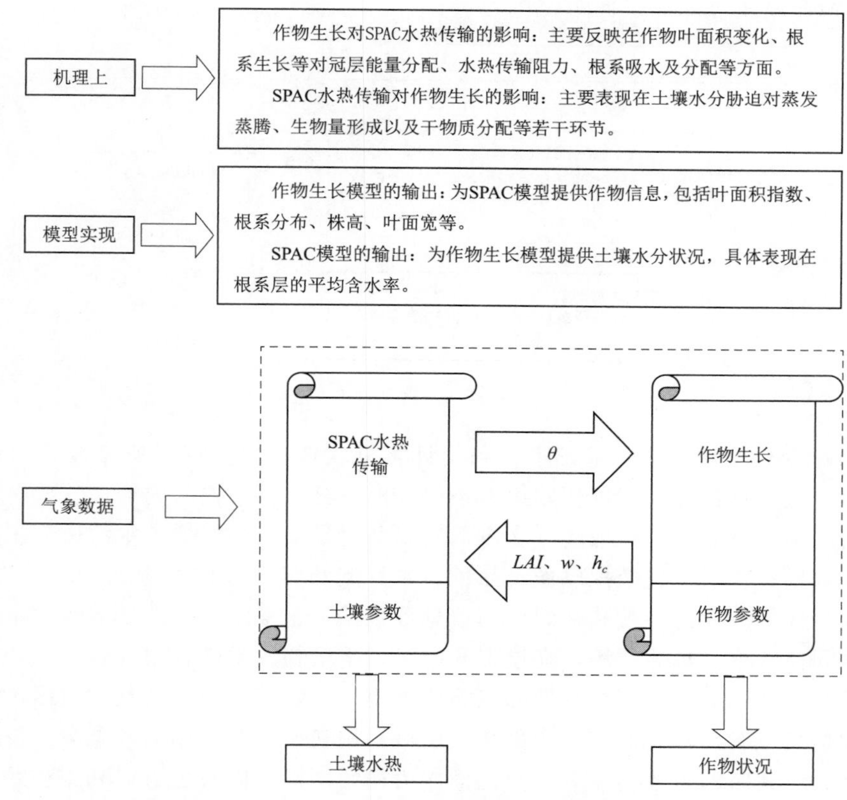

图 4-2 作物生长模型与 SPAC 水热传输的耦合结构

θ：土壤水分状况 LAI：叶面积指数 w：叶面宽 h_c：株高

4. CropSPAC 模型基本流程

CropSPAC 模型基本流程是根据气象数据逐时进行净辐射计算，由此确定作物冠层能量分配（包括冠层与地面）与作物生长产量的计算，再由作物生长产量确定株高叶面积，由株高叶面积也可确定冠层能量分配，基于空气动力学理论和能量平衡原理，由作物冠层能量分配确定冠层和地表潜热、显热消耗计算，获得叶面蒸腾速率及地表蒸发速率，叶面蒸腾速率又形成株高叶面积及作物生长产量，同时叶面蒸腾速率与根系吸水速率形成相互对应关系，而地表蒸发速率、根系吸水速率均与考虑灌溉/降雨、地表蒸发、深层渗漏/补给、根系吸水等多因素下土壤水分动态计算形成互补关系，土壤水分动态的计算最终实现土壤热运移的计算（考虑冠层-地表温差产生的地表热通量、蒸发潜热消耗等多因素影响），见图 4-3 CropSPAC 模型基本流程描述。

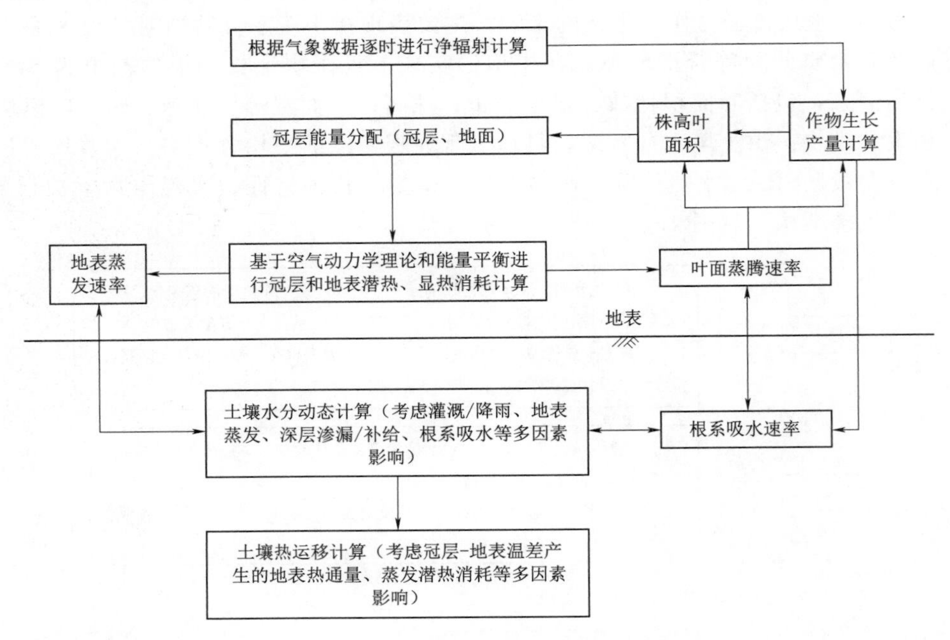

图 4-3 CropSPAC 模型基本流程描述

在 CropSPAC 模型构建的基础上，利用计算机软件技术，将气象参数、起止日期及作物参数、土壤水热特性、土壤初始边界条件等模块算法作为输入内容。气象参数主要以每日的平均风速、日照时数、最高（含最低）温度、最高（含最低）水汽压为主，加之灌溉及降雨等数据；作物生长模拟以作物品种、生育起止日期及作物参数为基数进行计算，作物参数包括作物的遗传参数和初始作物信息等数据；土壤水热特性参数包含了土壤饱和导水率、田间持水率、热导率等；在模拟开始时，土壤初始条件、边界状况主要以土壤初始水分剖面和温度剖面计算起始日期的实测值为模型计算基础值，若基础数据不足时，则可根据已知信息或者经验先假定一个剖面，然后利用初始计算日期的气象数据进行模拟计算，输出当天结束时的土壤温度和水分剖面作为初始剖面；同时也可以利用初始气象资料进行反复计算后输出一个相对稳定的剖面作为初始剖面。土壤温度下边界根据实测值拟合得到。

CropSPAC 模型实现了数据管理、参数优化、生长模拟、水热传输等综合功能，具有多功能、空间化、数字化等特点。其中数据管理实现了气象因子、土壤特性、土壤水热、作物状况、生育进程和产量水平等基础数据的查询与维护，以及相关数据的时空特征分析功能。参数优化实现了品种参数调试、气象数据生成、土壤参数估算以及水热传输等措施配置。生长模拟还包括了空间模拟、时序模拟、虚拟显示和模拟验证等功能，利用作物特定时期内获得的作物实际生长指标（叶面积指数、根系分布、株高、叶面积等生物量）修订实时模拟值，实现后期的模型预测。水热传输通过灌溉/降雨、地表蒸发、深层渗漏/补给、根系吸水等多因素影响完成土壤热运移的计算。

CropSPAC 模型主要是模拟生育期内作物生长指标、作物蒸腾、棵间蒸发、土壤水热状况等实现模型的输出。在作物生长指标中包含了生物量积累、叶面积指数与株高的动态变化等参数，其中生物量积累包括了作物生育期内地上生物量以及茎、叶、穗生物量积累量；作物蒸腾、棵间蒸发包含了每日作物蒸腾量、棵间蒸发量、SPAC系统内的潜热（含显热交换）等数据；土壤水热状况包括1m土层贮水量、土壤贮水量以及不同时刻、不同深度土壤含水率和土壤温度等数值。

二、作物生长模型在灌溉决策系统中的应用

作物模型可以描述水热多要素情景下，作物发生变化时的生长状态、土壤水热变化等情况。当水量平衡法中的各项无法准确对水热要素变化进行预测时，作物模型可通过情景模拟修正水量平衡项，对水热要素进行响应，从而更科学、更准确地预测农艺措施的变化、水肥调控等状态下作物需水状况，为灌溉预报决策提供更加精准的指导。作物模型可从作物生理需求上进行理论分析，提供理论依据，为实际灌溉提供一定的辅助决策，使得灌溉决策可以走向机理化、实用化和精准化。

同时，CropSPAC作物模型与智能灌溉决策系统有着很好的耦合关系。智能灌溉决策系统通过采集实时获取的气象、作物生长状态、土壤水热状况等指标，输入数据提供给作物模型，模拟下一时刻作物生长状态、土壤水分状况；作物模型模拟得到的作物生长指标（包括生物量积累、*LAI*和株高等）可以作为监测作物长势、预测最终产量、分析作物生理生长状态的依据，对灌溉决策系统提供辅助帮助；模型得到的作物蒸腾量、土壤棵间蒸发，可用于计算作物耗水，以及农田水量平衡，判断作物是否处于生理需水状态；模型模拟得到的土壤水热状况，可用于判断土壤是否处于水分亏缺状态，从而更好地指导灌溉系统进行科学的灌水。CropSPAC模型与智能灌溉决策系统的互补关系如下。

首先，根据试验实测数据，包括气象、土壤水热等数据输入CropSPAC模型，驱动作物模型运行，得到作物生育期内生长指标，如叶面积、株高、生物量和土壤水热的动态变化，与实测作物生长指标进行对比验证，当模拟值与实测值拟合较好时，得到适合当地气象条件和作物模型的参数值，包括作物遗传、水热特性等参数，实现模型和参数的本地化。

其次，将确定的参数CropSPAC模型接入智能灌溉决策系统。灌溉预报系统需要根据当前的土壤墒情、作物长势状况及天气预报等数据，推算未来参考作物腾发量、土壤水分状况，实现对灌水日期、灌水量的预报。灌溉预报系统为CropSPAC提供输入数据，包括当前气象土壤参数，CropSPAC可进行模拟计算并输出信息，为灌溉预报提供决策信息。包括作物长势情况（*LAI*、株高、生物量、产量等）、作物腾发量*ET*（作物蒸腾、棵间蒸发）以及土壤水热状况等，这些信息可监测作物长势，预测作物最终产量。同时，通过对作物腾发量*ET*值的计算，CropSPAC模型可以判断作物土壤水分亏缺状况，当预测土壤含水量低于灌溉预报设定的灌溉阈值时，即可触发灌溉。CropSPAC模型与灌溉预报系统之间的联系见图4-4。

三、CropSPAC模型验证

为了更好地对CropSPAC模型进行验证，将2018年、2019年试验区内的气象资料、玉米生长期内生长状态、土壤水热状况等资料作为输入数据，提供给CropSPAC模型，CropSPAC模型模拟2018年、2019年玉米生育期内光合作用、蒸腾作用的变化过程，并输出地上生物量、叶面积指数、作物腾发量、土壤1m土层贮水量等模拟值，将输出的模

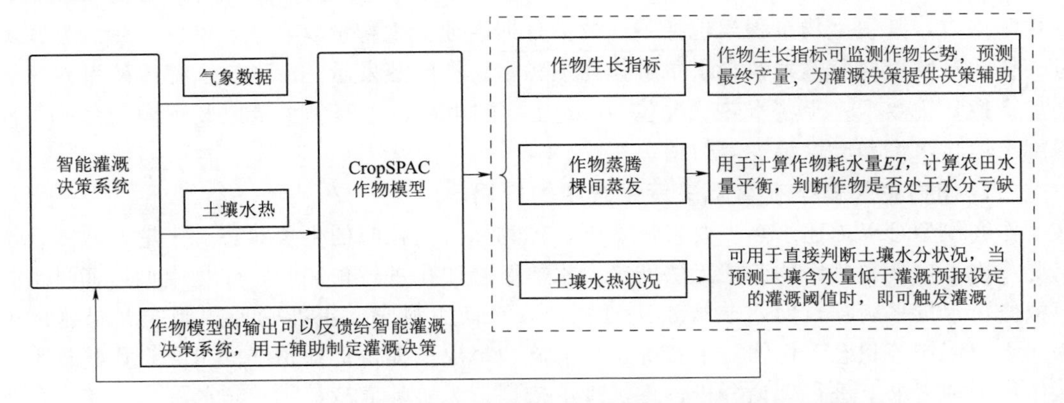

图 4-4　CropSPAC 模型为智能灌溉决策系统提供信息辅助智能决策

拟值与实测值进行比对，以此验证 CropSPAC 模型的适应性。

1. 地上生物量

分别将 2018 年、2019 年试验区充分灌水施肥玉米小区地上生物量实测值与 CropSPAC 模型模拟值进行比对，结果见图 4-5。

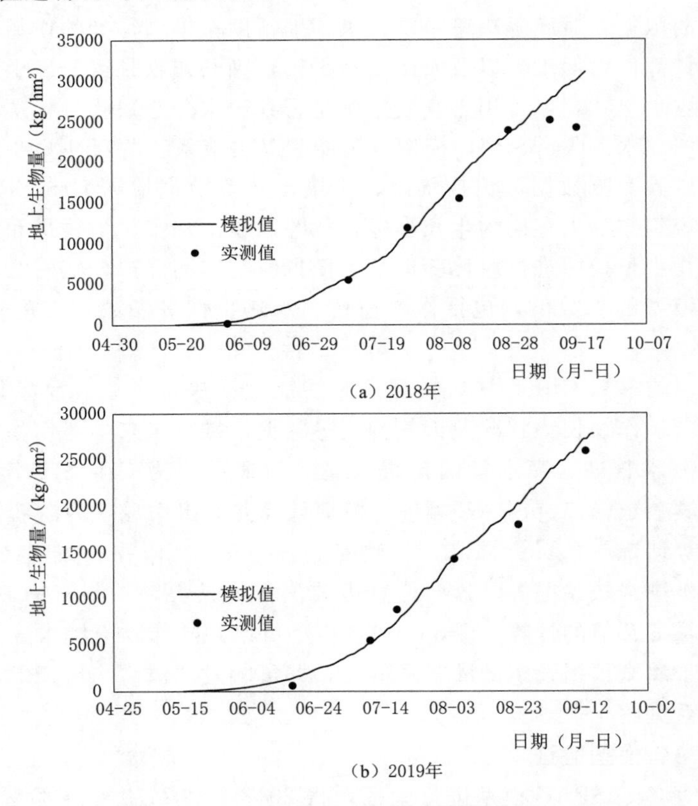

图 4-5　地上生物量实测值与模拟值比对图

可见，2018 年、2019 年该小区玉米随着生育期生长，实测地上生物量值也随之增进，且模拟值也随着增加，地上生物量实测值与模拟值均呈上升趋势，上升趋势一致；2018

年、2019 年玉米地上生物量实测累积值与 CropSPAC 模型模拟值相关系数（R）分别为 0.98、0.99，均方根误差（$RMSE$）为 2537kg/hm^2、1266kg/hm^2，可见 2018 年、2019 年玉米地上生物量的实测累积值与 CropSPAC 模型模拟值拟合度非常高。由于 2018 年 9 月 10 日左右出现霜冻，叶子脱落，实测的生物量减小，而实际作物生育期还在进行，所以生物量的模拟值比实测值偏大。

2. 叶面积指数

对 2018 年、2019 年试验区充分灌水施肥玉米小区叶面积指数实测值与 CropSPAC 模型模拟值进行比对，结果见图 4-6。

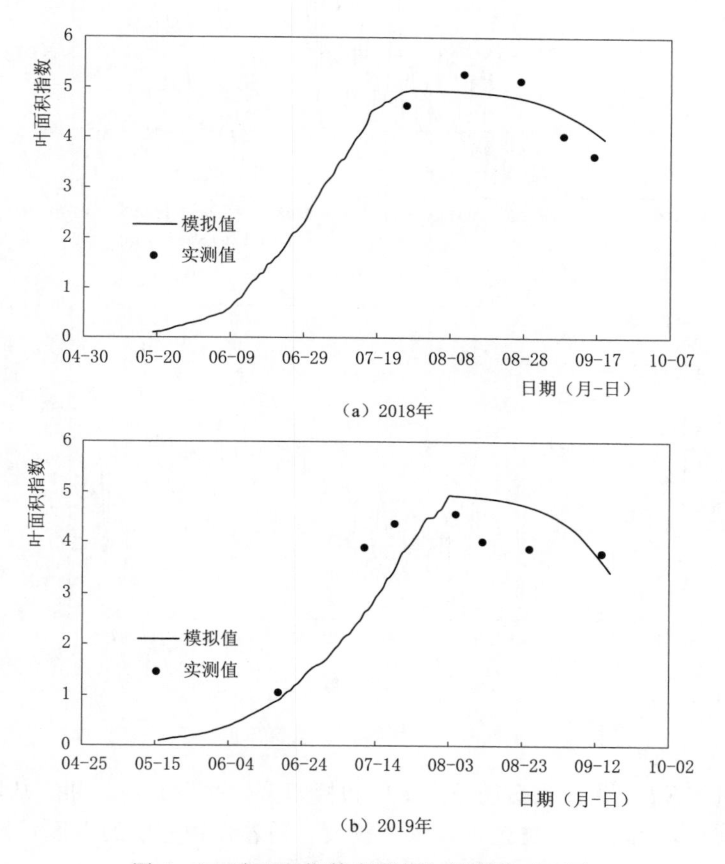

图 4-6 叶面积指数实测值与模拟值对比图

由图 4-6 知，2018 年、2019 年叶面积指数实测值与预测值均随着玉米的生长，叶面积指数达到一个峰值后，在玉米生长的中后期叶面积指数呈下降趋势，2018 年、2019 年实测值与模拟值的变化趋势基本一致；2018 年、2019 年的实测叶面积指数与 CropSPAC 模型的模拟值进行拟合计算，拟合效果均较好，2018 年、2019 年 R 值分别为 0.91、0.82，$RMSE$ 值分别为 0.39、0.76，可见，2018 年结果好于 2019 年。2019 年 8 月因降雨量充沛，试验区出现涝渍，且气温一直偏低，实测 LAI 值明显减小，导致模拟值与实测值出现偏差。2018 年、2019 年实测玉米叶面积指数与模拟值的分布情况没有出现明显偏差，可见，CropSPAC模型对叶面积指数的拟合程度较高，验证结果是可信的。

3. 作物腾发量（ET）

对2018年、2019年充分灌水施肥玉米试验区作物腾发量ET实测值与CropSPAC模型模拟值进行比对，结果见图4-7。

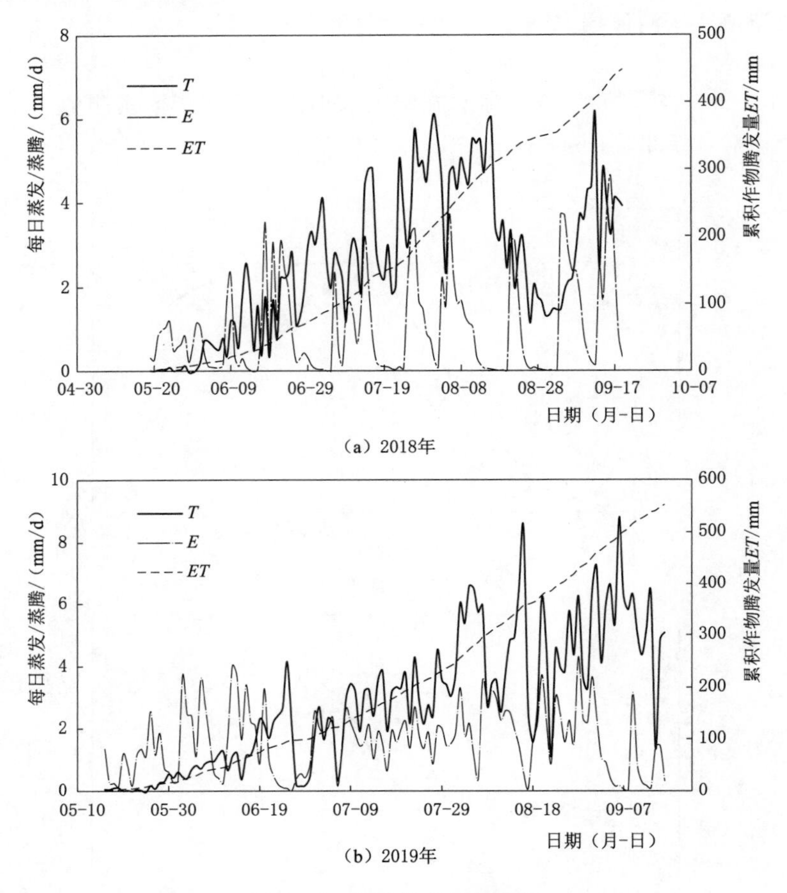

图4-7 作物腾发量模拟值

作物腾发量（ET）为作物蒸腾量（T）和棵间蒸发量（E）之和。从图4-7可以看出，在生育期前期，由于植被覆盖少，蒸发较大，随着作物冠层的发展，植株蒸腾逐渐增加并成为田间耗水的主要因素。作物生育旺期的每日蒸腾量在4～6mm。整个生育期总的ET在500mm左右。CropSPAC模型较好地模拟了生育期内蒸发蒸腾的变化趋势，对于作物耗水规律有着较好的把握。

4. 土壤1m土层贮水量

对2018年、2019年充分灌水施肥试验区玉米土壤1m土层贮水量与CropSPAC模型模拟值进行比对，结果见图4-8。

2018年、2019年田间土壤含水量（0～1m土层）的变化由图4-8可以看出，土壤含水量受降雨、灌溉等的因素影响较大，降雨或灌溉后土壤含水量会急剧上升，随着作物蒸腾和土壤蒸发的消耗，又会逐步降低。2018年、2019年的$RMSE$分别为3.01和3.07，

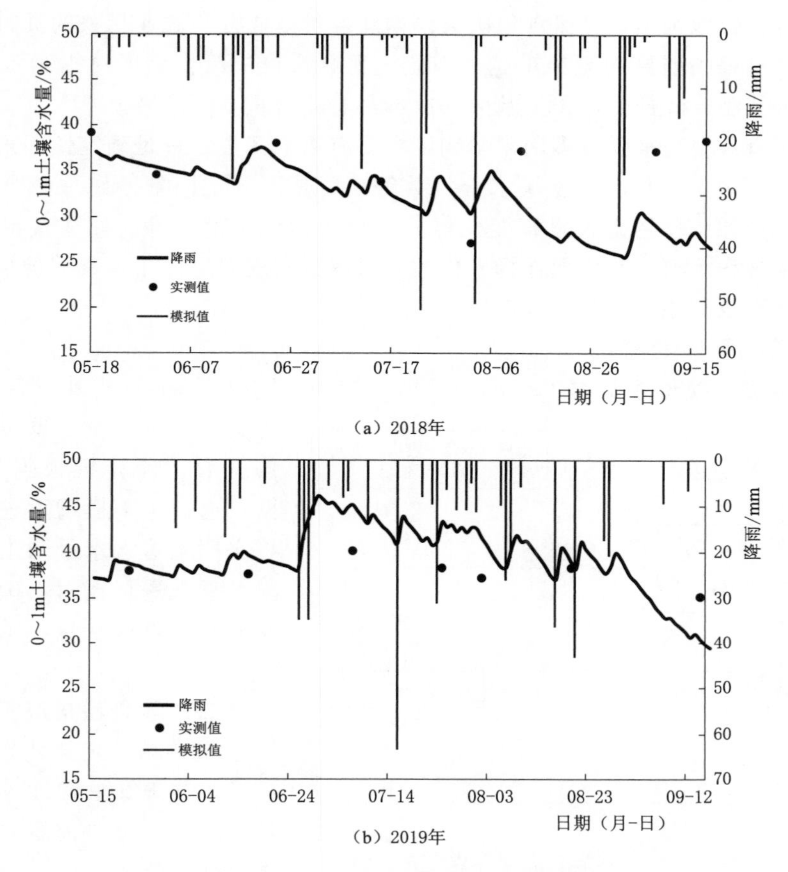

图 4-8 土壤 1m 土层贮水量实测值与模拟值对比图

R 为 0.70 和 0.88。2018 年和 2019 年降雨偏多，土壤含水量整体处于较高水平，取土测得的土壤含水率实测值可能存在一定偏差。整体上 CropSPAC 模型可以模拟土壤含水量，反映土壤含水量随时间的变化过程。

可见，CropSPAC 模型可较好地模拟东北大田玉米生长发育指标，经过参数本地化验证后可以适用于当地玉米作物生长的模拟。将验证好的 CropSPAC 模型接入灌溉预报系统，为系统提供信息，辅助系统进行智能决策分析。

第二节 灌溉预报决策模型库

灌溉预报决策模型库是智能灌溉决策的核心内容，也是实现智能精准灌溉的关键技术。灌溉预报决策模型库是将田间监测到的实时土壤水分状况、气象数据、作物生长状态等信息，通过灌溉预报决策模型库对作物根部区域进行分析、预测，实现对作物短期或逐日的水分变化准确预报。当作物根部区域田间土壤含水率或田间水层厚度低于适宜作物生长值的下限时，对作物进行适时、适量地灌溉，以实现精准、智能灌溉。随着农业物联网信息技术的快速发展，智能灌溉系统在农业生产过程中得到推广与应用，使得农民更加智能地、越来越轻松地种地，灌溉预报决策模型库也可以储存与农业相关的资料，通过模拟解决农业生产过程中遇到的复杂难题。因此，灌溉预报决策模型库对提高水资源的利用率、实现节水节肥、降低劳动强度及劳动成本具有非常重要的意义。

然而，灌溉预报决策受许多因素影响，主要有以下 3 类：一是确定性因素，如实时田间水分状况、作物生长状况、土壤水分常数等；二是不确定因素，如预测时段内气象条件、田间水分消耗、作物生长发育变化等；三是人为确定的因素，如适宜田间水分上下限、水量平衡方程等模型及参数选择、预测时段等。实现以上因素，其关键技术仍取决于作物腾发量计算及其相关参数的确定。

一、决策模型库的建立

灌溉预报决策模型库是由 Penman - Monteith 公式和水平衡方程建立起来的，获取土壤含水量、空气温湿度、降雨等信息后，计算机根据采集到的数据，通过决策模型库进行计算，并将实测土壤含水量与土壤含水量上限、下限进行比对，确定是否需要灌溉，计算灌水量，工作流程见图 4 - 9。

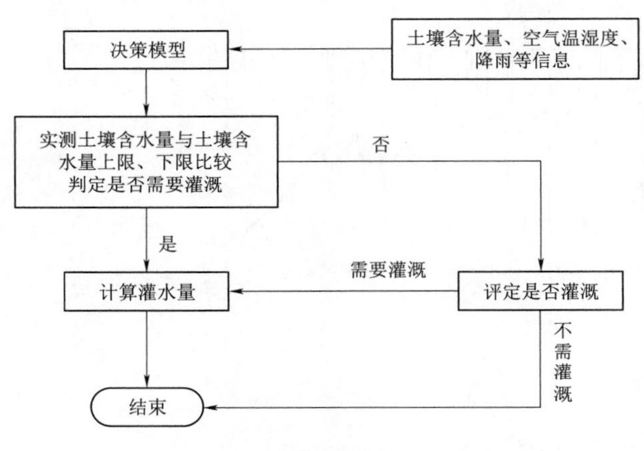

图 4 - 9　决策模型库工作流程

二、灌溉预报决策模型

1. 作物腾发量计算

作物腾发量的计算是作物需水量研究中最重要内容之一。作物腾发量计算公式大致可分为 3 类：经验公式、以水汽扩散理论为基础的半经验公式、以热量平衡理论及水汽扩散理论相结合的半经验公式。

联合国粮农组织（FAO）建议作物腾发量采用公式：

$$ET = K_c \cdot ET_0 (\omega \geqslant \omega_j) \tag{4-1}$$

$$ET = K_s \cdot K_c \cdot ET_0 (\omega < \omega_j) \tag{4-2}$$

式中：ET 为作物腾发量，mm；K_c 为作物系数；K_s 为土壤水分修正系数。

2. 参考作物腾发量 ET_0 计算

彭曼认为作物腾发量是能量消耗过程，通过对农田热量平衡计算，可求出作物腾发量所耗热量，将热量换算成水量，即为参考作物腾发量。参考作物腾发量采用国际粮农组织（FAO - 56）推荐的 Penman - Monteith 方法计算，即采用式（4 - 3）计算。

$$ET_0 = \frac{0.408\Delta(R_n - G) + \gamma \dfrac{900}{T+273} u_2 (e_s - e_a)}{\Delta + \gamma(1 + 0.34u_2)} \tag{4-3}$$

$$\Delta = \frac{4098\left[0.6108\exp\left(\dfrac{17.27T}{T+237.3}\right)\right]}{(T+237.3)^2} \tag{4-4}$$

$$R_n = R_{ns} - R_{nl} \tag{4-5}$$

$$u_2 = u_z \frac{4.87}{\ln(67.8z - 5.42)} \tag{4-6}$$

式中：ET_0 为参考作物腾发量，mm/d；R_n 为作物表面上的净辐射，MJ/(m^2 · d)；G 为土壤热通量，MJ/(m^2 · d)；T 为 2m 高处空气平均气温，℃；e_s 为饱和水汽压，kPa；e_a 为实际水汽压，kPa；Δ 为饱和水汽压曲线斜率，kPa/℃；u_2 为 2m 高处的风速，m/s；γ 为湿度计常数，kPa/℃；z 为地表以上测量风速的高度，m；R_{ns} 为净短波辐射，MJ/(m^2 · d)；R_{nl} 为净长波辐射，MJ/(m^2 · d)；u_z 为实际风速，m/s。

3. 作物腾发量实时预报

在预测灌溉需水量时，作物腾发量的预测是最基本、最重要的内容之一。只有在作物腾发量预测基础上，考虑降水、地下水补给等因素，才能进行灌溉预报。阶段作物腾发量实施预报可采用式（4-7）计算。

$$ET_i = K_{\omega i} \cdot K_{ci} \cdot ET_{0i}, \omega < \omega_j \tag{4-7}$$

式中：ET_{0i} 为阶段参考作物腾发量，mm；$K_{\omega i}$ 为土壤水分修正系数；K_{ci} 为作物系数；ET_i 为第 i 天作物蒸腾量，mm/d。

在一定的地点（纬度、海拔高程）和时间（月份），以天为计算时间尺度，利用式（4-3）计算 ET_0。需要气温（日平均、最高与最低）、风速、日照时数和相对湿度（最大、最小）等气象数据。对于常规的需水量预报，由于不同年份需水过程有较大差异，计算成果不便于参考应用，故采用历年气象资料，由式（4-3）进行长系列 ET_0 计算，确定多年平均典型年 ET_0 值年内数据，故完全可以直接采用此式（4-7）进行计算。但是由于短期气象预报中有缺少湿度（或水汽压）、日照时数等气象数据，因此不能直接采用式（4-3）预报 ET_0，可采用式（4-8）进行预测。

$$ET_{0i} = \psi_i \cdot \overline{ET_{0m}} \cdot \exp\left[-\left(\frac{I - I_m}{A}\right)^2\right] \tag{4-8}$$

式中：ψ_i 为第 i 天的天气类型修正系数，根据不同天气类型的 ET_0 值与同日多年平均 ET_0 值之比，可事先查阅相关资料求得；$\overline{ET_{0m}}$ 为多年平均最大旬参考作物腾发量平均值，mm/d；I 为日序数；I_m 为历年中出现 ET_{0m} 之日序数均值；A 为经验参数。

其中 I_m 及 A 与纬度有关，多年研究成果表明对于 I_m，我国绝大多数地区为 191～212，高纬度地区可取 181；对于 A，华北平原为 112，华中地区为 130，广西等华南地区为 150，高纬度地区可取 96.8。

根据我国各地长系列气象资料（30 年以上），用式（4-8）计算出逐年、逐月 ET_0 值，按晴天、昙天（少云、多云）、阴天、雨天 4 种类型进行分类统计，发现在同一地区、相同月份内，相同天气类型条件下的 ET_0 值十分稳定。对于某一地区，根据长系列气象资料，应用式（4-3）计算出各月晴、昙、阴、雨 4 种气候类型下的多年平均 ET_0 值，直接运用到实时预报 ET_0 中。

由于天气类型是任何气象站（点）短期天气预报中的基本项目，可以根据预报的天气类型，用以上方法可十分简便、迅速地预报 ET_{0i}。根据国内外大量逐日 ET_0 值模拟分析结果显示，预测值与实测值的相关系数大于 0.85，预测值可靠。

4. 土壤水分修正系数 *Ks* 计算

土壤中萎蔫点（凋萎含水率）ω_p 至田间持水率 ω_c 之间的水分是保证植物根系吸收利用的有效水量。土壤含水率 ω 在临界含水率 ω_j（毛管断裂含水率，一般为 ω_c 的 70%～80%，随土质而变）与 ω_c 之间时，土壤水分可借毛细管作用充分供给作物蒸发、蒸腾之需要，土壤含水率之高低不影响作物蒸发蒸腾，即 $K_s=1$；当土壤含水率小于临界含水率时，由于土壤水分运移阻力的作用，土壤水分运移的实际速率小于充分满足作物蒸发蒸腾所需的速率，致使作物蒸发蒸腾量随着土壤含水率之降低而降低，$K_s<1$。

$$K_s=F_1(S)=f_1(\omega-\omega_p)(\omega<\omega_p) \tag{4-9}$$

作物是否受到水分胁迫，可根据土壤水分状况判别，一般认为旱作物主要根系层土壤平均含水率低于田间持水率的 60%，水稻主要根系层土壤平均含水率低于饱和含水率的 80%，蔬菜等易受旱作物，主要根系层土壤平均含水率低于田间持水率的 70%，作物会受到水分胁迫。

针对土壤含水率低于临界含水率的范围，国内外许多学者推荐计算 K_s 的模型为 $K_s=(\omega-\omega_p)/(\omega_j-\omega_p)$，此模型表示在 $\omega=\omega_p$ 时 $K_s=0$，但实际上此时存在土壤蒸发，茆智院士等人通过在河北、广西等省（自治区）的试验研究结果，对此模型公式进行了修正，提出 K_s 与土壤含水率的关系为

$$K_s=a+b\left(\frac{\omega-\omega_p}{\omega_j-\omega_p}\right),\omega_p\leqslant\omega\leqslant\omega_j \tag{4-10}$$

式中：ω、ω_p、ω_j 分别为实际土壤含水率、凋萎含水率与临界含水率（占干土重的百分比）；a、b 分别为常数与系数，$a=0.03\sim0.07$，$b=0.86\sim1.00$，随土质而变，可通过分析已有的土壤水分与需水量的观测资料而确定。

茆智院士等人通过对 1986 年河北省几个灌溉试验站观测的资料分析显示：望都站 $a=0.038$，$b=0.987$；藁城站 $a=0.065$，$b=0.887$；临西站 $a=0.068$，$b=0.89$。

三、灌溉预报计算

1. 土壤含水率计算

灌溉预报计算是根据农田水量平衡原理，得到土壤含水率递推方程式（4-11），在开展作物腾发量计算时，一般选定土壤含水率为饱和含水率或田间持水率的时间段内（旱作物灌溉或降透雨后 1～2d）为起始日期，或在预测起始日测定一次土壤含水率，而后逐日进行水量平衡推算，以确定预测日期的土壤含水率，在土壤含水率逐日递推演算中，如果又获得实时信息，如遇灌溉或降透雨等，则以该时刻作为新的初始状态，重新开始递推。

$$\theta_i=\theta_{i-1}-10(ET_{i-1}-R_{i-1}-M_{i-1}-UP_{i-1}-\omega_{i-1})/H \tag{4-11}$$

式中：θ_{i-1} 为第 $i-1$ 日土壤含水量，m^3/m^3；ET_{i-1} 为第 $i-1$ 日作物腾发量，mm；R_{i-1} 为第 $i-1$ 日有效降水量（实际降水量减去地表径流），mm；M_{i-1} 为第 $i-1$ 日灌水量，mm；UP_{i-1} 为第 $i-1$ 日地下水对作物根系层的补给量，mm；ω_{i-1} 为第 $i-1$ 日计划湿润层内自由排水通量，mm；H 为作物根系层深度，cm。

按照以上方法，经过逐日递推，可预测短期内逐日作物腾发量。

2. 土壤水分修正系数 K_s 值

在进行式（4-11）计算之前，首先采用式（4-10）计算土壤水分修正系数 K_s 值，

因土壤水分修正系数 K_s 是调亏灌溉下作物腾发量计算的关键，而作物根系层土壤有效含水量条件决定了 K_s 的大小。

3. 有效降水量计算

$$P_0=\alpha P \tag{4-12}$$

式中：P_0 为降雨入渗量，mm；P 为降雨量，mm；α 为降雨入渗系数，其值与一次性降水量、降雨强度、降雨延续时间、土壤性质、地面覆盖情况及地形等因素有关，一般认为一次性降雨量小于 5mm 时，$\alpha=0$；一次性降雨量为 5～50mm 时，$\alpha=1.0\sim0.8$；一次性降雨量大于 50mm 时，$\alpha=0.7\sim0.8$。

4. 地下水补给量

$$UP_{i-1}=\mathrm{e}^{-nH}/ET \tag{4-13}$$

式中：n 为经验值，对于沙土、壤土、黏土分别取 2.1、2.0、1.9；H 为地下水平均深度，m。

如地下水埋深大于 3m，地下水补给量忽略不计。

5. 第 $i-1$ 天计划湿润层内自由排水通量

$$w_{i-1}=\frac{1000\cdot k_0}{1+k_0\cdot\alpha\cdot\dfrac{TD_{i-1}}{h_{i-1}}} \tag{4-14}$$

式中：k_0 为饱和水力传导度，m/d；α 为经验常数，由试验或参考相关资料确定，对于沙土、壤土、黏土分别取 50～250；TD_{i-1} 为从饱和状态下（$TD=1$）达到第 $i-1$ 天土壤含水率水平的排水天数，d；TD 为饱和状态下，重力水全部移出计划湿润层的天数，d；计划湿润层大于 0.6m 时，TD 一般为 2～9d，土壤越密实黏重，TD 值越大；h_{i-1} 为第 $i-1$ 天计划湿润层深度，m。

表 4-1 为已发布的部分 k_0 及 α 值。

表 4-1　已发布的部分 k_0 及 α 值

土壤深度/m	体积含水率/(m³/m³)	饱和水力传导度 k_0/(m/d)	经验常数 α	地块类型
0.3	0.343	0.321	95.1	耕地
0.6	0.355	0.48	76.1	
0.3	0.397	0.147	151	
0.6	0.409	0.151	70.5	
0.2	0.470	0.283	99.1	草地
0.4	0.426	0.894	120	

6. 灌水时间预测

灌水时间预测是实时灌溉预报的主要任务之一，由于农田水量平衡计算中诸要素相互联系、相互影响、互为函数，故应逐日逐项递推。因模型中地下水补给量、作物腾发量、降水量等均为预测值，在一定的田间适宜水分上、下限情况下，需对田间初始水分状况进行修正，并对田间水量平衡进行逐日模拟计算，即可得出某种作物、某代表田块所需灌水时段；对所有代表田块分别进行水量平衡模拟，则可得到相应田块需要灌水日期。

四、实时灌水定额预测

灌水定额与灌水日期构成灌溉预报的主要内容。灌水定额不能按照适宜的田间水分上、下限来定。因为需要灌水或正在灌水时刻，土壤含水率并不一定正好等于土壤含水率下限。因此，灌水定额要以土壤含水量上限减去实际土壤含水量。根据不同类型的灌溉系统，以及相应的灌溉系数确定毛灌水定额。毛灌水定额乘以面积即得蒸散发量。

第三节　灌溉预报决策模型库应用

为了更好地实现农业物联网云平台，智能灌溉系统调控技术在农业生产过程中得以广泛的应用与推广，使得更多的农民可以越来越轻松、智能地种田。就必须对灌溉预报决策模型进行应用与验证。本书采用克山县试验区监测资料，利用灌溉预报决策模型进行演算，并采用智能灌溉决策支持系统的调控结果进行对比验证。

一、灌溉预报决策模型

1. 作物腾发量

本书选取黑龙江省克山县长系列气象资料，采用 Penman - Monteith 公式（4 - 3）计算克山县作物生育期内逐年、逐日 ET_0 值，以此求得克山县作物生育期内多年平均逐日参考作物腾发量 ET_0 值，根据克山县长系列气象数据，逐日计算 4 种天气类型（晴天、昙天、阴天、雨天）下 ET_0 值的修正系数，部分成果见表 4 - 2 克山县多年平均 ET_0 值及其不同天气类型修正系数（6 月 1—20 日）。

表 4 - 2　克山县多年平均 ET_0 值及其不同天气类型修正系数

日期	日序数	天气类型修正系数				多年平均 ET_0 值 /mm
		晴天	昙天	阴天	雨天	
6 月 1 日	152	1.16	0.83	0.67	0.99	4.86
6 月 2 日	153	1.10	1.20	0.46	0.65	5.14
6 月 3 日	154	1.16	0.93	0.58	0.71	5.24
6 月 4 日	155	1.22	0.81	0.79	0.69	5.11
6 月 5 日	156	1.09	0.83	0.69	0.47	5.73
6 月 6 日	157	1.22	0.84	0.6	0.69	5.35
6 月 7 日	158	1.21	0.85	0.64	0.72	4.93
6 月 8 日	159	1.25	0.86	0.71	0.81	4.89
6 月 9 日	160	1.29	1.00	0.75	0.60	4.61
6 月 10 日	161	1.21	0.83	0.64	0.80	5.28
6 月 11 日	162	1.17	0.97	0.59	0.78	5.17
6 月 12 日	163	1.17	0.85	0.43	0.75	5.13
6 月 13 日	164	1.11	0.82	0.56	0.76	5.41
6 月 14 日	165	1.14	0.70	0.78	0.70	5.30

续表

日期	日序数	天气类型修正系数				多年平均 ET_0 值/mm
		晴天	昙天	阴天	雨天	
6月15日	166	1.28	0.94	0.70	0.67	4.87
6月16日	167	1.21	0.69	0.58	0.79	5.06
6月17日	168	1.19	0.96	0.54	0.78	4.93
6月18日	169	1.24	0.84	0.70	0.65	4.90
6月19日	170	1.19	1.12	0.71	0.83	5.02
6月20日	171	1.18	0.86	0.81	0.80	4.89

注 生育期其他日期天气类型修正系数与多年平均 ET_0 值见附录C。

由表4-2可见，克山县多年平均参考作物腾发量 ET_0 值（6月1—20日）在4.61～5.73范围内整体分布为晴天修正系数普遍高于昙天；晴天、昙天修正系数普遍高于阴天、雨天；阴天、雨天的修正系数差异较大，缺少规律性。4种天气的修正系数相比发现，最高值与最低值差异较大，为1.48～2.72倍。根据预报的天气类型，采用以上方法能简便、迅速地预测克山县 ET_{0i} 值。

2. 作物系数 K_c 值的确定

为了增加预测的准确性，本书根据实验设计，分别采用水量平衡法、茎流计法2种不同方法确定试验区玉米作物系数 K_c 值。

(1) 水量平衡法。本书以2017年W5小区为例，该小区为充分灌水区，不考虑土壤水分胁迫情况下，通过水量平衡法分阶段计算作物腾发量 ET_0 和作物系数 K_c。结果见表4-3。

表4-3　　分阶段玉米作物腾发量和作物系数

生育期	起止日期	天数/天	P/mm	I/mm	ΔW/mm	ET_c/mm	日均/(mm/d)	ET_0/mm	日均/(mm/d)	K_c
苗期	5月18日—7月1日	44	68.4	—	25	43.4	0.986	326.2	7.414	0.13
拔节期	7月1日—7月18日	17	14.3	—	−35	49.3	2.900	84.1	4.948	0.58
抽穗期	7月18日—8月3日	16	58.1	84	40	102.1	6.385	72.8	4.551	1.40
灌浆期	8月3日—9月7日	36	186.1	—	14	172.1	4.782	127.8	3.550	1.34
成熟期	9月7日—9月27日	20	51.3	—	−9	60.3	3.015	50.8	2.541	1.18
合计	—	133	378.3	84	35	427.2	3.212	661.7	4.975	0.65

可见，采用水量平衡法对玉米全生育期 ET_c、ET_0 计算结果分别为427.2mm、661.7mm，日均值分别为3.212mm/d、4.975mm/d，K_c 平均值为0.65。

其中，苗期内（5月18日至7月1日，44天）ET_c、ET_0 分别为43.4mm、326.2mm，日均值分别为0.986mm/d、7.414mm/d，K_c 为0.13；拔节期（7月1—18日，17天）ET_c、ET_0 分别为49.3mm、84.1mm，日均值分别为2.900mm/d、4.948mm/d，K_c 为0.58；抽穗期（7月18日至8月3日，16天）ET_c、ET_0 分别为102.1mm、72.8mm，日均值分别为6.385mm/d、4.551mm/d，K_c 为1.40；灌浆期（8月3日至9月7日，36

天）ET_c、ET_0 分别为 172.1mm、127.8mm，日均值分别为 4.782mm/d、3.550mm/d，K_c 为 1.34；成熟期（9 月 7—27 日，20 天）ET_c、ET_0 分别为 60.3mm、50.8mm，日均值分别为 3.015mm/d、2.541mm/d，K_c 为 1.18。全生育期（5 月 18 日至 9 月 27 日，133 天）ET_c、ET_0 分别为 427.2mm、661.7mm，日均值分别为 3.212mm/d、4.975mm/d，K_c 为 0.65。

（2）茎流计法。本书根据试验区实测玉米植株蒸腾量（T）及小型蒸渗桶量测棵间蒸发量（E），采用茎流计法计算玉米生育期内耗水量 ET_c。由于 2017 年试验区玉米生育期内实测植株蒸腾量数据不全，因此选择灌浆期内（8 月 3 日至 9 月 7 日）玉米逐日的蒸发、蒸腾、作物耗水进行计算，以此确定 K_c 值，计算结果见表 4－4。

表 4－4　灌浆期内玉米逐日耗水量及作物系数

日期	E/mm	T/mm	ET_c/mm	ET_0/mm	K_c
8 月 3 日	—	1.662	—	1.921	—
8 月 4 日	—	2.115	—	3.344	—
8 月 5 日	0.931	2.468	3.398	4.394	0.773
8 月 6 日	0.931	2.490	3.421	4.022	0.851
8 月 7 日	—	—	—	1.260	—
8 月 8 日	—	1.833	—	2.361	—
8 月 9 日	1.038	3.692	4.730	6.039	0.783
8 月 10 日	—	3.344	—	4.298	—
8 月 11 日	—	1.510	—	2.603	—
8 月 12 日	3.599	2.530	6.128	3.079	1.990
8 月 13 日	—	4.847	—	5.147	—
8 月 14 日	1.115	3.263	4.377	3.759	1.165
8 月 15 日	—	3.640	—	3.564	—
8 月 16 日	—	3.315	—	3.709	—
8 月 17 日	1.465	6.668	8.132	6.008	1.354
8 月 18 日	1.242	6.053	7.295	5.965	1.223
8 月 19 日	1.847	6.288	8.135	5.829	1.396
8 月 20 日	1.032	6.221	7.252	5.268	1.377
8 月 21 日	1.261	5.001	6.262	3.931	1.593
8 月 22 日	1.605	6.380	7.985	4.786	1.668
8 月 23 日	0.682	3.432	4.113	2.818	1.459
8 月 24 日	—	3.699	—	3.614	—
8 月 25 日	—	1.628	—	2.568	—
8 月 26 日	—	3.044	—	2.948	—
8 月 27 日	1.013	3.929	4.941	3.649	1.354
8 月 28 日	1.159	4.520	5.679	2.788	2.037

续表

日期	E/mm	T/mm	ET_c/mm	ET_0/mm	K_c
8 月 29 日	—	1.000	—	1.585	—
8 月 30 日	—	1.110	—	1.723	—
8 月 31 日	0.643	3.637	4.280	3.69	1.159
9 月 1 日	0.720	3.101	3.820	2.902	1.317
9 月 2 日	0.752	4.419	5.171	3.952	1.308
9 月 3 日	0.554	4.552	5.106	3.728	1.370
9 月 4 日	—	0.554	—	1.321	—
9 月 5 日	—	1.346	—	2.082	—
9 月 6 日	1.605	4.566	6.171	4.339	1.422
9 月 7 日	0.847	3.369	4.216	2.829	1.490
合计	22.178	121.219	143.398	127.823	1.415

采用茎流计法，对玉米灌浆期内（8 月 3 日至 9 月 7 日）ET_c、ET_0、K_c 进行计算，结果显示，ET_c、ET_0 分别为 143.398mm、127.823mm，K_c 值为 1.415。

（3）两种计算方法比对分析。①ET_c、ET_0。从表 4－3、表 4－4 可以看出，水量平衡法计算玉米灌浆期内的 ET_c、ET_0 分别为 172.1mm、127.8mm，日均值分别为 4.782mm/d、3.550mm/d；采用茎流计法，计算 ET_c、ET_0 分别为 143.398mm、127.823mm，在灌浆期内水量平衡法计算 ET 值大于茎流计法，二者相差 1.2 倍，采用两种方法计算的 ET_0 值基本相等。②K_c。水量平衡法、茎流计法计算灌浆期内玉米的 K_c 分别为 1.34、1.415，二者相差 1.06 倍。为了更直观地进行比较，选取灌浆期内作物系数 K_c 进行比对，见图 4－10。

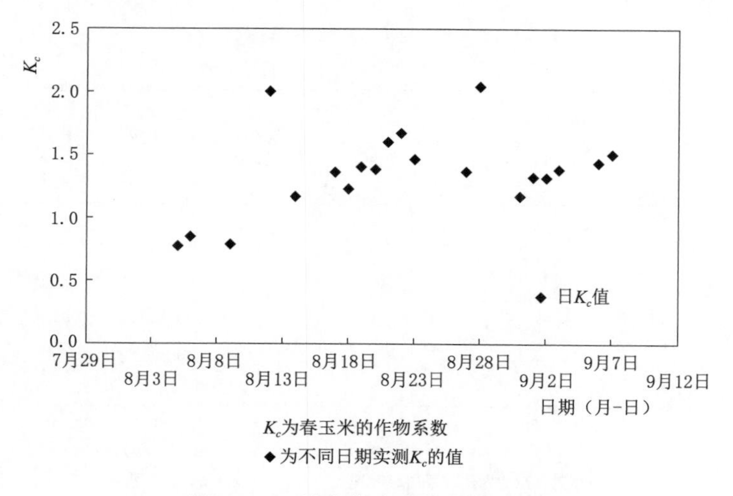

图 4－10　灌浆期内作物系数比对

由图 4－10 看出，灌浆期内 K_c 值整体呈上升趋势，但其上升趋势不明显，整体 K_c 值分布为 0.7～2.0，K_c 值在 1.2～1.5 区域约占 75%，说明日间变化较大。

（4）K_c 与叶面积指数 LAI、绿叶覆盖率 LCP 之间关系。根据实测到 LAI、LCP 值分别与对应日的 K_c 值进行比对，见表 4-5。

表 4-5 K_c 与 LAI、LCP 对应值

日期	K_c	LAI	LCP	日期	K_c	LAI	LCP
6月10日	0.13	0.13	—	7月31日	1.40	4.22	81.32
6月21日	0.13	0.39	—	8月8日	1.34	4.74	90.78
7月1日	0.59	1.70	—	8月19日	1.34	4.22	84.89
7月10日	0.59	3.11	39.02	9月9日	1.18	3.45	63.07
7月21日	1.40	4.11	71.86				

根据每日的 K_c、LAI、LCP 值，K_c 与 LAI、LAI 与 LCP 分别进行散点图分析，并进行拟合计算，结果见图 4-11、图 4-12。

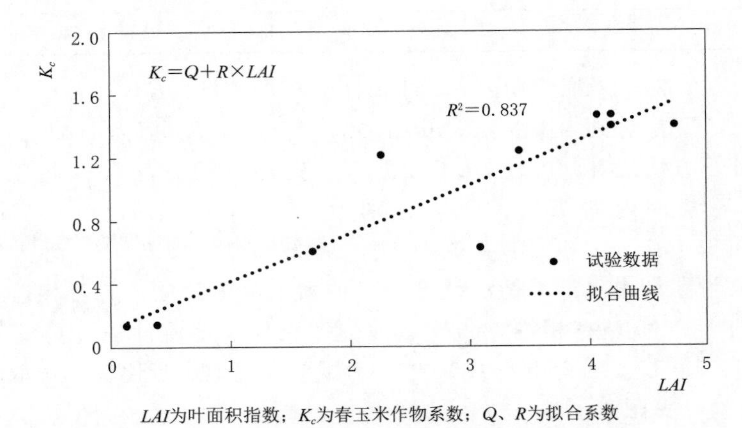

LAI为叶面积指数；K_c为春玉米作物系数；Q、R为拟合系数

图 4-11 K_c 与 LAI 散点图拟合分析

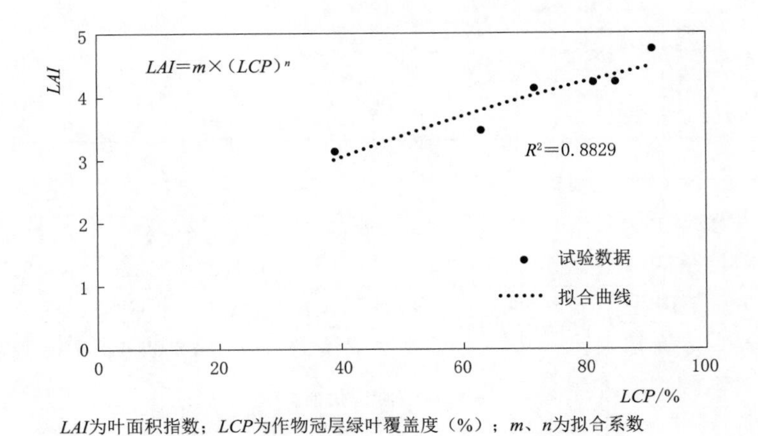

LAI为叶面积指数；LCP为作物冠层绿叶覆盖度（%）；m、n为拟合系数

图 4-12 LAI 与 LCP 散点图拟合分析

将图 4-11 中的 K_c 与 LAI 进行拟合分析，得到 $K_c=Q+R\times LAI$ 线性关系式，其

中 $Q=0.111$，$R=0.288$，且二者相关系数 $R=0.915$，有高度的关联性。

通过对 LAI 和 LCP 进行公式拟合，相关系数 $R=0.94$，远远大于 0.8，二者高度相关，并得二者拟合方程为 $LAI=m\times(LCP)^n$，其中 $m=0.5423$、$n=0.4678$。

二、土壤含水率递推方程

根据黑龙江省克山县土壤类型及实测水分状况，采用经验数值法确定玉米土壤含水率下限应不低于田间持水率的60%。由农田水量平衡原理，采用土壤含水率递推方程式（4-11）对克山县土壤含水量进行递推。

1. 土壤水分修正系数 K_s 值

当土壤含水率小于临界含水率时，由于土壤水分运移阻力加大，土壤水分补给小于充分满足玉米蒸发蒸腾所需的速率，致使玉米蒸发蒸腾量随着土壤含水率减少而降低，$K_s<1$，此时，土壤水分修正系数 K_s 计算公式如下：

$$K_s=\frac{ET}{K_c\times ET_0} \tag{4-15}$$

通过之前计算的 ET、K_c、ET_0 值，按式（4-10）即可得到不同土壤含水量下的土壤水分修正系数 K_s 值。

由茎流计实测每日玉米蒸腾量 T 及土壤蒸发量 E，两者之和即为作物腾发量 ET，在已知 ET_0、K_c 的情况下，可由式（4-15）计算得 K_s，由式（4-11）进行计算得土壤含水率 w，根据逐日 ω、ω_p、ω_j 值，由式（4-10），对 K_s 与 $(\omega-\omega_p)/(\omega_j-\omega_p)$ 进行散点图拟合分析计算，确定 a、b 值。见表 4-6、图 4-13。

表 4-6　K_s 公式参数率定计算表

日期	T/mm	E/mm	ET/mm	ET_0/mm	K_c	K_s	土壤含水率 ω	$(\omega-\omega_p)/(\omega_j-\omega_p)$
8月12日	1.038	0.408	1.446	3.078	1.347	0.349	0.298	0.7779
8月14日	1.288	0.917	2.205	3.757	1.347	0.436	0.286	0.733
8月17日	2.488	1.197	3.685	6.005	1.347	0.456	0.323	0.876
8月27日	1.542	0.962	2.504	3.646	1.347	0.510	0.348	0.973
9月13日	1.496	0.446	1.941	1.909	1.187	0.857	0.354	0.996
9月14日	2.668	0.529	3.197	3.132	1.187	0.860	0.353	0.992
9月15日	1.531	0.599	2.129	2.806	1.187	0.639	0.352	0.988

由图 4-13 知，K_s 与 $(\omega-\omega_p)/(\omega_j-\omega_p)$ 散点图拟合计算结果显示，$K_s=a+b\times(\omega-\omega_p)/(\omega_j-\omega_p)$，确定 K_s 公式中 $a=-0.7311$、$b=1.4557$。

2. 其他计算参数选取

（1）有效降水量计算。本书根据当地土壤性质、地面覆盖及地形等诸多因素，确定克山县一次降雨量小于 5mm 时，α 为 0；一次降雨量为 5～50mm 时，α 取 0.9；一次降雨量大于 50mm 时，α 取 0.7。

（2）地下水补给量。本书试验区土壤类型为黏土，确定经验值 n 取 1.9，由克山县水文地质资料知本试验区地下水埋深 H 大于 3m，故此项忽略不计。

（3）第 $i-1$ 日计划湿润层内自由排水通量。本书由试验区土壤资料，确定饱和水力

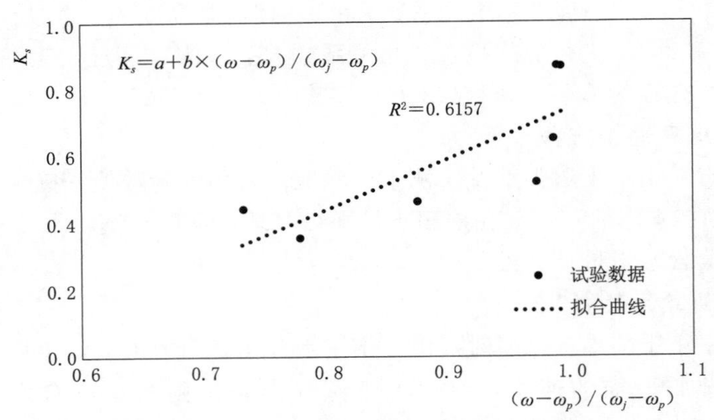

图 4-13 K_s 公式参数拟合计算

传导度 k_0 取 0.1m/d，经验常数 α 取 150，由式（4-14）计算第 $i-1$ 日计划湿润层内自由排水通量。

三、智能灌溉决策支持系统调控结果验证

1. 土壤墒情预测含水量与当日 ET_c 修正值土壤含水量比对

本书分别对 2018 年（8—9 月）、2019 年（7—9 月）$i+1$ 日土壤墒情进行土壤含水率预测，得土壤含水率 θ_{i+1}（预测值），并由当日 ET_c 修正值计算 $i+1$ 日土壤含水率 θ_{i+1}（根据当日 ET 修正值），计算结果见表 4-7、表 4-8。

表 4-7　　2018 年（8—9 月）灌溉预报部分成果

日期	ET_i	ET_{0i}	ET_{0m}	ψ_i	天气类型	I	θ_{i+1}（预测值）	θ_{i+1}（根据当日 ET 修正值）
8/8			6.56				40.00	42.21
8/9	5.50	3.62	6.56	0.80	雨	221	39.60	41.72
8/10	5.64	3.71	6.56	0.83	昙	222	39.30	41.24
8/11	6.17	3.88	6.56	0.88	雨	223	39.00	40.72
8/12	7.28	4.31	6.56	0.99	昙	224	38.70	40.21
8/13	5.80	3.43	6.56	0.80	阴	225	38.40	39.75
8/14	7.08	4.19	6.56	0.99	昙	226	38.00	39.23
8/15	6.35	3.76	6.56	0.75	阴	227	37.70	38.69
8/16	5.98	3.54	6.56	0.86	雨	228	37.40	38.23
8/17	3.99	2.36	6.56	0.58	阴	229	37.10	37.76
8/18	4.46	2.64	6.56	0.66	阴	230	36.80	37.19
8/19	5.86	3.47	6.56	0.88	昙	231	36.60	36.67
8/20	5.41	3.20	6.56	0.81	雨	231	36.40	36.01
8/21	4.49	2.60	6.56	0.67	雨	232	36.40	36.23

续表

日期	ET_i	ET_{0i}	ET_{0m}	ψ_i	天气类型	I	θ_{i+1}（预测值）	θ_{i+1}（根据当日 ET 修正值）
8/22	6.28	3.64	6.56	0.95	昙	233	36.60	35.75
8/23	5.41	3.13	6.56	0.83	昙	234	36.60	35.32
8/24	3.98	2.30	6.56	0.62	阴	235	36.60	34.90
8/25	4.74	2.74	6.56	0.75	雨	236	36.60	34.67
8/26	4.67	2.70	6.56	0.87	阴	237	36.60	34.22
8/27	5.26	3.04	6.56	0.86	雨	238	36.60	33.78
8/28	4.83	2.79	6.56	0.80	雨	239	36.50	33.33
8/29	4.74	2.74	6.56	0.80	雨	240	36.50	32.96
8/30	3.84	2.22	6.56	0.66	阴	241	36.50	32.52
8/31	5.90	3.41	6.56	1.03	昙	242	36.40	32.10
9/1	4.20	2.43	6.56	0.72	阴	243	36.30	31.65
9/2	3.70	2.14	6.56	0.67	雨	244	36.60	34.25
9/3	3.20	1.85	6.56	0.59	雨	245	40.00	35.85
9/4	3.63	2.10	6.56	0.68	雨	246	39.60	35.56
9/5	4.10	2.37	6.56	0.78	雨	247	39.40	35.28
9/6	2.94	1.70	6.56	0.57	阴	248	39.00	34.94
9/7	4.55	2.63	6.56	0.90	雨	249	38.60	34.56
9/8	4.91	2.84	6.56	0.99	昙	250	38.30	34.16
9/9	5.78	3.34	6.56	1.22	晴	251	38.10	

表 4-8　2019 年（7—9 月）灌溉预报部分成果

日期	ET_i	ET_{0i}	$\overline{ET_{0m}}$	ψ_i	天气类型	I	θ_{i+1}（预测值）	θ_{i+1}（根据当日 ET 修正值）
7/15			6.56				38.00	42.07
7/16	5.12	5.1168	6.56	0.78	雨	197	42.30	42.80
7/17	6.14	6.1008	6.56	0.93	雨	198	40.60	42.68
7/18	4.31	4.2640	6.56	0.65	雨	199	39.80	42.58
7/19	5.86	5.7728	6.56	0.88	雨	200	39.30	42.41
7/20	5.89	5.7728	6.56	0.88	雨	201	39.10	42.22
7/21	4.93	4.7888	6.56	0.73	雨	202	39.20	42.31
7/22	5.86	5.6416	6.56	0.86	雨	203	39.10	42.05
7/23	7.01	6.6912	6.56	1.02	昙	204	39.00	42.25
7/24	5.69	5.3792	6.56	0.82	雨	205	41.90	42.80
7/25	5.45	4.9856	6.56	0.76	雨	206	40.50	42.80
7/26	6.75	5.9696	6.56	0.91	昙	207	40.10	42.80

续表

日期	ET_i	ET_{0i}	$\overline{ET_{0m}}$	ψ_i	天气类型	I	θ_{i+1}（预测值）	θ_{i+1}（根据当日 ET 修正值）
7/27	7.05	6.0352	6.56	0.92	昙	208	39.80	42.74
7/28	7.36	6.1008	6.56	0.93	昙	209	39.70	42.80
7/29	6.62	5.3136	6.56	0.81	雨	210	39.80	42.73
7/30	8.61	6.6912	6.56	1.02	昙	211	39.70	42.80
7/31	6.88	5.1824	6.56	0.79	雨	212	40.10	42.71
8/1	7.10	5.1824	6.56	0.79	雨	213	39.90	42.75
8/2	8.35	6.1008	6.56	0.93	昙	214	39.40	42.66
8/3	7.10	5.1824	6.56	0.79	昙	215	39.20	42.47
8/24	7.68	5.3792	6.56	0.82	昙	236	40.00	42.53
8/25	8.43	5.9040	6.56	0.90	雨	237	39.60	42.28
8/26	7.09	4.9200	6.56	0.75	雨	238	39.50	42.34
8/27	6.06	4.1984	6.56	0.64	雨	239	42.60	42.80
8/28	8.14	5.6416	6.56	0.86	昙	240	41.40	42.80
8/29	8.14	5.6416	6.56	0.86	雨	241	41.00	42.80
8/30	7.57	5.248	6.56	0.80	雨	242	40.40	42.60
8/31	11.64	7.7408	6.56	1.18	晴	243	39.90	42.39
9/1	10.20	6.7568	6.56	1.03	昙	244	39.60	42.19
9/2	7.16	4.7232	6.56	0.72	雨	245	39.40	41.95
9/3	11.49	7.544	6.56	1.15	晴	246	39.20	41.67
9/4	5.89	3.8704	6.56	0.59	雨	247	39.10	41.41
9/5	8.51	6.2320	6.56	0.95	昙	248	38.90	41.06
9/6	6.98	5.3792	6.56	0.82	昙	249	38.80	40.79
9/7	9.72	7.6096	6.56	1.16	昙	250	38.70	40.48
9/8	6.31	5.0512	6.56	0.77	阴	251	38.80	40.15
9/9	5.45	4.4608	6.56	0.68	雨	252	38.80	40.26
9/10	7.12	5.9696	6.56	0.91	昙	253	40.03	40.02
9/11	8.49	7.2816	6.56	1.11	晴	254	39.75	39.78
9/12	8.22	7.2160	6.56	1.10	晴	255	39.52	39.43
9/13	6.72	5.9040	6.56	0.90	昙	256	39.22	39.45
9/14	6.05	5.3792	6.56	0.82	雨	257	39.27	39.16
9/15	7.88	7.0848	6.56	1.08	晴	258	38.93	38.79
9/16	6.57	5.904	6.56	0.9	昙	259	38.60	38.65
9/17	4.01	7.0192	6.56	1.07	昙	260	38.45	38.54

由表 4-7、表 4-8，对 2018 年（8—9 月）、2019 年（7—9 月）的 θ_{i+1}（预测值）与 θ_{i+1}（根据当日 ET 修正值）进行相关分析，结果显示，2018 年、2019 年的 θ_{i+1}（预测值）与 θ_{i+1}（根据当日 ET 修正值）的相关系数均为 0.98，二者高度关联。

2. 实测土壤含水率与墒情观测值、灌溉预报模型预报值比对

（1）2018 年比对。代表日比对。于 2018 年 8 月 12 日、9 月 8 日在试验区取土实测土壤含水率，实测土壤含水率与智能灌溉预报系统预报值、墒情站观测值进行比对，见表 4-9。

表 4-9　实测土壤含水率与模型预报值、墒情站观测值比对

日期	取土实测	系统预报值	相对误差/%	墒情站	相对误差/%
8 月 12 日	37.25	40.21	7.95	38.70	3.89
9 月 8 日	37.20	34.16	−8.17	38.30	2.95

可以看出，2018 年取土实测值与系统预报值、墒情站观测值之间的相对误差均在 10%以内，墒情站观测值更与取土实测值解近，其准确性相对较好。灌溉预报系统的输出结果。采用智能灌溉预报系统，对 2018 年土壤含水率实测值、墒情站观测值与灌溉预报模型预报值进行对比，见图 4-14。

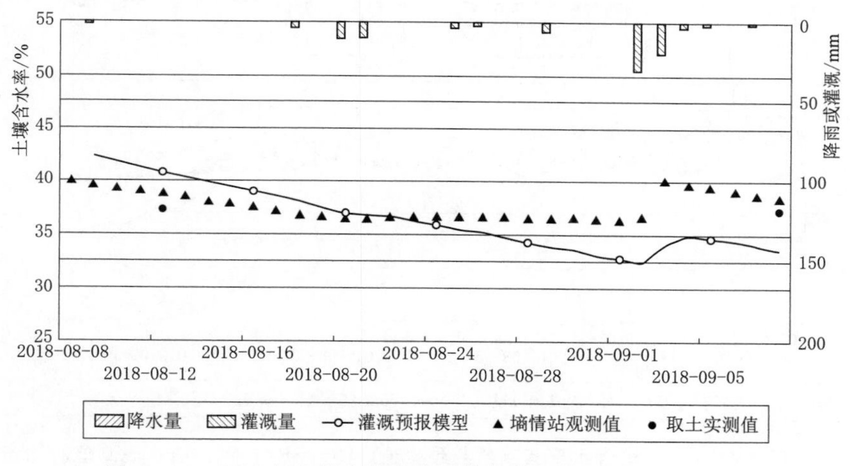

图 4-14　2018 年土壤含水率实测值与预报值、观测值对比图

从图 4-14 可以看出，2018 年灌溉预报模型土壤含水率与墒情站观测值变化趋势基本一致，8 月 12 日实测土壤含水率均低于灌溉预报模型土壤含水率与墒情站观测值，9 月 8 日实测土壤含水率低于墒情站观测值，高于灌溉预报模型预报值，更接近于墒情站观测值。

（2）2019 年比对。①代表日比对。选取 2019 年 7 月 9 日、8 月 2 日、8 月 22 日、9 月 17 日试验区实测土壤含水率，分别与灌溉预报模型、CropSPAC 模拟值、墒情站观测值进行比对，见表 4-10。

从表 4-10 可以看出，2019 年实测土壤含水率与灌溉预报模型预报值相比，仅 8 月 2 日相对误差为 7.00%，该值大于 5%，小于 10%，其余均小于 5%，说明二者数值非常接

表 4-10 取土实测值与灌溉预报模型、CropSPAC 模拟值、墒情站观测值比对

日期	实测值	灌溉预报模型	相对误差/%	CropSPAC 模拟值	相对误差/%	墒情站观测值	相对误差/%
7月9日	42.80	42.25	-1.29	44.01	2.83	38.40	10.28
8月2日	39.87	42.66	7.00	42.30	6.10	39.40	1.18
8月22日	43.00	42.78	-0.51	42.43	-1.33	41.20	4.19
9月17日	38.15	38.82	1.76	33.95	-11.01	38.45	0.79

近，误差很小；实测土壤含水率与 CropSPAC 模型模拟值相比，仅 9 月 17 日大于 10%，其余均小于 10%；同样，实测土壤含水率与墒情站观测值相比，仅 7 月 9 日相对误差大于 10%，其余均小于 5%。可见，实测土壤含水率与灌溉预报模型、CropSPAC 模拟值、墒情站观测值相比，实测土壤含水率与灌溉预报模型预报值最接近，其次是墒情站观测值，再者为 CropSPAC 模拟值。②灌溉预报系统的输出结果。采用智能灌溉预报系统，对 2019 年土壤含水率实测值与灌溉预报模型预报值、CropSPAC 模型模拟值、墒情站观测值进行对比，见图 4-15。

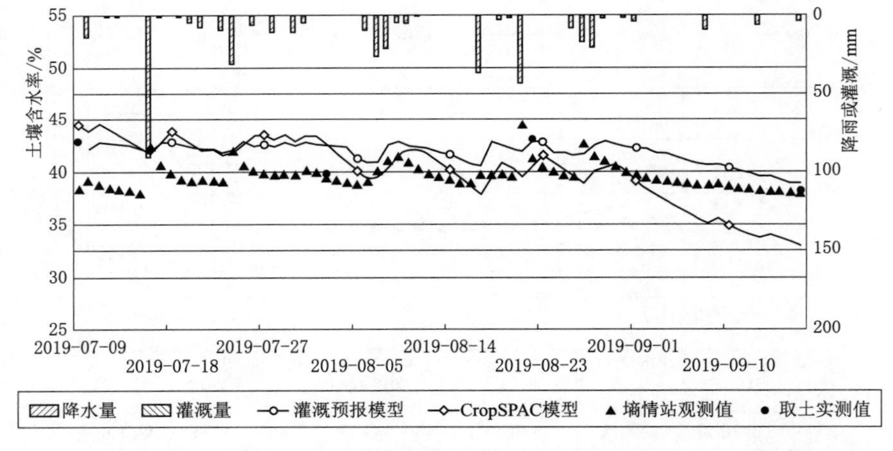

图 4-15 2019 年土壤含水率实测值与预报值、CropSPAC 模拟值、观测值对比图

从 2019 年灌溉预报系统的输出结果可以看出，实测土壤含水率与灌溉预报模型、CropSPAC 模拟值、墒情站观测值整体变化规律基本相同。实测土壤含水量与预报模型所预报的土壤含水量数值最接近，误差最小，其次是墒情站观测值，再者是 CropSPAC 模型模拟值。

3. 预报 ET_0 值与遥感反演 ET_0 比对

为了更进一步验证智能灌溉决策支持系统的结果，选取 2019 年试验区玉米生育期预报 ET_0 值与遥感反演 ET_0 进行比对，系统演算结果见图 4-16。并对 2019 年玉米生育期 6 月 1 日至 8 月 31 日气象站计算 ET_0 累计值与遥感反演 ET_0 累计值进行相对误差计算，见表 4-11。

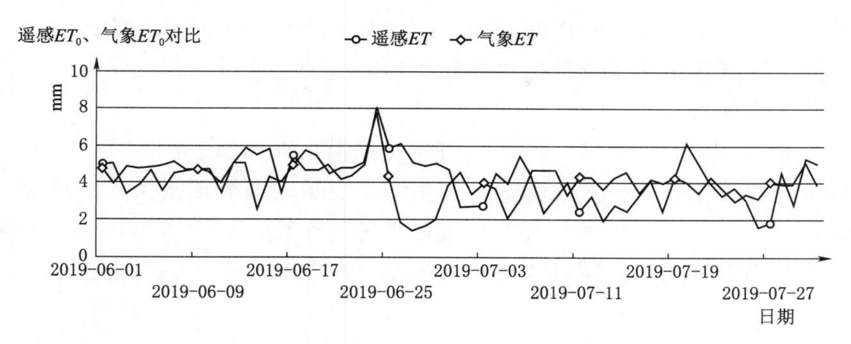

图 4-16　2019 年系统预报 ET_0 预报值与遥感 ET_0 对比图

表 4-11　　气象站 ET_0 累计值与遥感反演 ET_0 累计值相对误差

生育期	ET_0 累计值	遥感反演 ET_0 累计值	相对误差/%
6/1 至 8/31	367.61	337.47	8.93

图 4-16 试验区玉米生育期系统预报 ET_0 值与遥感反演 ET_0 的变化规律基本一致，且生育期系统预报 ET_0 累计值与遥感反演 ET_0 累计值基本接近，二者相对误差为 8.93%。

可见，灌溉预报系统的预报误差在合理范围内，综合各方信息，可根据天气、土壤含水量、作物自身的需水状况，判断未来的土壤含水量以及作物需水状态，用以指导农业灌溉，开展农业生产。

第四节　本　章　小　结

（1）CropSPAC 模型是一款以模拟作物生长发育过程、产量以及 SPAC（土壤-植物-大气-连续体）中冠层能量分配、土壤水热变化的农业生态水文动态模型。主要包括作物生长模块、SPAC 水热传输模块以及二者之间的耦合关系。作物模型通过情景模拟修正水量平衡项对水热要素的响应，模拟下一时刻作物生长状态、土壤水分状况、作物生长指标、作物蒸腾量、土壤棵间蒸发、土壤水热状况等指标，为灌溉预报决策提供更加精准的指导。

（2）为了更好地对 CropSPAC 模型进行验证，将 2018 年、2019 年试验区内的气象资料、玉米生长期及其生长状态、土壤水热状况等作为输入项，提供给 CropSPAC 模型，CropSPAC 模型模拟 2018 年、2019 年玉米生育期内光合作用、蒸腾作用的变化过程，并输出地上生物量、叶面积指数、作物腾发量、土壤 1m 土层贮水量等模拟值，结果显示，CropSPAC 模型模拟值与 2018 年、2019 年玉米地上生物量相关系数 R 分别达到 0.98、0.99，均方根误差 RMSE 分别为 2537kg/hm^2、1266kg/hm^2，2018 年结果好于 2019 年；模拟值与 2018 年、2019 年的实测叶面积指数进行拟合计算，2018 年、2019 年 R 值分别为 0.91、0.82，拟合效果很好；模拟值与 2018 年、2019 年土壤 1m 土层贮水量的 RMSE 分别为 3.01 和 3.07，R 为 0.70 和 0.88，且土壤含水量整体处于较高的水平，取土测得的土壤含水率实测值可能存在一定的偏差。总之，CropSPAC 模型可较好的模拟东北大田玉米生长发育指标，经过参数本地化后分析，可以适用于当地玉米作物生长的模拟。

（3）灌溉预报决策模型库将田间监测到的实时土壤水分状况、气象数据、作物生长状态等信息，通过灌溉预报决策模型库对作物根部区域进行分析、预测，实现对作物短期或逐日的水分变化准确预报。

（4）采用克山县试验区监测资料，利用灌溉预报决策模型进行演算，并采用智能灌溉决策支持系统的调控结果进行对比验证。预报结果显示，灌溉预报系统的预报误差在合理范围内，综合各方信息，可根据天气、土壤含水量、作物自身的需水状况，判断未来的土壤含水量以及作物需水状态，用以指导农业灌溉，开展农业生产。

第五章　节水灌溉控制设备及配套产品研发

第一节　智能控制系统

灌溉控制系统分为硬件和软件两部分。硬件主要由远程监控计算机、灌溉控制器、土壤水分传感器、电磁阀等组成。其工作原理是通过土壤水分传感器实地感测到的土壤含水量，由传感器通过模拟电信号输出到控制器中的数据采集模块，再将数据上传至远程监控计算机，由知识系统对数据进行计算处理后做出灌溉决策（是否灌溉和灌溉量多少），产生灌溉指令，并向控制器输出控制信号，从而控制执行机构，完成自动灌溉控制的过程。从而实现对试验区域（灌区）内土壤、气象、作物等一种或多种指标的监测，基于此监测数据制订适宜的灌溉、施肥策略，完成试验区域（灌区）内水分和养分的供给，实现远程控制灌溉系统的运行状况。

灌溉控制系统从网络结构上分为灌溉现场网络层和云平台层，由安装在田间的电动执行机构（电磁阀、电动阀或电动闸门）、田间信息采集及传输设备（传感器）、灌溉控制器（安装在灌溉现场）、灌溉管理云平台（灌溉控制中心上位机/云主机）等部分组成。电动执行机构包括终端模块、电磁阀、电动阀或电动闸门等，它们是控制系统的最末端，执行灌溉指令；田间信息采集及传输设备，如土壤水分传感器，负责感测现场实地土壤水分状况；灌溉控制器向上与远程监控计算机相连，接收计算机的控制指令，向下与终端执行器相接，接收数据并将其发送至计算机；灌溉管理云平台作为总的监控管理部分，负责管理和监控整个系统的运行，具备数据处理、数据查询、报表打印、参数设置、设备监控等功能。见图 5-1。

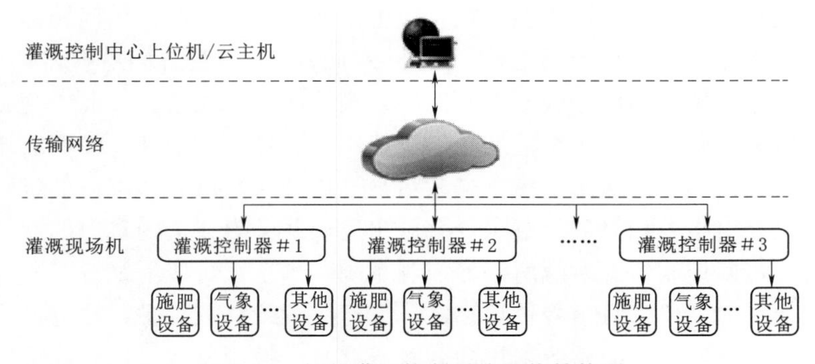

图 5-1　智能灌溉控制系统网络结构图

其中，灌溉控制器是衔接灌溉现场与灌溉信息系统云平台的关键环节，在远程灌溉控制系统中起着承上启下的关键作用，因此灌溉控制器的性能好坏直接影响着整个智能灌溉控制系统。

本书针对国内外农业逐渐规模化、集约化的发展趋势，基于低压电力载波通信技术，开发了供电及控制信号共线传输两线制灌溉控制器。控制器采用模块化设计，可以根据灌溉控制面积的需要增/减编码器模块，单台控制器的控制能力最大可达到360个电磁阀，可以较好地适应当前规模化农业种植中需要控制阀门数量较多的情况。灌溉控制器软件采用B/S结构，支持远程访问，可以实现灌溉系统的远程管理。对于规模化、集约化经营的大型农场，通过该灌溉控制系统可以大幅提高灌溉效率，并节约农业劳动力的投入，降低生产成本。同时，结合当前物联网的发展，研究制定了灌溉控制器与云平台的通信协议与数据格式，使现场灌溉控制器能够接受云平台灌溉决策指令，并上报灌溉管网及田间监测数据，实现灌溉控制系统的远程管理。

第二节　低功耗灌溉控制系统的研发

一、灌溉控制系统研究现状

在农业灌溉领域，灌溉控制器根据通信方式不同，大致可以分为多线控制器、无线控制器、两线控制器3类。

多线控制器是灌溉领域中最早期的控制器，这种多线控制器带有许多终端，每个终端通过一条独立电缆打开电磁阀，每个电磁阀均需要1条独立的电缆与控制器进行连接，当阀门数量较多的时候，用线量会很大，在当前规模化种植的农业领域，很少应用，这种多线控制器基本应用在别墅草坪或庭院，仅限3或4个阀的小规模灌溉系统。

另外一种常用的灌溉控制器为无线控制器，这种控制器与电磁阀之间基于Zigbee（短距离无线通信技术）协议，通过2.4G频段进行无线通信，在电磁阀与控制器之间不需要布设信号线，施工较为方便。2000年，无线自动灌溉系统受到了极大的推崇。在实际应用中，这种无线控制模式稳定性较差，经常出现控制器显示阀门已经打开，但田间阀门并未启动的问题，或者是控制器显示阀门已经关闭，实际阀门仍处在运行状态，这种信号失真的现象非常普遍。研究和实践均表明，无线灌溉控制系统在安装、施工等方面具有明显的优势，但是运行的稳定性、可靠性不足，成为了使用过程中的突出问题。

除了多线控制器及无线控制器之外，另外一种为基于两线解码器技术的两线控制器，这种控制器仅通过1条双芯信号线与田间的电磁阀及解码器相连接。每个电磁阀均配置1个解码器，可以为电磁阀分配1个地址。每个解码器有唯一的地址，控制器通过这一地址来识别解码器。当控制器发送1个指令来激活某一地址时，所有系统内的解码器都将收到这一指令，但只有与指令相对应的解码器会做出反应并开启或关闭对应的阀门，同时解码器会将状态信号传回控制器。两线解码器控制系统减少了大量线缆铺设工程，使用开支也随之减少，配线更为简单，且信号传输稳定，便于后续的修理维护，也方便后续的灌溉控制区域内的扩展。另外，灌溉系统采用两线解码器自动控制模式，信号线可以与灌溉管道同沟铺设，施工安装及配线相对简单。

总体而言，相比多线系统，基于两线解码器通信的灌溉控制系统大大地减少了布线工程量，同时，信号传输较为稳定、可靠。因此，两线解码器系统是目前最具优势的灌溉自控系统，特别是对于果树等多年生宿根作物，两线解码器系统一旦安装完成，不会受耕作、播种等农用机械的影响，可以连续多年使用，且信号稳定。鉴于这一优势，世界上数家灌溉设备制造公司均研发和生产了两线控制器，有的控制器输出为直流（DC）信号，有的控制器输出为24V交流信号（AC）。但国外的控制器软件主要服务于大型公园或高尔夫球场的园林绿化等灌溉，且灌溉规模较小，控制电磁阀的数量通常为36个左右。

针对我国农业灌溉需求，设计并开发具有自主知识产权的两线解码器灌溉控制系统（包括灌溉控制系统硬件以及与农业灌溉需求相配套的软件），对进一步推动我国智慧农业、现代农业的发展具有非常重要的意义。因此，利用现代信息技术对传统的手动控制喷、滴灌系统进行升级改造，开发了基于低压电力载波通信的两线解码器灌溉控制系统。

二、两线解码器灌溉控制系统网络结构设计

两线解码灌溉控制系统是由灌溉管理软件、上位机、主控制器、解码器、电磁阀、传感器等组成。通过一条双芯信号线与田间各个解码器、电磁阀相连接，采用低功耗电力线载波通信技术，各解码器与电磁阀及各类传感器相连。每个电磁阀均配置1个解码器，解码器的功能相当于网卡，可以为电磁阀分配1个地址。每个解码器均有唯一的地址，控制器通过这一地址来识别解码器。当控制器发送1个指令来激活某一地址时，所有系统内的解码器都将收到这一指令，但只有与指令相对应的解码器会做出反应并开启或关闭对应阀门，同时解码器会将状态信号传回控制器。解码器控制电流流向电磁阀或传感器，以控制电磁阀开启或读取传感器相关数据，实现灌溉系统功能。见图5-2。

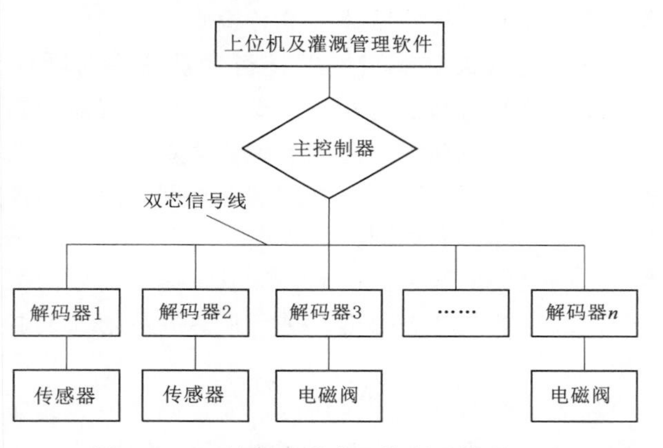

图5-2　两线解码器灌溉控制系统原理图

基于两线解码技术原理，研发喷、微灌智能控制系统，系统线路在田间的典型布置见图5-3。图5-3中整个自动灌溉系统有2个核心硬件设备，即主控制器和解码器。主控制器与解码器形成“一对多”的对应关系，主控制器是整个灌溉控制系统的核心设备，主

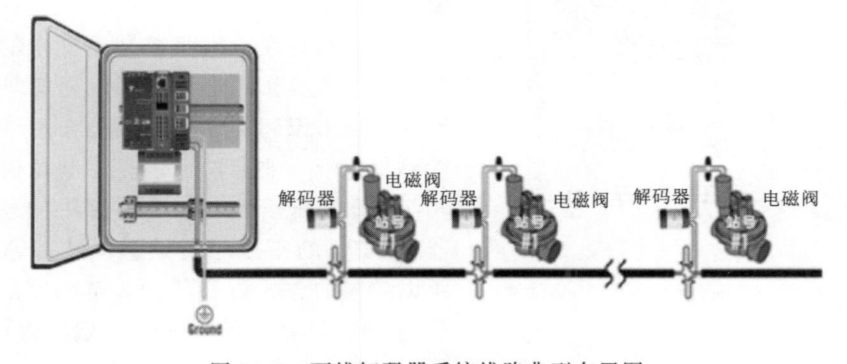

图5-3　两线解码器系统线路典型布置图

要实现控制信号的加载，并将命令发送至解码器，解码器是实现地址识别的核心设备。同时采集解码器反馈信号以判断解码器当前状态和获取相关传感器数据。

两线制电缆在田间布置一般采用串行方式，由控制器出发，首先连接至第1个电磁阀，然后再连接至第2个，然后由第2个连接至第3个，依次连接到田间最末端的一个阀门。同时，两线灌溉控制系统可以在田间扩展，在田间的两线解码器可以在两线主通道的任何一点断开，并接入新的解码器，轻松实现灌溉控制系统的扩展。特别是当灌溉系统有分支管线时，采用主线加分支结构的星型设计，同样能达到良好的控制效果。此外，控制线路可以与灌溉管道同沟铺设而无需采用额外的防护措施，使灌溉控制系统的安装及运行维护更为简单、方便。

在实际应用中，灌溉控制系统设计信号电缆的铺设，可根据灌溉管道的走向，与PVC或PE管道同沟铺设即可，可减少土方开挖工程量，另外在线路出现故障时也易于准确定位，方便系统的后续维护与检修。

三、灌溉控制器（网关设备）及解码器硬件设备研发

灌溉控制器和解码器是构成灌溉现场智能控制系统最核心的关键设备。其中，灌溉控制器是衔接灌溉现场与灌溉系统信息管理云平台的关键环节，在智能灌溉控制系统中起着承上启下的作用，因此灌溉控制器从网络分层的角度而言，也被称为灌溉网关设备。灌溉控制器（亦称为灌溉网关）需要通过两线解码器系统向下与田间的电磁阀等设备通信相接，控制阀门的开关。同时，灌溉控制器需要向上与云平台进行数据交互，将现场两线解码器网络反馈的状态数据，进行汇总并将协议转换为MQTT（消息队列遥测传输）格式传输至云平台。

灌溉控制器安装在泵房内，通过两芯电缆线实现对数百个电磁阀启闭的控制，其内部结构包括电源模块、CPU模块以及编码器模块，如图5-4所示。灌溉控制器具有以下技术特点：①工作电压为24V直流；②主控制器与上位机系统软件通信协议采用TCP/IP协议，便于与智能云灌溉控制系统相结合；③主控制器与解码器采用低功耗电力线载波通信；④采用编码解码的方式，在一条电源线上实现多个地址设备的控制，可控制360个解码器；⑤主控制器安装有电流、电压过载保护及防雷保护装置，安全性极高。见图5-4、图5-5。

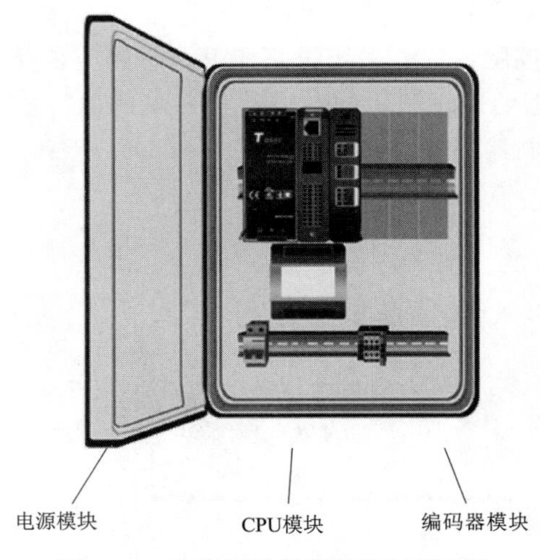

图5-4　两线解码器灌溉控制器内部功能模块布局图

解码器是两线灌溉控制系统中的关键部件之一，其主要作用是为田间电磁阀分配唯一的地址，使得田间的各个电磁阀在两线系统中均能够具有唯一的身份标识。控制器内编码器与阀门解码器配合实现“一对多”的通信，编码器对CPU的指令进行编译，然后通过两线系统以广播的方式进行传输，解码器端收到指令后进行信号的解译和判断，并输出相对应的电信号，对监控对象进行监控，见图5-6、图5-7。

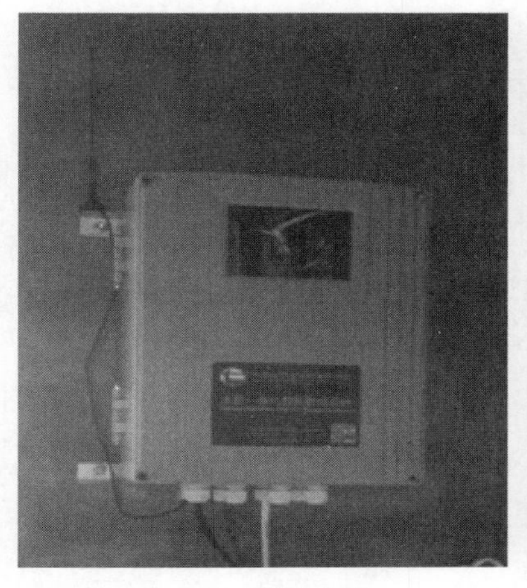

（a）控制器外观　　（b）控制器内部组件

图 5－5　灌溉控制器样机

解码器压缩在树脂塑料壳体中，可以很好地保护内部电子元器件，做到防水、防蚀，可直接埋于地下，具有以下技术特点：体积小、功能强、功耗低、处理能力强；电路前级放大部分采用仪表级芯片 OP07，功耗低、精度高、放大倍数可调；通信距离可达 3km 以上；防水等级达到 IP68；与常规解码器相比，除具有开关量启闭电磁阀外，增加了模拟量输入输出功能，可方便读取阀口流量、压力、土壤墒情等传感器数据。

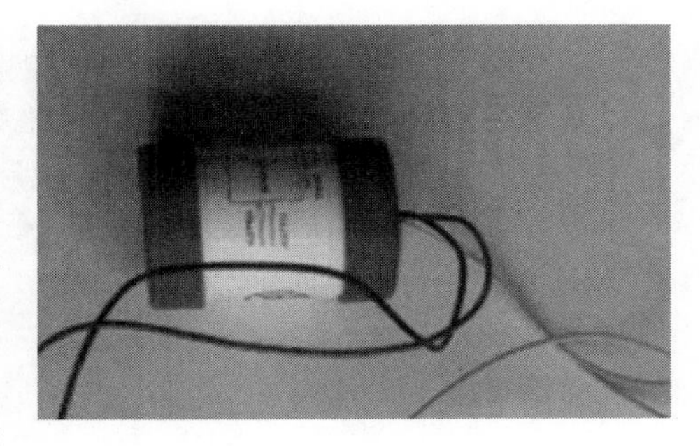

图 5－6　解码器

四、灌溉控制软件设计与开发

灌溉控制器采用的 CPU 模块内置 Web Server（网络服务器），水肥一体化智能控制器软件基于 B/S 结构，可通过电脑、手机或平板电脑在浏览器输入 IP 地址访问控制器界面，进行灌溉参数的设置与操作，电脑或平板电脑无需额外安装第三方客户端软件。灌溉控制器软件功能架构设计见图 5－8。

图 5－7　解码器电路板与密封

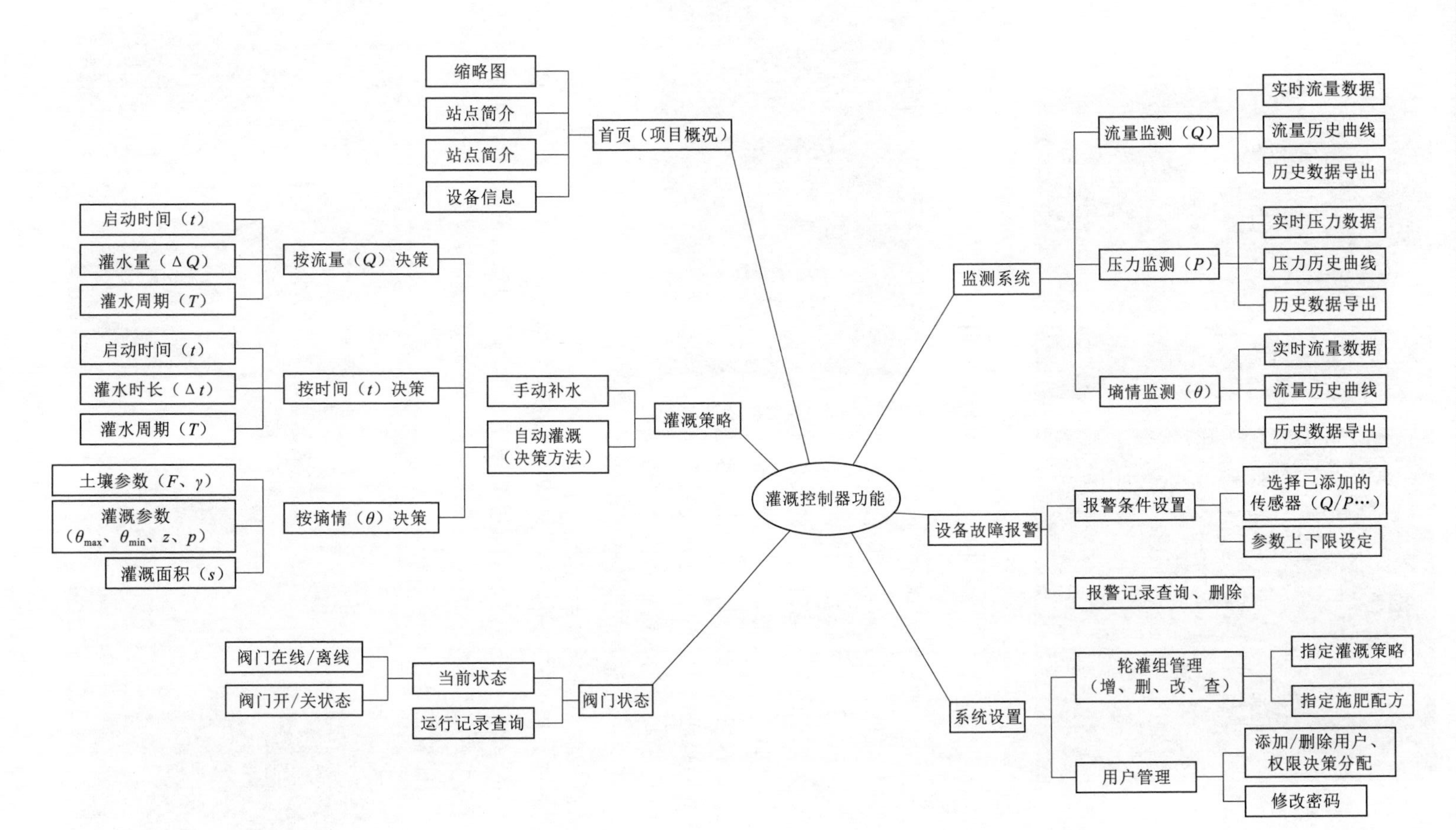

图5-8 灌溉控制器软件功能架构设计图

通过控制器界面可进行轮灌组编制，也可进行自动轮灌，管理人员也可以根据实际情况，采集及监控电磁阀开关，并对田间控制器灌溉制度或灌溉参数（如轮灌组的编制）等进行适当的调整。此外，灌溉控制器具有数据掉电保护功能，可长期保存设定参数及历史数据。同时，允许操作人员远程操作整个系统。

自动轮灌模式下分为按流量（Q）决策、按时间（t）决策、按墒情（θ）决策 3 种模式。

如选择按流量（Q）决策，则在轮灌组“系统设置”中为每个轮灌组选择“流量（Q）”进行灌溉，用户在“系统设置”界面，也可为每个轮灌组设置不同的灌水量，同时界面上能显示灌溉进度，待一个轮灌组完成时，自动跳到下一个轮灌组开始灌溉，直到所有的轮灌组完成灌溉后截止。此外，界面还能定时按流量决策，设定灌溉的启动时间和间隔时间（以天为单位），如轮灌组启动时间为 9：00，设定灌水周期 3 天，在设置完成后，系统会在第 1 天的 9：00 启动轮灌组，并开始灌溉，所有轮灌组完成后，此次灌溉结束；经过 3 天后，轮灌组会在 9：00 再次启动灌溉，系统会不断地循环此操作过程。此外，为防止流量计损坏，导致流量计数永远无法达到设定的灌水量，且轮灌组又不能停止时，需要在轮灌组的运行中设置保护时间 TP（2～5h），当流量在 TP 时间内，即使未达到目标流量，仍然可以关闭该轮灌组。

对于节水灌溉而言，灌溉制度包括灌水定额、灌水周期和一次灌水延续时间。安装流量计后，可采用轮灌组或小区的灌溉用水量 V 来控制灌溉进程，通过 V 可计算出此次灌溉持续时间 t。灌水延续时间 $t=V/flow$，其中 $flow$ 为单位时间的过水流量。即使采用 V 来计量灌溉用水量，此次灌溉的延续时间 t 也应给出，用来估算此次灌溉大概的延续时间，让用户了解到需要多长时间能完成灌溉任务。

另外，登录本地灌溉控制器也可选择时间控制轮灌的模式，在此条件下为每个轮灌组设置“灌水时长（Δt）”进行灌溉，用户在“系统设置”界面中，可以为每个轮灌组设置不同的灌溉时长。在每一个轮灌组开启指令下发后，系统启动界面的轮灌组进度条，以显示轮灌组的灌溉进度。待一个轮灌组完成后，自动跳到下一个轮灌组开始灌溉，直到所有的轮灌组灌溉完成。按时间控制轮灌可设定轮灌组的启动时间，当达到设定的时间后，自动启动轮灌组。

此外，灌溉控制器也可采用土壤墒情监测实施灌溉。在这一模式下，需安装土壤墒情传感器和流量计，根据土壤墒情控制轮灌，并在软件中设定本轮灌组中关联的流量计编号（N），当土壤墒情传感器监测到土壤墒情的下限小于或等于灌水下限时，触发灌溉程序，程序会依据设定的参数计算出该轮灌组灌水量 Q，然后与轮灌组关联的流量计开始计数，直到流量达到计算值时，本轮灌组灌溉完成，再开启下一轮灌组。另外，在墒情控制模式下，也设置一个保护时间 TP（2～5h），当流量在 TP 时间内，即使未达到目标流量，仍然关闭该轮灌组。

依据土壤墒情控制灌溉，软件中需要设置土壤 FC、灌溉上限（%）、灌水下限（%）、计划湿润层深度 Z(cm)、轮灌组灌溉面积 S。通过以上设置，由式（5-1）计算出轮灌组灌水量。

$$I=0.1\gamma zp(\theta_{\max}-\theta_{\min})/\eta \tag{5-1}$$

式中：I 为灌水定额，mm；γ 为土壤容重，g/cm^3；z 为土壤计划湿润层深度，m；p 为计划土壤湿润比，%；θ_{max}、θ_{min} 分别为适宜土壤含水率上、下限，%；η 为灌溉水利用系数。

$$m = 0.667 s I \qquad (5-2)$$

式中：m 为灌水量，mm；s 为灌溉面积，亩。其中除了系数以外，其他数据用户可修改默认参数。

此外，水肥一体化智能灌溉控制器内置了 SQLite 数据库，可以对阀门的开关操作记录，并存入数据库中。用户可以输入起止时间段，对这些记录进行查询，并统计用水量。同时，用户可根据流量、压力及墒情的历史记录和曲线，了解灌溉及施肥过程的历史运行状况。

图 5-9 为轮灌组自动运行状态页面，属于灌溉控制状态，可知，系统启动界面可采用手动/自动 2 种方式，在运行状态键显示“开启”、当前轮灌组编号“5”，即 5 组正在运行状态。由前组停止倒计时、下组开启倒计时、本地时间、通信状态，了解下组灌溉工作状态及其设备运行情况。

系统中还可以通过进度条及其进度完成百分数看到各轮灌组的运行情况，轮灌组 1、2、3、4 运行完成 100%，当前轮灌组 5 运行完成进度为 82.17%，组 6 至组 8 尚未实施灌溉，通过当前组停止倒计时确定组 5 距停止时间为 1 分 47 秒。

图 5-9 轮灌组自动运行状态页面

图 5-10 为阀门的开关状态页面。为快速更新阀门信息，减少用户等待时间，灌溉控制器页面中设置一个“阀门状态强制刷新”按钮，当点击该按钮，则平台端直接强制要求灌溉控制器快速查询主机下面两线网络上所有阀门开关状态，并上报至平台端显示。“红色”表示阀门在处于待机状态，可以接受控制器下发指令；当按钮变为“蓝色”表示该阀门已经正常开启，处于工作状态；当按钮变为“灰白色”表示本次该阀门的灌溉工作已经完成。

图 5-11 为阀门开关操作记录查询页面，可以看到阀门全部开始时间与结束时间记录；各自动轮灌的轮灌组情况、运行时间、命令来源、轮灌组编号、发送记录、执行记录；状态是否异常。进入页面默认显示日期距离最近的 20 条记录。如需要主动查询某时

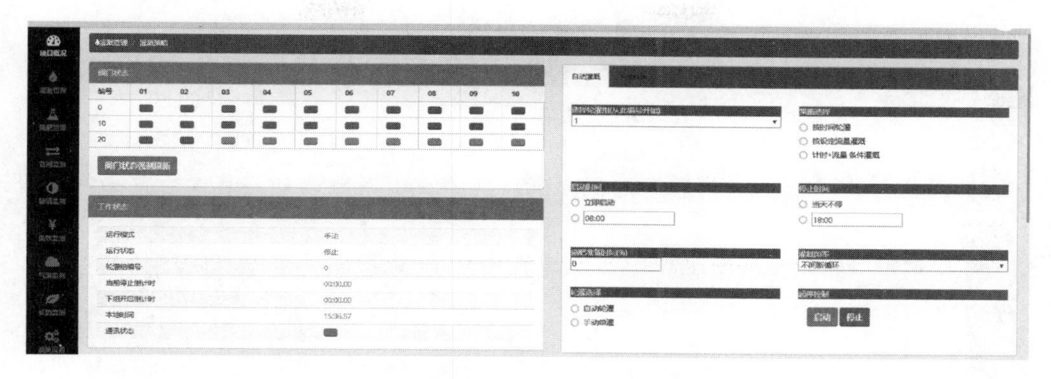

图 5-10　阀门开关状态页面

图 5-11　阀门开关操作记录查询页面

间段内的电磁阀开关运行情况，可以输入起止时间，进行阀门开关记录的主动查询。

当在该页面输入起/止时间，并点击查询后，页面按时间顺序将会依次显示田间电磁阀开关记录。这些阀门开关记录数据源来自于 ITU（灌溉控制模块）上报，由平台端采集并存入平台数据库中。每条开关记录包括时间；命令来源（指开阀指令的下发来源，包括手动补水/自动轮灌，共 2 种来源；若来自手动补水，则显示是停止/启动的具体种类；若来自轮灌组，则显示来源为自动轮灌）；轮灌组编号（如命令来源为轮灌组，则在该字段显示轮灌组编号；若命令来源为手动补水，则该位置置空）；发送记录（平台下发指令包含的阀门编号，如“002、010、018”）；执行记录（成功执行的阀门开关指令）；异常（当发送的指令与实际执行的结果一致时，则在这一字段中显示“无”，表示无异常；当下发指令与实际不同时，如计划打开“002、010、018”号阀门，但实际只打开了“002、010”或“002、010、008”，前后比对结果不一致，则在这一字段显示“异常”，并高亮显示，提示灌溉管理员查询到该类异常应进行检修或处理）。

图 5-12 为用水量历史记录查询页面。从灌溉管网流量监测中可以查询到，各流量计的实时流量及其历史各时刻用水量变化过程曲线，也可通过“开始时间”“结束时间”查询到各时段内不同流量计历史用水量趋势图。

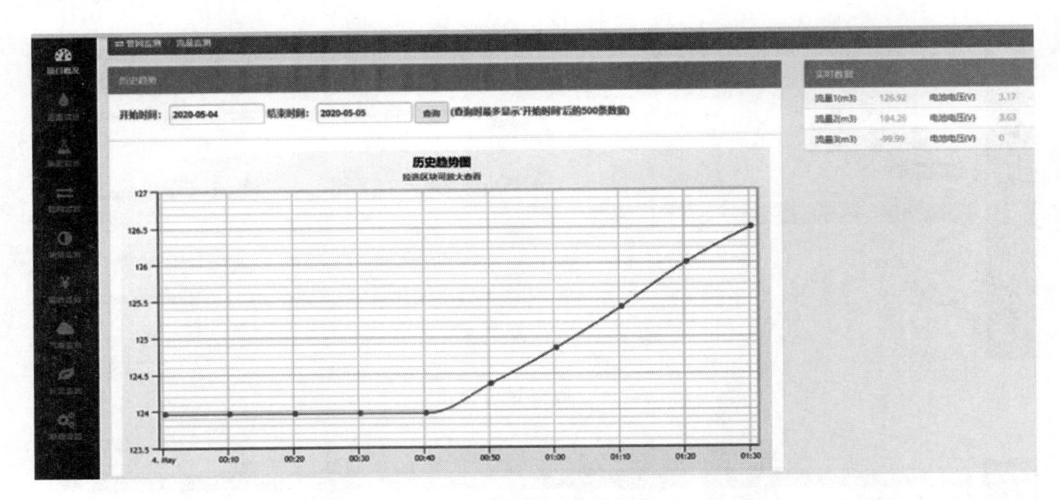

图 5-12　用水量历史记录查询页面

五、灌溉控制器（现场级）上位机（云平台）通信协议

灌溉控制器与云平台之间采用 MQTT 通信协议。MQTT（Message Queuing Telemetry Transport，消息队列遥测传输）是 IBM 开发的一个即时通信协议，已经成为物联网的重要组成部分。该协议支持所有平台，几乎可以把所有联网物品和外部连接起来，被用来当作传感器和控制器的通信协议。

MQTT 协议是为计算能力有限、工作在低带宽、不可靠的网络实施远程传感器和控制设备通信而设计的协议，它具有以下几项特性。

（1）使用发布/订阅消息模式，提供一对多的消息发布，解除应用程序耦合。

（2）对负载内容屏蔽的消息传输。

（3）使用 TCP/IP 提供网络连接。

（4）有 3 种消息发布服务质量，“至多 1 次”，消息发布完全依赖底层 TCP/IP 网络。会发生消息丢失或重复。这一级别可用于如下情况：环境传感器数据，丢失一次读记录无所谓，因为不久后还会有第 2 次发送；“至少 1 次”，确保消息到达，但消息重复可能会发生；“只有 1 次”，确保消息到达 1 次。这一级别可用于如下情况，在计费系统中，消息重复或丢失会导致不正确的结果。

（5）小型传输，开销很小（固定长度的头部是 2 字节），协议交换最小化，以降低网络流量。

（6）使用 Last Will（最后一条消息）和 Testament（遗嘱消息）特性通知有关各方客户端异常中断的机制。

本项目的灌溉数据传输通信协议对应于 ISO/OSI 定义的 7 层协议应用层，在基于不同传输网络现场机与上位机之间提供交互通信。

灌溉系统涉及到灌溉阀门开关状态、管网压力、流量、肥液的浓度以及农田灌溉中气象、土壤指标等一系列参数。为提高灌溉控制器与云端的通信效率、通信质量，需要对灌溉控制系统变量进行统一的定义和命名，并制定规范通信协议，这样可以方便云端按照统一的模式进行解析，并进行云端的存储、分析和展示。

本项目对灌溉控制器和云平台监控中心之间的数据交换传输，规定了数据传输过程及系统对参数命令、交互命令、数据命令和控制命令数据格式和代码的定义。灌溉系统各设备参数命名及应用层通信协议数据结构见附录B。

第三节　灌溉电磁阀研究与开发

一、灌溉电磁阀的设计与开发

1. 灌溉电磁阀设计

喷、滴灌自动控制系统中常用电磁阀作为流量控制阀，安装在管道系统的干、支管上，通过接收控制器指令来控制各个区域灌溉的启动与停止。电磁阀可分为电磁铁和主阀体两大部分，主阀体又由阀盖、弹簧、隔膜与阀座等组成。其中，隔膜是由一种软质材料制成，把主阀体内部分隔为上腔（控制室）和下腔（水流主通道），是控制阀门启闭的最主要部件，见图5-13。

2018年、2019年完成了电磁阀结构的初步设计后，基于数值仿真分析软件进行了电磁阀流道结构优化。研究了在电磁阀进口不同流量和压力条件下，阀门流道内部流动漩涡区出现的位置，以及减少水头损失的方法。3寸电磁阀整体装配三维结构图见图5-14，3寸电磁阀剖面图见图5-15。

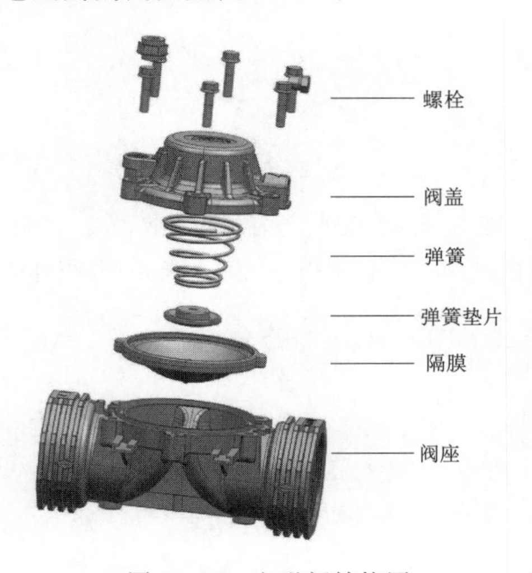

图5-13　电磁阀结构图

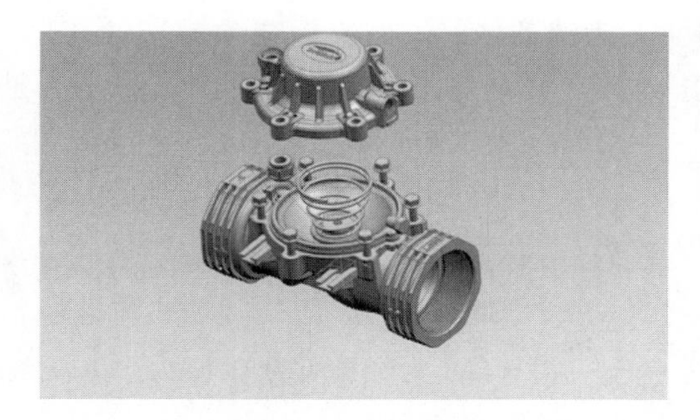

图5-14　3寸电磁阀整体装配三维结构图

电磁阀内部主要介质为水和灌溉肥料溶液，近似认为流体不可压缩。数值求解方法如下。

连续性方程：

$$\frac{\partial(\rho u_i)}{\partial_i}=0 \tag{5-3}$$

动量方程：

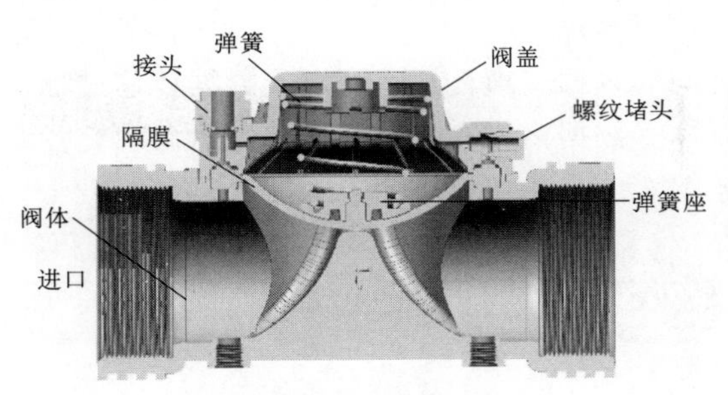

(a) 电磁阀关闭状态（隔膜压紧阀座）

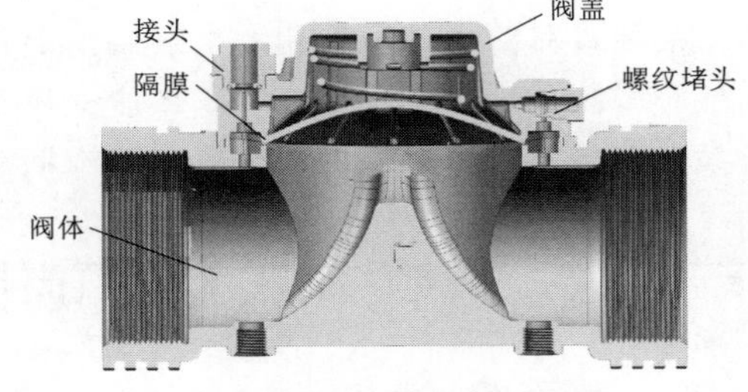

(b) 电磁阀开启状态（隔膜脱离阀座）

图 5-15　3寸电磁阀剖面图

$$\frac{\partial}{\partial x_i}(\rho u_i u_j)=-\frac{\partial p}{\partial x_i}+\frac{\partial}{\partial x_j}\left[\mu\left(\frac{\partial u_i}{\partial x_j}+\frac{\partial u_j}{\partial x_i}\right)-\frac{2}{3}\mu\delta_{ij}\frac{\partial u_k}{\partial x_k}\right]+\frac{\partial}{\partial x_j}(-\rho\overline{u'_i u'_j}) \tag{5-4}$$

式中：ρ 为流体密度，kg/m^3；u_i，u_j（$i,j=1,2,3$）为各时均速度分量，m/s；p 为流体的时均压力，N/m^2；μ 为流体的动力黏度，N·s/m^2；δ_{ij} 是"Kronecker delta"符号（当 $i=j$ 时，$\delta_{ij}=1$；当 $i\neq j$ 时，$\delta_{ij}=0$）；k 为湍动能；$\overline{u'_i u'_j}$ 为未知 Reynolds 应力分量。

因为在电磁阀内水流存在漩涡流动，流线弯曲程度较大，所以选用 RNG$_{k\text{-}\varepsilon}$ 湍流模型：

$$\frac{\partial(\rho k)}{\partial t}+\frac{\partial(\rho k u_i)}{\partial x_j}=\frac{\partial}{\partial x_j}\left(a_k\mu_{eff}\frac{\partial k}{\partial x_j}\right)+G_K+\rho\varepsilon \tag{5-5}$$

$$\frac{\partial(\rho\varepsilon)}{\partial t}+\frac{\partial(\rho\varepsilon u_i)}{\partial x_j}=\frac{\partial}{\partial x_j}\left(a_\varepsilon\mu_{eff}\frac{\partial\varepsilon}{\partial x_j}\right)+\frac{C^*_{1\varepsilon}}{k}C_K-C_{2\varepsilon}\rho\frac{\varepsilon^2}{k} \tag{5-6}$$

式中：k 为湍动能；ε 为湍动耗散率；a_k、a_ε 分别为湍动能 k 与湍动耗散率 ε 对应的 Prandtl 数，值均为 1.39；t 为时间，s；G_K 是由于平均速度引起湍动能 k 的产生项，$G_K=\mu_t\left(\frac{\partial u_i}{\partial u_j}+\frac{\partial u_j}{\partial u_i}\right)\frac{\partial u_i}{\partial u_j}$，其中 $\mu_t=\rho C_\mu\frac{k^2}{\varepsilon}$，$C_\mu=0.0845$；$C^*_{1\varepsilon}$ 为修正系数，$C^*_{1\varepsilon}=C_{1\varepsilon}-\frac{\eta(1-\eta/\eta_0)}{1+\beta\eta^3}$，其中 $\eta_0=4.377$，$\beta=0.012$，$C_{1\varepsilon}=1.42$，$\eta=(2E_{ij}\cdot E_{ij})^{1/2}\frac{K}{\varepsilon}$，$E_{ij}=\frac{1}{2}\left(\frac{\partial u_i}{\partial x_j}+\frac{\partial u_j}{\partial x_i}\right)$；$C_{2\varepsilon}$ 为经验常数，值为 1.68；μ_{eff} 为修正的湍动黏度，$\mu_{eff}=\mu+\mu_t$。

电磁阀入口断面满足如下边界条件：

$$u=const,v=w=0,\frac{\partial p}{\partial x}=0 \tag{5-7}$$

电磁阀出口断面满足如下边界条件：

$$\frac{\partial u}{\partial x}=\frac{\partial v}{\partial x}=\frac{\partial w}{\partial x}=0,p=const \tag{5-8}$$

通过数值模拟，分别计算了阀门进口流量为 15m^3/h、50m^3/h 和 90m^3/h 条件下，电磁阀流道内部流场的流速和压力分布，见图 5－16。

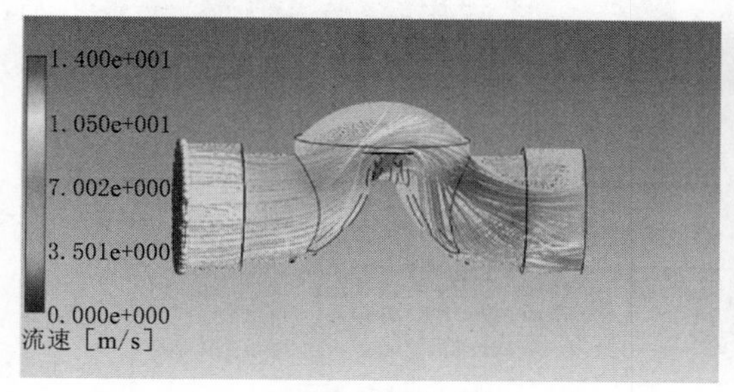

（a）流量$15m^3/h$

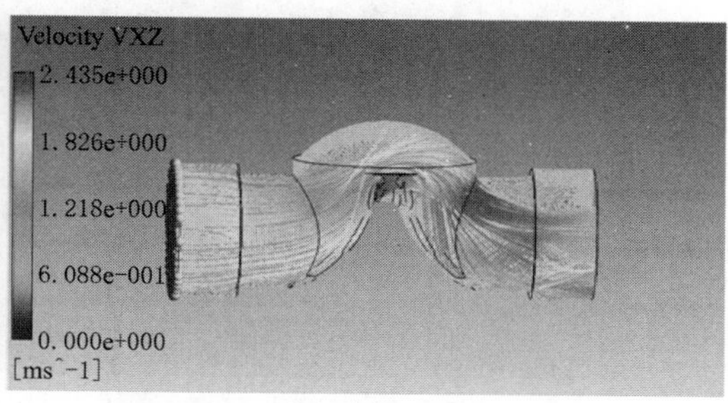

（b）流量$50m^3/h$

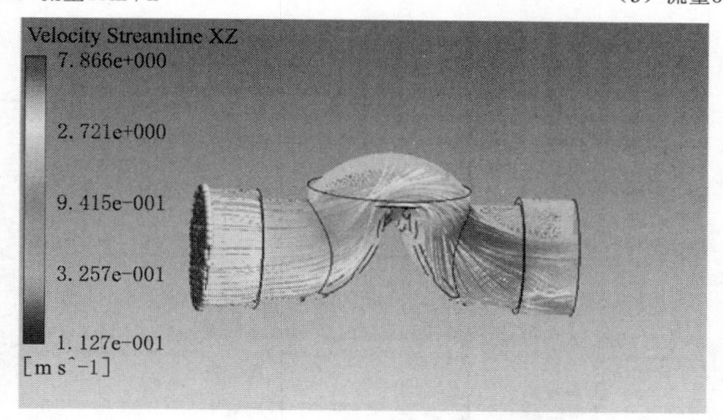

（c）流量$90m^3/h$

图 5－16　电磁阀内部流道结构分析

由图 5－16 可知，当进口流量由 $15m^3/h$ 增大到 $90m^3/h$ 时，电磁阀内部流场分布趋势相似。当进口处水流向前推进，达到流道中央阀座的屋脊处时，由于流道变窄，流速在此处达到最大值，此后，当水流继续推进越过阀座的屋脊时，流道变宽，流速逐渐下降，直到水流达到出口位置处时，流速达到最低值。同时，随着进口流量逐渐增大，通过电磁阀流道所产生的水头损失越大，能量损失越多。另外，从流线分析可知，在阀座屋脊处存在较多的漩涡，同时，在阀门出口顶端也存在一个局部的小漩涡区，是高压条件下有可能出现气蚀破坏的区域，需要在后续的试验测试中进行重点关注。综合模拟计算结果分析，即使在过水流量为 $90m^3/h$ 时，采用目前的流道结构设计形式，所产生的水头损失为 0.084MPa。这一数据相比国外同类产品的测试数据，仍在可接受范围，同时，考虑到该对称结构模具的加工相对容易实现，因此认为该流道结构设计是可行的。

2. 灌溉电磁阀成品及性能测试

基于上述流体力学分析计算成果，3 寸电磁阀采用玻纤强化尼龙材质，对电磁阀模具进行设计、加工及组装，图 5－17 为电磁阀模具图及模具组装图，图 5－18 为车间内模具组装过程图。

通过对模具进行注塑试验，确定 3 寸电磁阀注塑样品图，见图 5－19。

由 3 寸电磁阀模具，对其产品进行批量生产，并进行组装，见图 5－20。

根据批量生产的产品，对设计的 3 寸电磁阀水力性能进行了测试研究，图 5－21 为 3 寸电磁阀性能试验室测试过程。

（a）电磁阀模具图

（b）模具组装图

图 5－17　3 寸电磁阀模具图及模具组装图

图 5－18　车间内进行模具的组装

图 5－19　3 寸电磁阀注塑样品图

（a）批量产品

（b）组装生产车间

图 5－20　3 寸电磁阀开始批量生产及组装生产车间

3. *灌溉电磁阀工作原理*

因电磁阀分为主阀体和电磁铁两部分。主阀体由阀盖、弹簧、隔膜与阀座组成。隔膜将主阀体内部隔成上腔（控制室）和下腔（水流主通道）两部分。灌溉电磁阀采用的电磁铁，通过鞍座与主阀体进行连接，控制隔膜阀上腔水压力的变化，实现隔膜阀的启闭控制，见图 5－22。

无论隔膜阀上配置的电磁铁是 2 路还是 3 路形式，其作用均是作为先导阀，在电磁力的作用下，控制主阀体上腔（启动室）充水和泄水，从而使阀门的上、下腔产生压差，使隔膜在水压力的作用下压紧在阀座上或脱离阀座，来控制阀门的开启或关闭。其工作原理见图 5－23。

图 5－21　电磁阀水力性能试验室测试系统

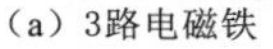

（a）3路电磁铁

（b）安装3路电磁铁的灌溉电磁阀

图 5－22　电磁铁与主阀体的连接

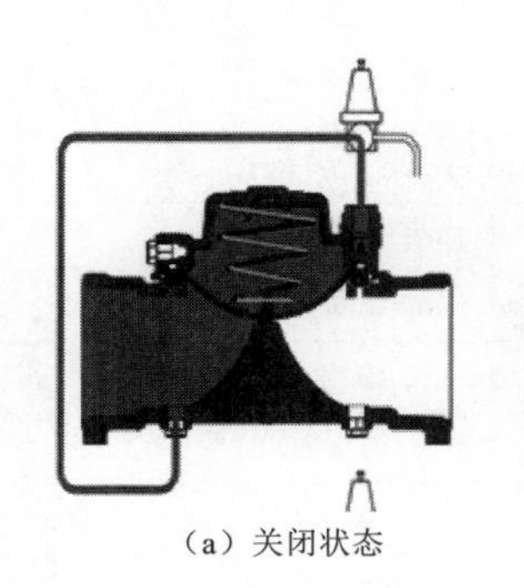

（a）关闭状态

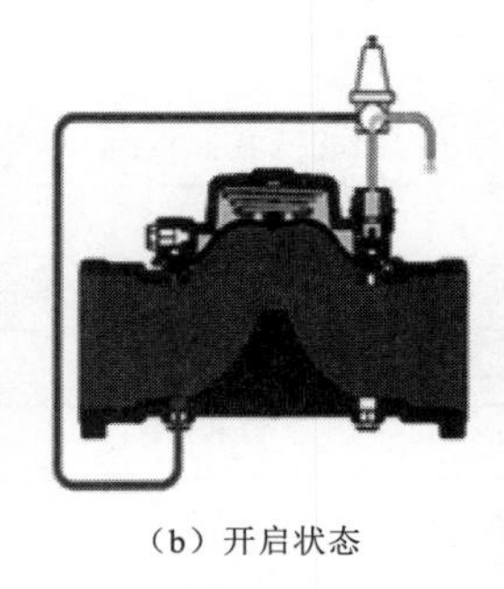

（b）开启状态

图 5－23　电磁阀工作原理示意图

图 5－23 为电磁阀工作原理示意图，在命令管上的电磁铁打开状态下，通过命令管将上游高压水引入上腔中，使上腔的压力升高，从而使隔膜在水压力和弹簧力合力的作用下，紧压在阀座上，使电磁阀关闭。当电磁铁关闭时，阀门上腔泄水，则上腔的压力降低，从而使阀门下腔的压力大于上腔，导致隔膜离开阀座，使主阀体完全开启，水流通过。

3 寸及 3 寸以下的农业灌溉电磁阀，一般采用螺纹接口与管道连接，对于 3 寸以上的阀门则多采用法兰接口与管道连接。在灌溉系统设计过程中，电磁阀选择需要考虑阀门的公称压力、最小工作压力、使用水质条件、压力损失以及流量范围等参数，必须进行合理选择。在实际安装过程中，电磁阀可根据输配水的控制需求，采取水平或垂直安装，但水流方向必须与阀盖上箭头方向保持一致。同时，一般而言，在电磁阀门的前后应装隔离阀，以便于将来维护操作。另外，安装阀门前应彻底冲洗上游管道，不这样做可能导致阀门因异物卡住，使阀门不能工作。

二、灌溉电磁阀的性能测试与对比分析应用

在灌溉系统设计过程中，应关注电磁阀的结构参数、水力参数和电器参数。其中，水力参数包括电磁阀的公称压力，最小启动压力以及最大工作压力。对于隔膜电磁阀，主要是通过阀门启动室水压力的变化来开启和关闭电磁阀，当管道系统的水压力小于阀门最小启动压力时，阀门会出现无法启动或关闭不严的问题。相反，如果供水压力大于阀门的最大允许工作压力，可能会导致阀门的隔膜因压力过高而破裂，阀门出现漏水进而损坏。另外，在选择电磁阀时应关注阀门的压力损失-流量关系曲线，针对管网水力计算允许的压降范围来选择阀门尺寸。

表 5－1 给出了中国水利水电科学研究院研发的 3 寸电磁阀测试参数。

表 5-1　　中国水利水电科学研究院研发的 Iririch 系列 3 寸电磁阀测试参数

规格型号	Iririch-DN80-B	
阀门尺寸/mm （“$L\times W\times H$”表示长×宽×高）	260×170×210	
接口尺寸/mm	DN80	
接口形式	BSPT 螺纹	
阀门重量/kg	1.4	
阀门材质	玻纤强化尼龙	
最低储存温度/℃	−40	
最大工作环境温度/℃	53	
最大工作水温/℃	60	
最大承压能力/MPa	1.1	
最小启动压力/kPa	60	
启动时间/s	≤60	
可选配电磁铁类型	3 路，24vac/12vdc/pulse 9～30vdc/pulse 9～12vdc	
水头损失-流量关系		水头损失 ΔP/mwc
流量 Q/(m^3/h)	水头损失 ΔP/kPa	水头损失/mwc（meter of water，水柱米）
15.45	2	0.20
21.02	4	0.41
30.50	9	0.92
41.01	16	1.63
50.29	21	2.14
59.77	30	3.06
70.69	41	4.18
81.4	57	5.81
90.07	68	6.93

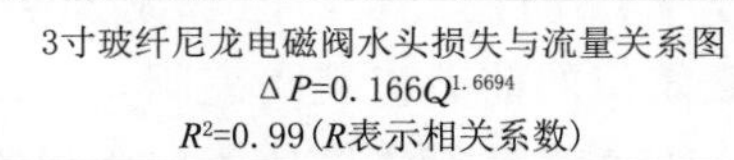

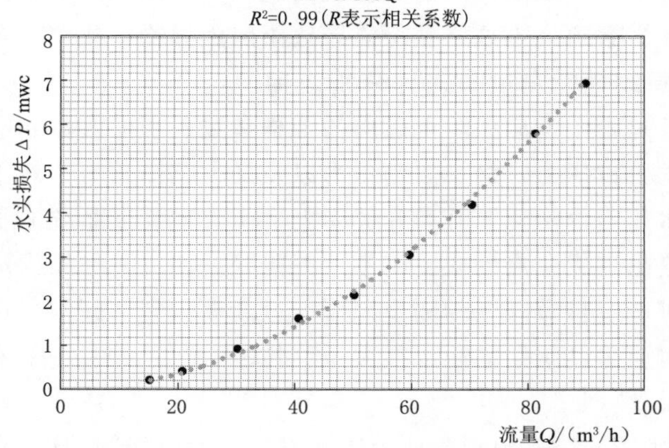

在完成试验室测试的基础上，2019 年、2020 年分别在内蒙古自治区通辽市科尔沁区玉米大田灌溉中进行了电磁阀田间应用测试。2 年的测试结果显示，3 寸电磁阀产品质量稳定，性能能够满足田间应用的实际需求。

电磁阀的最小启动压力以及水头损失是电磁阀应用中 2 个关键参数。国内企业生产的电磁阀多为 1 寸、2 寸小尺寸电磁阀，具有 3 寸电磁阀生产能力的企业尚不多见。新疆棉田灌溉是智能灌溉技术推广应用起步较早，也是应用电磁阀较多的地方。本项目选取了新疆棉花灌溉中最常用的、由新疆农一师一团灌溉企业生产的 3 寸电磁阀进行最小启动压力与水头损失对比测试。测试结果见图 5－24。

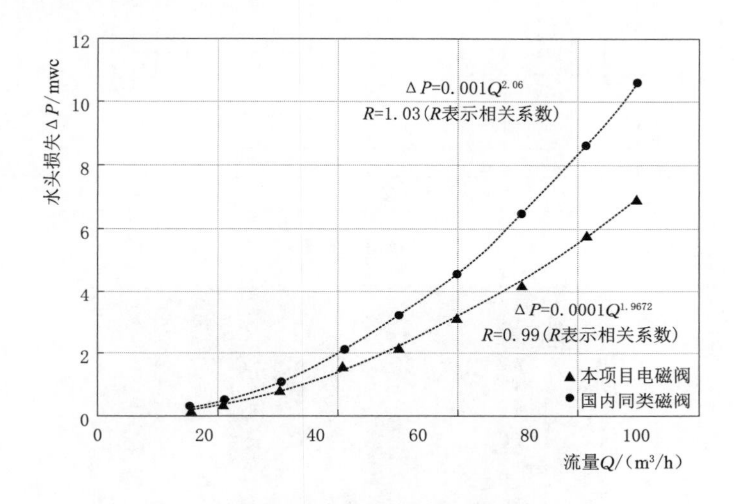

图 5－24　电磁阀水头损失对比测试

测试结果表明，在 3 寸电磁阀的常用流量区间内，即 40～80m^3/h 内，该项目研发的电磁阀水头损失低于新疆企业生产的电磁阀水头损失近 8.2%。同时，设计开发的 3 寸电磁阀启动压力为 0.06MPa，同样也低于对比测试电磁阀产品 0.68MPa。灌溉电磁阀上采用的电磁铁，通过鞍座与主阀体进行连接，控制隔膜阀的上腔水压力变化，实现阀门的启闭控制。阀门的接口为 BSPT 螺纹，最小在 0.057MPa 的压力下可启动，最大承压能力为 1.1MPa，最大过水流量可达 90m^3/h，产品具有较好的市场竞争力。项目研发的 3 寸电磁阀已经在河北、内蒙古、宁夏等省（自治区）多个灌溉工程中进行了应用，具有较好的应用、推广前景。

三、灌溉控制系统的田间测试应用

根据要求，在中国水利水电科学研究院大兴实验基地搭建灌溉系统 1 套，于 2019 年度进行了灌溉智能控制系统及电磁阀的野外应用测试。用于试验测试的灌溉系统共设置 66 个灌水小区，小区内种植的作物以冬小麦为主，并对灌溉系统进行了平面布置，灌溉系统布置见图 5－25（a），灌溉实景见图 5－25（b）。

小区入口处阀门箱内安装电磁阀 1 只。电磁阀通过两线解码器系统与安装在控制室的灌溉控制器进行通讯。见图 5－26。

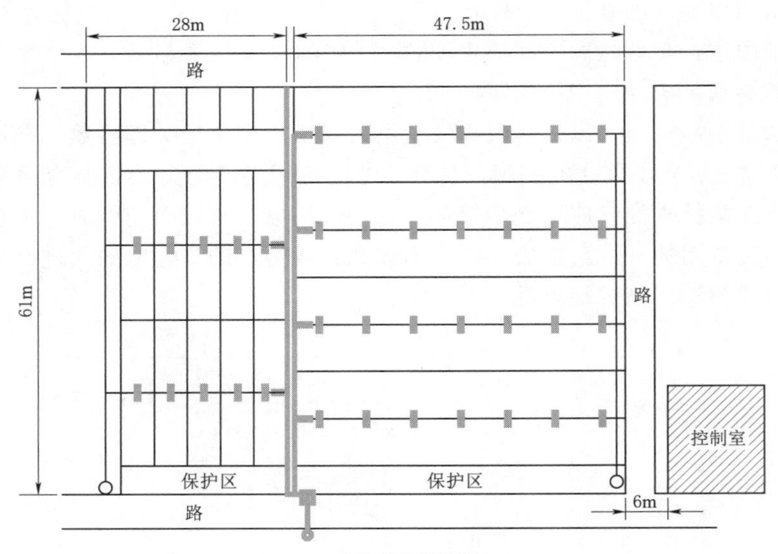

（a）系统布置图

（b）实景图

图 5-25　大兴灌溉智能控制系统布置及实景图

为了进一步提高灌溉控制器使用的便利程度，在灌溉控制系统测试过程中针对试验田块，开发了图形化的操作界面。在此界面上，可以明确表示出管道、田间的电磁阀，以及各个灌水小区的相对位置，结合灌溉控制室的触摸屏，通过触摸的方式点击界面上电磁阀，可以进行灌溉阀门的打开或关闭。同时，当灌溉控制器下发指令到解码器和电磁阀后，可以收到阀门状态的反馈信息。灌溉管理员可以通过此界面，了解田间阀门的打开及关闭状态，见图 5-27。

图 5-26　田间电磁阀的安装情况

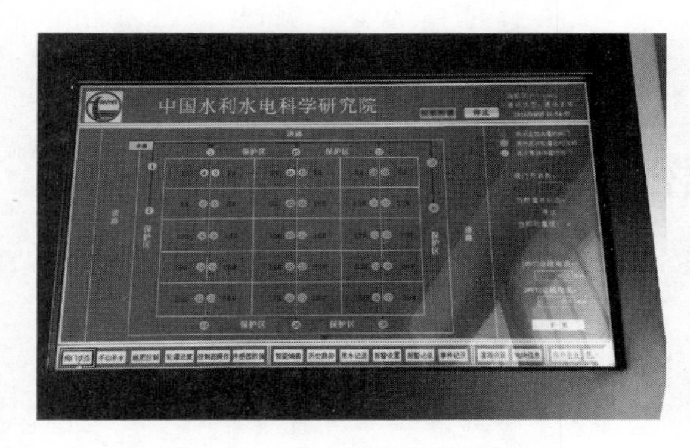

图 5-27　大兴灌溉控制器界面

经过 2019 年的野外试验测试和应用考核，该灌溉控制器系统以及电磁阀的运行性能稳定，在后续的研究工作中，将进一步提高灌溉控制器软件系统的运行数据库信息记录功能和灌溉控制软件操作的便捷度。

2019 年 6 月，在黑龙江省示范区进行了示范推广，在示范区内将研发的两线解码器智能灌溉控制系统以及电磁阀应用于玉米滴灌试验中，并对智能灌溉控制系统运行稳定性进行了进一步的测试。

第四节　本　章　小　结

（1）利用现代信息技术对传统喷、滴灌系统进行升级改造，研发了基于低压电力载波通信的两线解码器灌溉控制系统。该系统采用 24V 低电压，实现了田间灌溉控制信号与电磁阀供电的共线传输，解决了传统田间灌溉控制系统布线量大，施工安装工程量大的问题。通过采用本项目研发的两线解码器灌溉控制系统，使田间灌溉控制系统的布线量比传统的多线灌溉控制系统减少了 90%以上。同时，该系统的抗干扰能力强，控制线路可以与灌溉管道同沟铺设而无需采用额外的防护措施，使灌溉控制系统的安装及运行维护更为简单方便。

（2）控制器采用模块化设计，可根据灌溉控制面积的需要增/减编码器模块，单台控制器的控制能力最大可达到 360 个电磁阀，可以较好的适应当前规模化农业种植中需要控制阀门数量较多的情境。灌溉控制器软件采用 B/S 结构，支持远程访问，可以实现灌溉系统的远程管理。对于规模化、集约化经营的大型农场，通过该灌溉控制系统可以大幅度提高灌溉效率，并节约农业劳动力的投入，降低生产成本。

（3）针对国内农业灌溉的需要，设计并研发了 3 寸电磁阀。阀体由阀盖、弹簧、隔膜与阀座四部分构成，隔膜把主阀体内部分为上腔（控制室）和下腔（水流主通道）。灌溉电磁阀上采用的电磁铁，通过鞍座与主阀体进行连接，控制隔膜阀的上腔水压力变化，实现阀门的启闭控制，阀门接口为 BSPT 螺纹，最小在 0.057MPa 的压力下可启动，最大承压能力为 1.1MPa，最大过水流量可达 $90m^3/h$，产品具有较好的市场竞争力。开发的 3 寸电磁阀已经在河北、内蒙古以及宁夏等省（自治区）多处灌溉工程中进行了应用，具有较好的应用、推广前景。

第六章　灌溉物联云平台的设计

第一节　云平台构建设计

云平台的构建是智能灌溉基础，在物联网云技术数据与系统集成飞速发展的今天，把智能灌溉系统引入农业生产领域，将促进农业产业化升级，同时也将会引领农业转型并带来巨大的收益。研制一套智能测控系统，建立一个集成农田引（调）水控制（井、渠水源）、渠（管）网信息系统、闸（阀）门设施运行调控、土壤墒情与水文信息采集、设备状态监控等多功能的综合信息管理与服务平台，实现各类信息的采集、存储、分析、处理、融合、反馈智能化与精准化，充分利用传统农业节气对农业生产起到指导作用，实现对特定地块实施灌溉目标，完成科学化管理、精细化种植和网络化监控。在节省大量水资源的同时，有助于农户精准、简易、便捷灌溉，改变农业体量大而不精细、劳动强度大而机械化水平低的特性，将成为解决“三农”问题的对策之一，可大大提高农业科学化管理水平。

一、平台构建目标及原则

平台构建是实现灌溉控制系统化、科学化、智能化和精确化的关键，使平台控制系统代替传统人工操作，可大大提高农田灌溉系统的生产与节水效率。

根据农田灌溉的特点，实现云平台农田灌溉智能、精准控制系统平台的构建需遵循以下原则。

（1）实用性强。大田作物种植区域地形复杂、气候多变，土壤质地千差万别。因此，利用传统水力模型、作物生长模型、土壤水平衡方程等，采用多源数据，实现灌溉决策和自动化灌溉，满足农业灌溉需求。

（2）安全可靠。农田自动灌溉系统多处于室外，环境较为恶劣，容易受外界因素的影响。在硬件选型上，选用高性能、高防水、耐高温的设备；在软件上，设计可靠的控制方案，保证程序稳健、通信可靠、数据安全。同时，要有更严格的用户授权、安全保护措施，事故或错误发生时能够及时报警。

（3）扩充性好。农田灌溉面积规模大小不一、灌溉形式多样，系统要适应不同灌溉规模与灌水管理需求。

（4）操作简便、易维护。系统用户更多的是面对基层用户，多数用户文化水平较低，信息化和自动化方面知识缺乏，要求系统软硬件安装与使用界面简便、友好、易于掌握、通用性强。此外，平台操作系统还要有较强的可维护性，尽可能采用模块化设计。

二、系统总体设计

平台总体采用 JavaEE 软件开发技术路线，面向服务（SOA）的架构，将应用程序的不同功能单元（称为服务）通过定义良好的接口和契约联系起来。系统总体架构见图6-1所示。

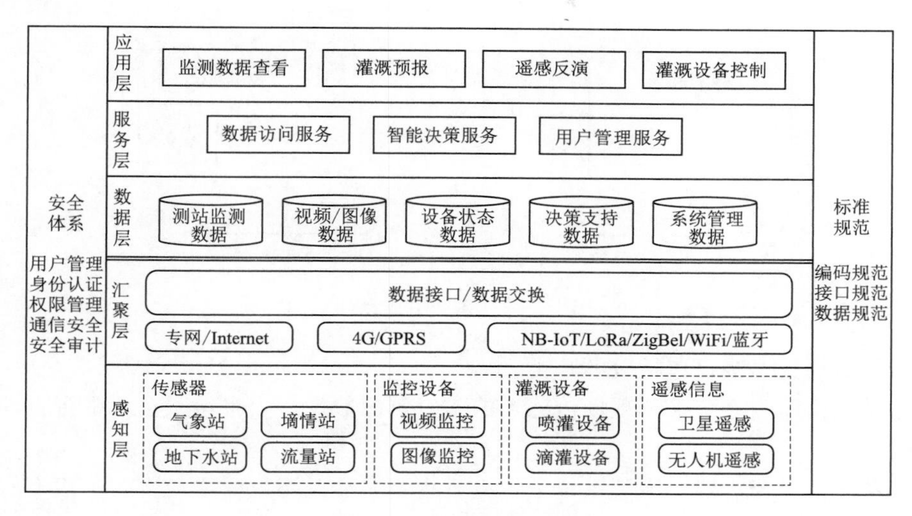

图6-1　系统总体架构

系统由感知层、汇聚层、数据层、服务层和应用层五部分构成。

感知层包括现场的各种设备及遥感信息，主要分为传感器、监控设备、灌溉设备和遥感信息4大类。其中传感器包括气象站、流量站、地下水站、墒情站等获得基础信息的设施；监控设备由视频监控设备和图像监控设备组成；灌溉设备主要指喷灌及滴灌设备等；遥感信息包括了卫星遥感和无人机遥感。由以上各类现场设施与设备获取系统基础信息。

汇聚层是各子系统或模块进行数据汇集和数据交换的地方，体现了现场各类传感器及相关设备数据汇集到平台的过程，各模块和子系统的接口相会于此，它们通过彼此之间接口的调用进行数据采集、汇总和入库。

数据层将平台中各类数据根据其性质、类别进行梳理，建立各项专题数据库，如测站监测、视频/图像、设备状态、决策支持、系统管理等数据库。

服务层完成灌溉的业务逻辑、模型运算和决策支持。通过Web服务的方式向应用层提供功能支撑服务，如数据访问、智能决策及用户管理等。

应用层提供具体的功能界面供用户使用，包括监测数据查看、灌溉预报、遥感反演及灌溉设备控制等功能。

三、子系统集成

智能灌溉决策物联网云平台集成了物联网监测数据、遥感解译数据、视频及图像监控等多源数据，构建了决策模型库，通过各种算法的模拟与反演，达到了智能决策、自动控制和节水灌溉的目的。

智能灌溉决策支持系统从子系统的角度可划分为视频监控系统、图像监控系统、监测系统、灌溉系统、模型算法和遥感解译系统等部分。其中，监测系统又分为监测设备与数据采集系统，灌溉系统也分为灌溉控制系统和灌溉设备两部分。各子系统的数据通过接口调用集成到智能灌溉决策支持系统中，系统集成设计见图6-2。

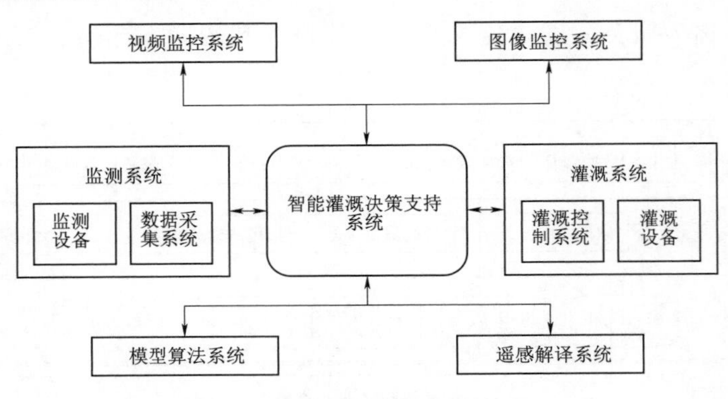

图 6-2 系统集成设计

各系统间的数据接口包括以下几类。

监测系统：监测系统采集现场传感器的实时监测数据，上报给平台，平台自动地对数据进行监测。

灌溉系统：平台需要向灌溉系统下发灌溉指令，灌溉系统需要向平台上报实时状态。

视频监控系统：视频监控系统向平台上传实时监控视频。

图像监控系统：图像监控系统向平台上传实时监控图像。

模型算法系统：模型算法的运算结果集成到平台中进行展示和决策支持。

遥感解译系统：遥感解译的成果，如作物种植面积、产量估算、蒸散发量等，上传到平台。

1. 数据分类

综合以上各个子系统，高效节水灌溉物联网平台数据分为 4 大类：描述灌溉工程的基础数据、描述作物生长的环境数据、描述灌溉设备运行状态的过程数据以及图像与视频等其他数据。

2. 数据内容及要求

基础数据包括灌溉面积、类型、位置、灌溉设备型号、特性参数、地理信息等。

现场传感器采集的实时环境数据包括气象数据、土壤墒情数据，地表水与地下水相关数据及水质信息等。

实时采集的气象、土壤墒情、地表水、地下水等相关数据以及水质信息应符合表 6-1 的要求。

表 6-1 实时采集的环境数据要求

数据分类	数据项	监测频次要求	精度要求	单 位
气象信息	气温	≥1 次/h	0.1	℃
	风速		0.1	m/s
	风向		1	(°)
	降雨量		0.1	mm
	相对湿度		0.1	%RH
	太阳辐射		1	W/m^2

续表

数据分类	数据项	监测频次要求	精度要求	单 位
土壤墒情信息	土壤温度	≥1 次/d	0.1	℃
	土壤 EC（土壤电导率）值		0.01	mS/cm
	土壤体积含水率		0.1	%
地下水信息	地下水位	≥1 次/d	0.1	m
	地下水水温		0.1	℃
水质信息	化学需氧量	≥1 次/月	1	mg/L
	pH		0.1	—
	全盐量		10	mg/L
	氯化物		1	mg/L

过程数据包括现场测控设备采集的灌溉设备运行数据和灌溉指令。

灌溉设备运行数据包括水泵流量、管道压力、功效等，灌溉设备的行进方向、速度、一次灌溉水量等，过滤设备的前后压力，施肥装置的运行与否、施肥流量等，阀门的开启状态等。各测控设备运行状态数据要求见表 6-2、表 6-3。

表 6-2 测控设备运行状态数据要求

数据项	频次	精度	单位	备 注
水量	实时	1	m^3	
流量	实时	0.1	m^3/h	
压力	实时	1	kPa	
电压	实时	0.1	V	
电量	实时	0.1	kW・h	
设备运行状态	实时	—	—	根据设备不同，设备运行状态的内容不同
设备告警	实时	—	—	根据设备不同，设备告警的内容不同

表 6-3 灌溉指令数据要求

数 据 分 类	数据项	频次	精度	单位
水泵	启停	实时		
闸/阀	开闭	实时		
	开度	实时	1	(°)
施肥机	启停	实时		
中心支轴式喷灌机和平移式喷灌机	启停	实时		
	灌溉水量	实时	1	mm
过滤器	反冲洗启停	实时		

其他数据包括现场摄像头拍摄的图片数据或视频数据以及蒸散发遥感反演成果数据。图片数据或视频数据主要包括重要设备设施和作物长势的图像和视频数据；蒸散发遥感反演成果数据主要包括经过遥感技术处理后大范围的蒸散发量数据。图像、视频和遥感数据应符合表 6－4 的要求。

表 6－4　　图像、视频和遥感数据要求

数据项	格式	分辨率及格式要求	频次要求
作物长势监测	图像	最低分辨率：800×600 图像格式：JPG/PNG/GIF/BMP	≥1 次/天
现场实时监测	视频	最低码流：1.5Mb/s 视频格式：MPG4/H.264	实时
遥感 ET_0 影像	图像	最低分辨率：800×600 图像格式：TIFF/GeoTIFF	1 次/天

四、数据库设计

系统数据库的设计遵循水利部颁布的《水利信息化资源整合共享顶层设计》要求，采用面向各类统一的数据库管理，对系统中的基础和业务数据进行整合，实现基础数据空间、属性、关系和元数据的一体化管理，实现统一对象编码、统一数据字典，便于后续系统数据资源共享与对接。

1. 数据组织方法和需求

（1）数据组织方法。按照灌区建立架构；每类设备建立一个数据表；设备类型_功能_设备名；功能［试验区（灌区）环境、气象、灌溉控制］；设备名称［通用采集器、通用控制模块、通用采集控制模块、泵站、渠（管）道、阀门、滴灌设备、喷灌机］。

（2）基础数据内容。泵站信息包括分布位置、机井深度、喷灌面积、滴灌面积。试验区（灌区）信息包括位置（所属行政区划、经纬度）、面积、土壤类型、灌溉水源、维护人；种植信息包括作物名称、播种日期、生育期天数；监测设备信息包括监测设备类型、分布位置、通信方式、通信基础参数等。

（3）监测数据内容。墒情信息含 20cm、40cm、60cm、80cm、100cm 逐日土壤温度与土壤水分；灌区环境信息包括天气类型、气温、湿度、风速、降雨量、太阳辐射等信息；泵站信息包括灌溉状态、流速、压力、累计用水量、日用水量；视频信息包括工程信息、监测数据查询、作物实时长势图片与视频；灌溉控制信息包括阀门状态、灌溉起始时间、灌溉停止时间、灌水量等。

（4）控制决策信息内容。作物 ET_{0m}、需水模型计算；灌溉决策 CropSPAC 模型计算；灌溉指令包括灌溉指令内容、发送时间、执行状态。

2. 数据库表结构设计

整理归纳系统所需数据，综合分析数据的内容、类型、作用、更新频率、检索频次等信息，具体数据库设计见图 6－3。

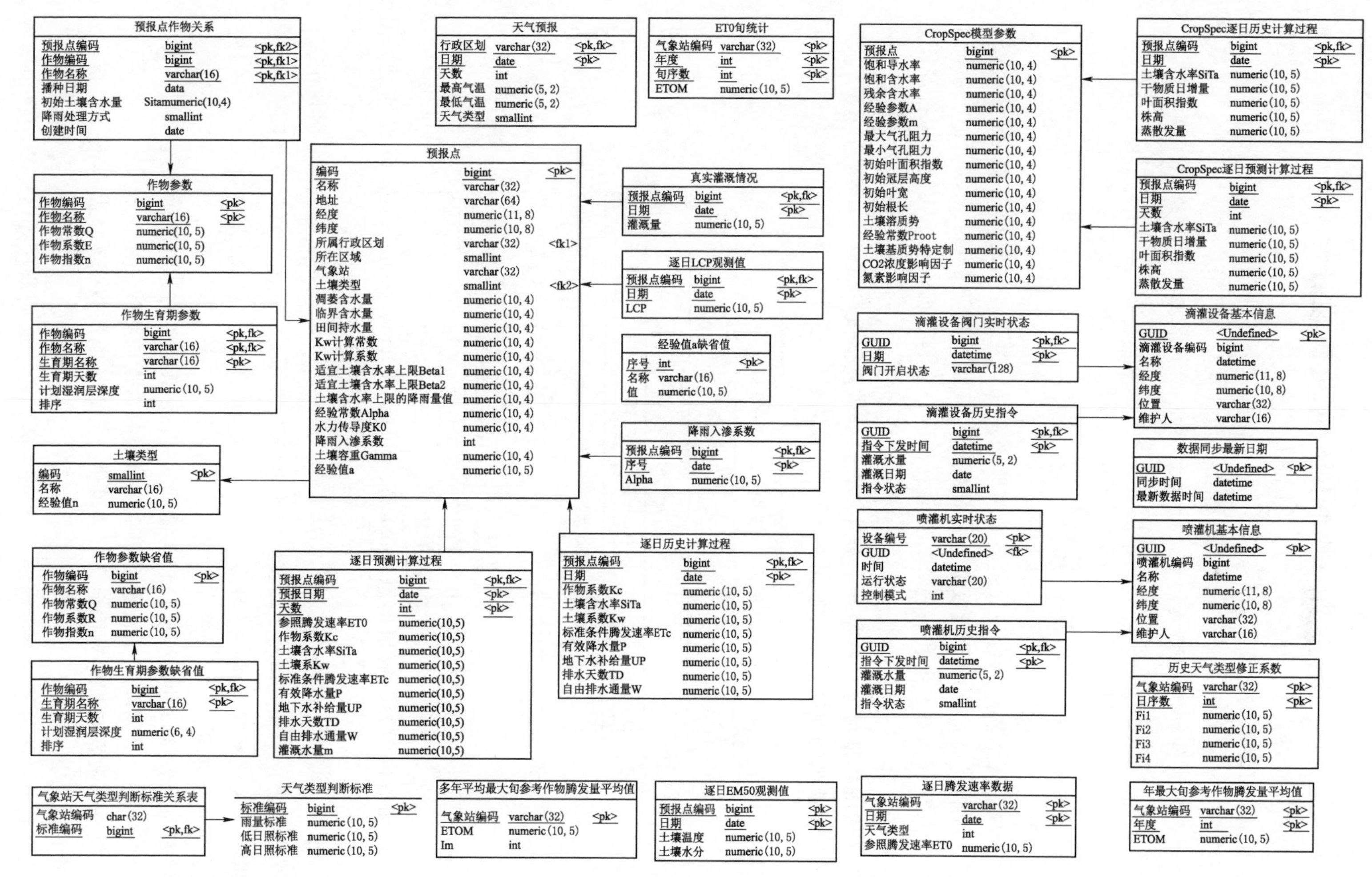
预报点作物关系
天气预报
ET0旬统计
CropSpec模型参数
CropSpec逐日历史计算过程
CropSpec逐日预测计算过程
作物参数
预报点
真实灌溉情况
逐日LCP观测值
作物生育期参数
滴灌设备阀门实时状态
滴灌设备基本信息
经验值a缺省值
滴灌设备历史指令
降雨入渗系数
土壤类型
数据同步最新日期
喷灌机实时状态
喷灌机基本信息
逐日历史计算过程
作物参数缺省值
逐日预测计算过程
喷灌机历史指令
作物生育期参数缺省值
历史天气类型修正系数
气象站天气类型判断标准关系表
天气类型判断标准
多年平均最大旬参考作物腾发量平均值
逐日EM50观测值
逐日腾发速率数据
年最大旬参考作物腾发量平均值

图 6－3 数据库设计图

第二节 物联网数据接口设计

一、数据接口设计原则

数据接口设计原则应遵循以下几点。①支持包含实时信息采集、灌溉控制、模型数据交换及管理在内的各种类型交换需要。②满足智能灌溉信息交互和控制的实时性要求。③做到代码全面可控，避免中间件带来的安全漏洞。④数据接口信息交互应采用传输层安全性协议（TLS）、访问控制管理等手段保证信息安全。⑤数据接口架构应适应嵌入式装置方面的需求。⑥满足跨平台的要求。

二、架构

高效节水灌溉物联网平台一般包含数据监测系统、灌溉控制设备、视频图像监控等各类子系统，应将基础数据、环境数据、过程数据和其他数据等各类数据进行汇集。汇集的数据应按照水利部颁布的水利信息进行分类和编码、水利数据库表结构及标识符等规范进行统一的存储。

汇集完成的数据可通过数据共享对外部系统提供数据接口服务。

高效节水灌溉物联网平台宜遵循图 6-4 的总体架构。

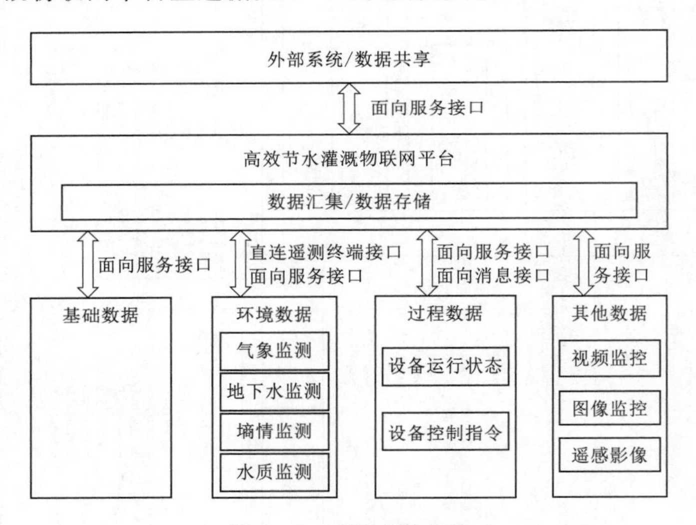

图 6-4 系统总体架构

根据信息化技术和数据特点，高效节水灌溉物联网平台宜选用面向服务接口、面向消息接口以及直连遥测终端接口 3 种形式。

1. 面向服务接口

采用面向服务接口的系统设计宜遵循图 6-5 所示的架构。监测子系统和灌溉设备子系统提供服务接口，物联网平台通过调用接口接收数据或将控制指令下发。同时，平台提供接口，供基础数据和其他数据上报，也可供外部系统调用数据实施共享。

2. 面向消息接口

采用面向消息接口系统宜遵循图 6-6 所示的架构。面向消息接口应有消息中间件支

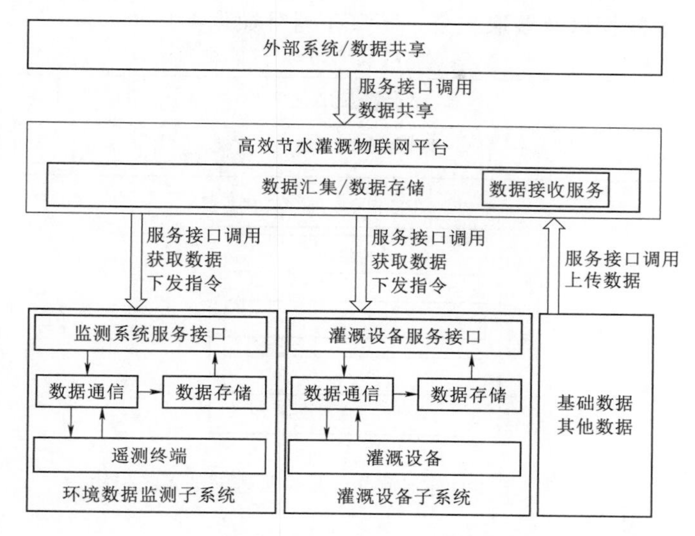

图 6－5　采用面向服务接口需遵循的系统架构

持。平台通过订阅灌溉设备子系统和监测子系统的消息获取数据，通过发布消息向灌溉设备发送控制指令。同时，平台对外也可以用消息进行数据共享。

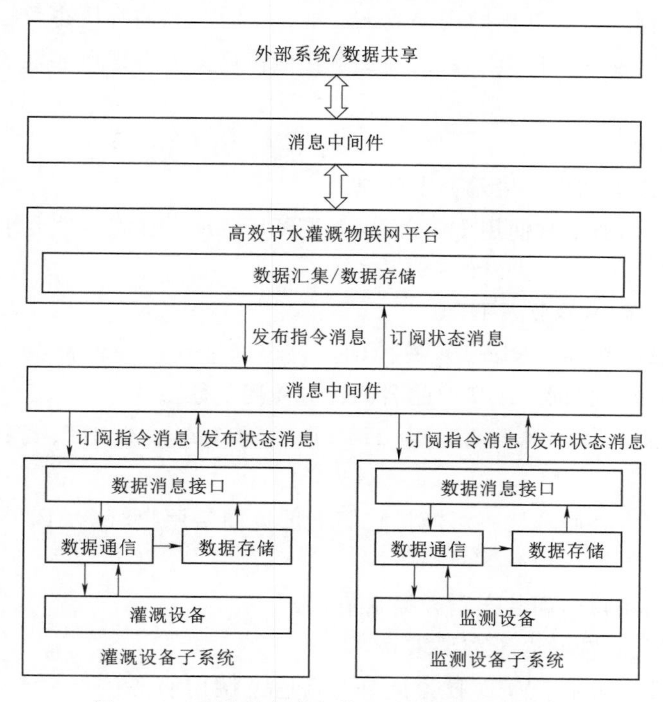

图 6－6　采用面向消息接口需遵循的系统架构

3. 直连遥测终端接口

采用直连遥测终端接口的系统设计宜遵循图 6－7 所示的架构。直连遥测终端接口方式可用于监测设备或灌溉设备的数据获取，平台建立数据接收模块，监测设备或灌溉设备直接连接到平台上报数据以及获取指令，不用于对外数据共享。

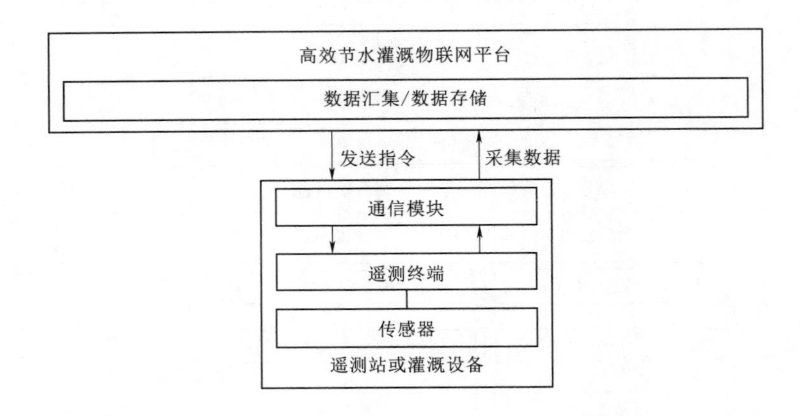

图 6-7　采用直连遥测终端接口需遵循的系统架构

三、接口规范

接口应满足系统间信息交互下列要求。覆盖本系统中涉及到的所有类型数据交互；支持对数据模型、定义的交互，接口设计时应具有自描述功能，通过服务接口能获得数据描述并获取和解析数据，达到即插即用的效果；支持实时、当前和历史数据的交互；在实现控制、设置等关键功能时，应具备认证等安全功能；应充分考虑可靠性要求，各环节均应按照冗余设计。

1. 面向服务接口

（1）面向服务接口的设计应遵循下列原则。

1）API 与用户的通信宜使用 HTTP 或 HTTPS 协议，在安全性要求高的场合，优先使用 HTTPS 协议。

2）应将 API 的版本号放入 URL。

3）在表述性状态传递（REST）架构中，每个网址代表一种资源（resource），网址中不应有动词，只应有名词，API 中的名词也应使用复数。

4）对于资源的具体操作类型，由 HTTP 动词 GET、POST、PUT、DELETE 等表示。

5）记录数量很多，服务器不可能将它们全部返回给用户时，API 应提供参数，过滤返回结果。

6）服务器应向用户返回状态码和提示信息。

（2）服务接口设计应符合下列要求。

1）实现 REST 风格的 WEB 服务接口，宜通过调用服务接口，实现环境监测数据、灌溉设备运作状态的获取以及对灌溉设备进行控制与操作。

2）在进行控制时，应根据授权参数逐步实现端到端的安全认证。

3）基本的服务接口设计宜符合表 6-5～表 6-12 中的要求，具体系统实现时可以在基本接口设计的基础上进行扩展。

表 6-5 登　录

url	/v1/token/user		
协议	http 或 https		
请求方式	POST		
参数说明			
参数名称	是否必须	类型	描　述
account	是	string	登录账户
password	是	string	登录密码
from	是	string	获取 API 来源（外部调用时填写 App）
返回值说明			
参数名称	类型	描　述	
code	int	状态码	
msg	string	操作结果提示	
errorCode	int	错误码（如果为 0 则代表请求成功，否则请求失败）	
token	string	用户令牌（只有在请求成功时返回）	

表 6-6 发送灌溉设备命令

url	/v1/{id}/control		
协议	http 或 https		
请求方式	POST（header 头中放入 token）		
参数说明			
参数名称	是否必须	类型	描　述
id	是	int	设备 ID
指令	是	string	启停、开度、灌溉水量等
返回值说明			
参数名称	类型	描　述	
code	int	状态码	
msg	string	操作结果提示	
errorCode	int	错误码（如果为 0 则代表请求成功，否则请求失败）	

表 6-7 获取灌溉设备状态

url	/v1/{id}/statue		
协议	http 或 https		
请求方式	GET（header 头中放入 token）		
参数说明			
参数名称	是否必须	类型	描　述
id	是	int	设备 ID

续表

返回值说明		
参数名称	类型	描　述
code	int	状态码
msg	string	操作结果提示
errorCode	int	错误码（如果为0则代表请求成功，否则请求失败）

data	string	设备状态JSON字符串
		喷灌机：
		{
		"id":value,//设备id
		"serialno":value,//设备序列号
		"dname":value,//设备名称
		"dclass":value，//设备等级
		"deviceType":value，//设备类型
		"devicePosition":value,//设备位置
		"tm":value,//时间
		"states":{
		"deviceStatus":value，//设备状态
		"deviceRunInfo":value,//运行状态
		"Control_Mode":value，//控制模式
		"AccFlow":value，//已灌水量
		"Current_Zone":value,//当前分区
		"EndGun_HMI":value，//尾枪状态
		"SystemRun":value，//
		"StartAngle":value，//运行开始角度
		"StopAngle":value，//运行结束角度
		"Current_Angle":value，//当前角度
		"InFlow":value，//入机流量
		"InPressure":value，//入机压力
		"Running_Loops":value，//运行圈数
		"Pivot_Velocity":value，//行进速率
		"Forward_HMI":value，//正向行进标识
		"Backward_HMI":value,//反向行进标识
		"NoWater_HMI":value，//有水行进状态
		"SafeCircuit_State":value //安全回路状态
		}
		}
		
		滴灌设备
		{
		"id":value,//设备id
		"serialno":value,//设备序列号
		"dname":value,//设备名称
		"dclass":value，//设备等级
		"deviceType":value，//设备类型
		"devicePosition":value,//设备位置
		"tm":value,//时间
		"states":[[
		"value",0,1,……　//滴灌设备电磁阀状态
		]]
		}

表 6-8 **获取设备列表**

<table>
<tr><td>url</td><td colspan="3">/v1/devices</td></tr>
<tr><td>协议</td><td colspan="3">http 或 https</td></tr>
<tr><td>请求方式</td><td colspan="3">GET（header 头中放入 token）</td></tr>
<tr><td colspan="4">参数说明</td></tr>
<tr><td>参数名称</td><td>是否必须</td><td>类型</td><td>描述</td></tr>
<tr><td>dclass</td><td>否</td><td>int</td><td>设备类型</td></tr>
<tr><td>page</td><td>否</td><td>int</td><td>当前页码（不填写默认为 1）</td></tr>
<tr><td>pagesize</td><td>否</td><td>int</td><td>每页记录数（不填写默认为 10）</td></tr>
<tr><td colspan="4">返回值说明</td></tr>
<tr><td>参数名称</td><td>类型</td><td colspan="2">描述</td></tr>
<tr><td>code</td><td>int</td><td colspan="2">状态码</td></tr>
<tr><td>msg</td><td>string</td><td colspan="2">操作结果提示</td></tr>
<tr><td>errorCode</td><td>int</td><td colspan="2">错误码（如果为 0 则代表请求成功，否则请求失败）</td></tr>
<tr><td rowspan="5">data</td><td>pageNo</td><td colspan="2">当前页码</td></tr>
<tr><td>pageSize</td><td colspan="2">每页记录数</td></tr>
<tr><td>totalRecord</td><td colspan="2">总记录数</td></tr>
<tr><td>totalPage</td><td colspan="2">总页数</td></tr>
<tr><td>datalist</td><td colspan="2">[{
"id":value,//设备 id
"serialno":value,//设备序列号
"dname":value,//设备名称
"dclass":value， //设备等级
"deviceType":value， //设备类型
"devicePosition":value,//设备位置
}]</td></tr>
</table>

表 6-9 **获取监测设备最新监测数据**

<table>
<tr><td>url</td><td colspan="3">/v1/{id}/newdata</td></tr>
<tr><td>协议</td><td colspan="3">http 或 https</td></tr>
<tr><td>请求方式</td><td colspan="3">GET（header 头中放入 token）</td></tr>
<tr><td colspan="4">参数说明</td></tr>
<tr><td>参数名称</td><td>是否必须</td><td>类型</td><td>描述</td></tr>
<tr><td>id</td><td>是</td><td>int</td><td>设备 ID</td></tr>
<tr><td colspan="4">返回值说明</td></tr>
<tr><td>参数名称</td><td>类型</td><td colspan="2">描述</td></tr>
<tr><td>code</td><td>int</td><td colspan="2">状态码</td></tr>
<tr><td>msg</td><td>string</td><td colspan="2">操作结果提示</td></tr>
<tr><td>errorCode</td><td>int</td><td colspan="2">错误码（如果为 0 则代表请求成功，否则请求失败）</td></tr>
<tr><td>data</td><td>string</td><td colspan="2">监测设备最新监测数据 JSON 字符串</td></tr>
</table>

表 6-10　　获取监测设备实时监测数据

<table>
<tr><td>url</td><td colspan="3">/v1/{id}/realtimedata</td></tr>
<tr><td>协议</td><td colspan="3">http 或 https</td></tr>
<tr><td>请求方式</td><td colspan="3">GET（header 头中放入 token）</td></tr>
<tr><td colspan="4">参数说明</td></tr>
<tr><td>参数名称</td><td>是否必须</td><td>类型</td><td>描　述</td></tr>
<tr><td>id</td><td>是</td><td>int</td><td>设备 ID</td></tr>
<tr><td>stime</td><td>是</td><td>datetime</td><td>开始时间</td></tr>
<tr><td>etime</td><td>是</td><td>datetime</td><td>结束时间</td></tr>
<tr><td colspan="4">返回值说明</td></tr>
<tr><td>参数名称</td><td colspan="2">类型</td><td>描　述</td></tr>
<tr><td>code</td><td colspan="2">int</td><td>状态码</td></tr>
<tr><td>msg</td><td colspan="2">string</td><td>操作结果提示</td></tr>
<tr><td>errorCode</td><td colspan="2">int</td><td>错误码（如果为 0 则代表请求成功，否则请求失败）</td></tr>
<tr><td rowspan="5">data</td><td colspan="2">pageNo</td><td>当前页码</td></tr>
<tr><td colspan="2">pageSize</td><td>每页记录数</td></tr>
<tr><td colspan="2">totalRecord</td><td>总记录数</td></tr>
<tr><td colspan="2">totalPage</td><td>总页数</td></tr>
<tr><td colspan="2">datalist</td><td>监测设备监测数据列表 JSON 字符串
气象数据：
{
"stcd":value，//测站编码
"tm":value，//时间
"wndv":value,//风向
"wnddir":value,//风速
"airp":value，//大气压
"ottemper":value，//温度
"othumidity":value，//湿度
"avgradition":value，//辐射量
"dyp":value，//日累积雨量
}

地下水数据：
{
"stcd":value，//测站编码
"tm":value，//时间
"bd":value，//埋深
"z":value　//水位
}

土壤墒情数据：
{
"stcd":value，//测站编码
"tm":value，//时间
"swc20":value，//20cm 处含水量
"swc40":value，//40cm 处含水量
"swc60":value，//60cm 处含水量</td></tr>
</table>

续表

<table>
<tr><th>参数名称</th><th>类型</th><th>描　述</th></tr>
<tr><td>data</td><td>datalist</td><td>"swc80":value， //80cm 处含水量
"swc100":value， //100cm 处含水量
"vvswc":value //垂线平均含水量
}

水质数据：
{
"stcd":value， //测站编码
"tm":value， //时间
"cod":value， //化学需氧量
"wt":value， //水温
"ph":value， //酸碱度
"tsc":value //全盐量
}

喷灌机：
{
"id":value， //设备编码
"tm":value， //时间
"deviceStatus":value， //设备状态
"deviceRunInfo":value,//运行状态
"Control_Mode":value， //控制模式
"AccFlow":value， //已灌水量
"Current_Zone":value,//当前分区
"EndGun_HMI":value， //尾枪状态
"SystemRun":value， //
"StartAngle":value， //运行开始角度
"StopAngle":value， //运行结束角度
"Current_Angle":value， //当前角度
"InFlow":value， //入机流量
"InPressure":value， //入机压力
"Running_Loops":value， //运行圈数
"Pivot_Velocity":value， //行进速率
"Forward_HMI":value， //正向行进标识
"Backward_HMI":value,//反向行进标识
"NoWater_HMI":value， //有水行进状态
"SafeCircuit_State":value //安全回路状态
}

滴灌设备：
滴灌设备
{
"id":value,//设备 id
"tm":value,//时间
"states":[[
"value",0,1,...... //滴灌设备电磁阀状态
]]
}

设备状态：
{
"id":value,//设备 id
"tm":value,//时间
"states":value //设备启停状态
}</td></tr>
</table>

表 6－11　获取监测设备时间区间统计监测数据

url	/v1/{id}/statisticdata		
协议	http 或 https		
请求方式	GET（header 头中放入 token）		
参　数　说　明			
参数名称	是否必须	类型	描　　述
id	是	int	设备 ID
stime	是	datetime	开始时间
etime	是	datetime	结束时间
type	是	int	日、旬、月、年等统计方式

返　回　值　说　明		
参数名称	类型	描　　述
code	int	状态码
msg	string	操作结果提示
errorCode	int	错误码（如果为 0 则代表请求成功，否则请求失败）
data	pageNo	当前页码
	pageSize	每页记录数
	totalRecord	总记录数
	totalPage	总页数
	datalist	同上表

表 6－12　灌 溉 设 备 控 制

url	/v1/control/auto		
协议	http 或 https		
请求方式	POST（header 头中放入 token）		
参　数　说　明			
参数名称	是否必须	类型	描　　述
id	是	int	设备 ID
dclass	是	int	设备类型
mode	是	int	运行模式（1 手动，0 自动）
autoSwitch	是	int	启动停止（1 启动，0 停止）
irriValue	是	int	灌溉量

返　回　值　说　明		
参数名称	类型	描　　述
code	int	状态码
msg	string	操作结果提示
errorCode	int	错误码（如果为 0 则代表请求成功，否则请求失败）

2. 面向消息接口

面向消息接口宜采用消息队列遥测传输（MQTT）协议。

面向消息接口设计应符合下列要求。

（1）平台通过请求/响应消息与灌溉设备通信，来实现控制与操作业务。

（2）平台通过选择不同的消息主题对灌溉设备进行选择，通过发布命令消息要求灌溉设备完成操作与控制，灌溉设备通过消息向平台提交控制与操作后的设备状态。

（3）在进行控制时，应根据授权参数逐步实现端到端的安全认证。

（4）基本的服务接口设计宜符合表6-13、表6-14中的要求，具体系统实现时可以在基本接口设计的基础上进行扩展。

表6-13　灌溉设备运行状态消息

消息主题	{id}/up/data	
协议	MQTT	
返回值说明		
参数名称	类型	描述
utc	int	状态码

data	string	{
		"tm":value,//时间
		"data":[[
		"value",0,1,……　//设备电磁阀状态
		]]
		}

表6-14　向灌溉设备发送控制指令

消息主题	{id}/down/data		
协议	MQTT		
参数说明			
参数名称	是否必须	类型	描述
id	必填	int	设备ID

command	必填	string	{
			"date":value,//时间
			"volumn":30 //灌溉量
			}

3. 直连遥测终端接口

直连遥测终端接口消息协议宜采用《水文监测数据通信规约》（SL 651—2014）或《水资源监测数据传输规约》（SZY 206—2016）。

遥测终端与高效节水灌溉物联网平台之间采用端对端的工作模式进行数据交换，工作制式宜采用自报式、查询/应答式或兼容式。

第三节 多维多源数据融合与大数据分析

在多维实时数据采集、遥感数据处理分析和模型库智能决策的基础上，构建了灌溉物联云平台，实现了物联网多维数据的集成和数据的标准化，可以使得不同来源的多维数据实现点与面融合以及数据与模型的融合，以及面对结构复杂、内容多样的数据，可以进行大数据分析的功能。

一、多维多源数据融合

系统中各种数据均有其各自的应用对象与特性，同时又有其在实际应用中的局限性。如果将各种数据进行融合与综合分析，便可以弥补单一数据的不足，以达到多种数据源的相互补充、相互印证。这样，不仅可以扩大各种数据的应用范围，而且大大提高分析精度。

数据融合的数据源可以是多种的，也可以是单一的，其融合并非几种数据的简单叠加，而是通过多种数据源的融合，往往可以得到多个单一数据所不能提供的新数据。所以数据融合十分有助于分析特定的指标，有助于更科学地阐述自然环境中各要素之间的相互关系及其演变规律，满足分析以及各类专题研究的需要。

多维多源数据融合在应用中的框架见图 6－8。

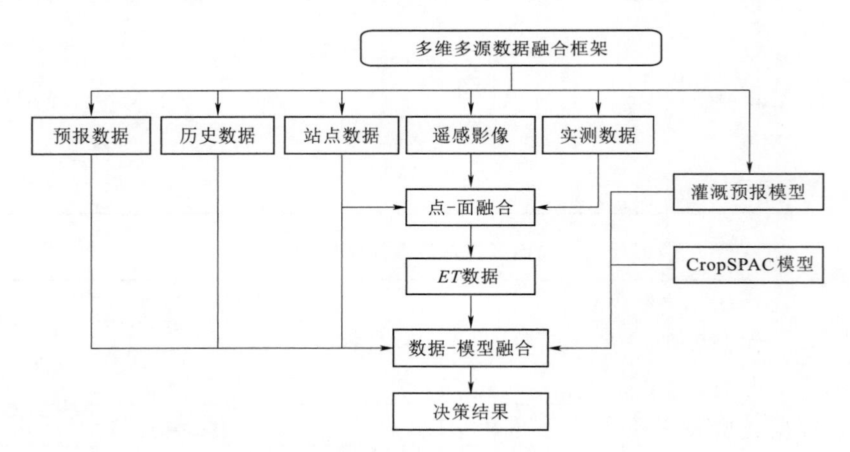

图 6－8 多维多源数据融合应用框架

在该系统中，包含了土壤、作物、气象、遥感、设备等多种数据源，对于每种数据源的数据又包括多种维度的信息。如土壤数据包括了土壤含水率、土壤温度、地下水水位等信息；作物数据包括了生育期信息、叶面积指数、径流计实测的蒸发量等信息。

在 ET 数据计算过程中，一方面可以通过气象站点数据，经过彭曼公式计算得到单点的 ET；另一方面也可以通过遥感影像得到大区域、广域范围内的 ET 数据；同时还可以通过径流计、蒸渗桶得到实测的 ET 值。这三类数据可以进行点面融合得到大范围、时间连续的 ET 数据。将 ET 数据、预报数据、历史数据通过灌溉预报模型和 CropSPAC 模型进行计算可以得到灌溉决策的判定，这两个模型的互补一方面可以相互验证，另一方面可以进一步地融合、分析提高决策的准确性。

二、大数据分析

大数据是结构复杂、内容多样的海量数据，这些大数据在分析、处理、存储等方面的要求远远高于其他传统数据库，具有 volume（规模巨大）、veolcity（流转快速）、variety（数据类型多样）和 value（价值）大密度低的 4V 特征。以最新的大数据技术为手段，从不同格式、来源和领域的海量数据中分析、挖掘、提取出有效信息并加以利用，可为农业灌溉发展提供必要的信息储备。

本书集成了多种传感器的实时监测、灌溉设备、历史气象、遥感、预报等数据。采用大数据处理技术，对这些纷繁复杂的海量数据进行提炼，其中主要工作环节包括大数据采集、大数据治理、大数据存储、大数据服务等方面，见图 6-9。

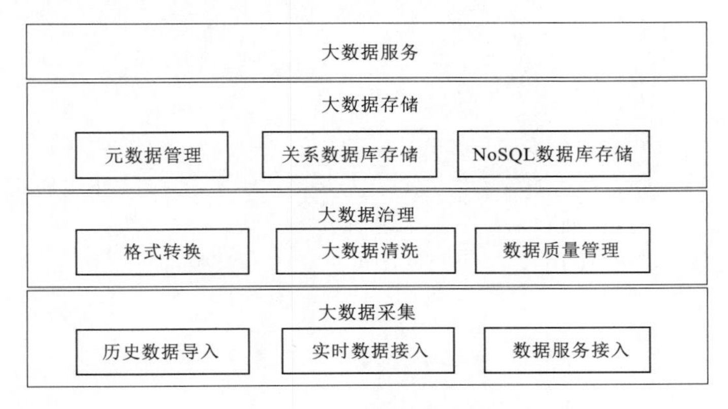

图 6-9　大数据处理

在大数据采集方面，系统要考虑 3 种类型数据的导入，一是气象站点长系列气象资料，即历史数据的导入；二是监测站点实时监测数据，对应实时数据的接入；三是自灌溉设备接口对接的设备运行状态数据，为数据服务接入。

在数据治理方面，根据采集数据的情况，需要对原始数据进行加工，包括格式转换、数据清洗和数据质量管理等工作，保证大数据库中数据的质量。

在数据存储方面，首先要进行元数据的管理，对大数据库中的数据元素或属性（名称、大小、数据类型等）、结构（长度、字段、数据列）及相关数据（位于何处、如何联系、拥有者）进行管理，再根据数据的不同类型，分别保存至关系数据库或 NoSQL 数据库中。

最后，通过统一数据接口对外提供数据的访问服务。

第四节　本　章　小　结

（1）云平台的构建是智能灌溉基础，坚持实用性强、安全可靠、扩充性好、操作简便、易维护的原则，构建智能灌溉决策支持系统，实现可视频监控、图像监控、监测系统、灌溉系统、模型算法和遥感解译等智能灌溉系统。

（2）通过在示范区布设多维实时监测设备，由物联网、移动互联、3S 技术，实现遥感、CropSPAC模型、灌溉系统、图像站等接口的数据采集和集成，实现物联网数据集成与系统的集成。

（3）在多维实时数据采集、遥感数据处理分析和模型库智能决策的基础上，构建了灌溉物联云平台，实现物联网不同来源、多维数据点与面及数据与模型之间的融合，面对结构复杂、内容多样的海量数据，以最新的大数据技术为手段，从不同格式、来源和领域的海量数据中分析、挖掘、提取出有效信息并加以利用，可为农业灌溉发展提供必要的信息储备。

第七章　灌溉智能决策支持系统开发与应用

第一节　灌溉智能决策支持系统研发

灌溉智能决策支持系统研发是基于多维数据实时监测与多维数据采集，研发灌溉智能决策支持系统，包括物联网数据采集、遥感数据分析利用、灌溉系统智能决策、灌溉预报决策支持平台、远程控制、移动应用、系统管理及基础数据库等多功能模块，利用云平台提供快速、便捷、智能地灌溉系统及云服务，以此提出灌溉系统智能调控技术标准化模式。

灌溉智能决策支持系统集成了农田多要素协同作用下的玉米生长监测与模拟模型、智能灌溉决策库、灌区 ET_0 遥感反演模型以及灌溉控制系统，为各个子项目的研究成果、数据或智能设备提供了统一的集成平台和展示界面，可以基于该系统对实际作物需水量进行预测，并由灌溉预报模型对灌溉设备进行控制，开展灌溉系统智能调控技术和相关产品的研发与应用工作。

一、关键技术

1．Web Service

Web Service 是一个平台独立的、低耦合的、自包含的、基于可编程的 Web 应用程序，可使用开放的 XML（标准通用标记语言下的一个子集）标准来描述、发布、发现、协调和配置这些应用程序，用于开发分布式的交互操作应用程序。

使用 Web Service 技术能使运行在不同机器上的不同应用软件或硬件，无须借助附加的、专门的第三方，就可相互交换数据或集成。依据 Web Service 规范实施各类应用之间，无论它们所使用的语言、平台或内部协议是什么，都可以相互交换数据。Web Service 是自描述、自包含的可用网络模块，可以执行具体的业务功能。Web Service 也很容易部署，因为它们基于一些常规的产业标准以及已有的技术，诸如标准通用标记语言下的子集 XML、HTTP。Web Service 减少了应用接口的花费。Web Service 为整个组织甚至多个组织之间业务流程的集成提供了一个通用机制。

要达到这样的目标，Web Service 需使用 2 种技术。

XML。XML 是在 Web 上传送结构化数据的伟大方式，Web Service 要以一种可靠的、自动的方式操作数据，HTML（标准通用标记语言下的一个应用）不会满足要求，而 XML 可以使 Web Service 十分方便的处理数据，它内容与表示的分离十分理想。

SOAP。SOAP 使用 XML 消息调用远程方法，这样 Web Service 可以通过 HTTP 协议的 post 和 get 方法与远程机器交互，而且，SOAP 更加健壮和灵活易用。

其他像 UDDI 和 WSDL 技术与 XML 和 SOAP 技术紧密结合用于服务发现。

2. 组件化开发方法

使用组件化开发，把每一个功能模块分成不同的组件，实现即插即拔的效果。

目前的组件技术主要以 Activex、Corba、VCL、EJB 为代表，他们都实现了可拔插、可替换的功能，提供了分布式计算服务，甚至可视化控件，大大提高了开发效率和维护性。

通过引入组件化的思想，按业务需求分成各个实现单元，然后将其包装成可独立部署的组件，通过组件的灵活组装，达到最大化的复用，并可以快速的应对需求变化。同时通过组件化降低系统内部的耦合度，组件化为系统运行维护期的可管理性和可维护性提供技术上支持。

业界的技术在近几十年内经历了面向机器、面向过程、面向对象、面向组件的发展历程，每个阶段较前一个阶段在关注点和思维层次上都有一定的升华，解决了某类问题，为当时的软件发展起到了重要作用。

组件化开发有以下的特点。

(1) 组织和过程。为保证技术组件的通用性、适合度和质量，需要建立组件评审机制，负责对技术组件的验证、评审。在流程上，需要建立技术组件立项、研发、测试、评审、入库、推广的过程管理。

(2) 应用场景。在新应用系统开发前，设计师需要根据项目特点，从技术组件库中检索出适合的技术组件，并确定技术组件的版本，导出组件包，统一在项目中使用。为了提高组件重用率，设计师应优先使用技术组件库提供的组件包，而不是采用代码级复用的方式。针对新开发的技术组件，组件设计和开发者必须按照技术组件规范要求，提供技术组件的源代码、二进制组件包以及自描述信息，包括适用范围、功能描述、版本、作者、依赖关系、接口描述等。并按技术组件开发过程的要求，提交到技术组件库中。

(3) 技术组件库。技术组件库是一套单独的应用，技术组件的管理是通过技术组件库来实现的。

总之，通过组件化，可以极大的实现重用性，提高开发效率，快速灵活应对业务需求，通过降低耦合度提升系统的可管理性，从而降低维护成本，是一个可靠性高的开发方案。

3. 前后端分离技术方案

其实前后端分离并不只是开发模式，而是 Web 应用的一种架构模式。在开发阶段，前后端工程师约定好数据交互接口，实现并行开发和测试；在运行阶段前后端分离模式需要对 web 应用进行分离部署，前后端之间使用 HTTP 或者其他协议进行交互请求。

在传统的网站开发中，前端一般负责的只是切图的工作，简单地将 UI 设计师提供的原型图实现成静态的 HTML 页面，而具体的页面交互逻辑，如与后台数据交互等工作，可能是由后台开发人员来实现的，或者是前端紧紧的耦合后台。

而且更有可能后台人员直接兼顾前端的工作，一边实现 API 接口，一边开发页面，两者互相切换着做，而且根据不同的 url 动态拼接页面，这也导致后台的开发压力大大增加。前后端工作分配不均。不仅仅开发效率慢，而且代码难以维护。前后端分离的话，则可以很好地解决前后端分工不均的问题，将更多的交互逻辑分配给前端来处理，后端则可以专注于其本职工作，如提供API接口，进行权限控制以及进行运算工作。而前端开发人员则可以利用nodejs来搭建自己的本地服务器，直接在本地开发，然后通过一些插件来将api请求转发到后台，这样就可以完全模拟线上的场景，并且与后台解耦。前端可以独立完成与用户交互的完整过程，两者都可以同时开工，不互相依赖，开发效率更快，并且分工比较均衡。

前后端分离模式和传统的Web应用架构相比有很大的不同，通过前后端分离架构，可以带来以下4个方面的提升。

（1）为优质产品打造精益团队。通过将开发团队前后端分离化，让前后端工程师只需要专注于前端或后端的开发工作，前后端工程师实现自治，培养其独特的技术特性，然后构建出一个全栈式的精益开发团队。

（2）提升开发效率。前后端分离以后，可以实现前后端代码的解耦，只要前后端沟通约定好应用所需接口以及接口参数，便可开始并行开发，无需等待对方的开发工作结束。与此同时，即使需求发生变更，只要接口与数据格式不变，后端开发人员就不需要修改代码，只要前端进行变动即可。如此一来，整个应用的开发效率必然会有质的提升。

（3）完美应对复杂多变的前端需求。如果开发团队能完成前后端分离的转型，打造优秀的前后端团队，开发独立化，让开发人员做到专注专精，开发能力必然会有所提升，能够完美应对各种复杂多变的前端需求。

（4）增强代码可维护性。前后端分离后，应用的代码不再是前后端混合，只有在运行期才会有调用依赖关系。应用代码将会变得整洁清晰，不论是代码阅读还是代码维护都会比以前轻松。

4. REST架构风格

REST（Representational State Transfer）即表述性状态传递，由Roy Fielding博士在2000年博士论文中提出来的一种软件架构风格。它是针对网络应用设计和开发的一种方式，可以降低开发的复杂性，提高系统的可伸缩性。

REST定义了一组体系架构原则，可以根据这些原则设计以系统资源为中心的Web服务，包括使用不同语言编写的客户端如何通过HTTP处理和传输资源状态、如何考虑使用它的Web服务数量，REST近年来已经成为最主要的Web服务设计模式。

REST规范、强调HTTP应当以资源为中心，规范了资源URI的风格、HTTP请求动作（PUT，POST等）的使用，并具有对应的语义。遵循REST规范的Web应用有以下优点，URL具有很强可读性及自描述性；资源描述与视图的松耦合；可提供OpenAPI，便于第三方系统集成，提高互操作性；如果提供无状态的服务接口，可提高应用的水平扩展性。

二、系统功能

灌溉智能决策系统包括物联网数据采集、遥感数据处理、灌溉系统智能决策库、灌溉预报决策支持平台、远程控制系统、移动应用系统、系统管理平台、基础数据库建设8个大模块、29个子模块。

1. 物联网数据采集

物联网数据采集包括气象数据、机井数据、渠（管）道数据、土壤数据、作物生长状态5个采集子模块。其中，气象数据采集包含气象站、卫星数据、互联网等相关的长系列历史气象资料及实时气象数据；机井数据采集包括泵站工情、流量、水质等实时数据；渠（管）道数据采集包括渠（管）道水位、流量、闸门状态、开启度、压力等实时数据；土壤数据采集包括土壤墒情、地下水土壤类型等数据；作物生长状态采集包括人工上报或专用仪器获取作物实时生长势态。

2. 遥感数据处理

遥感数据处理包含图像预处理、图像分析、图像匹配3个子模块。其中，图像预处理是对图像进行增强、去噪、过滤等处理；图像分析是使用PCA、SVM等分类器对图像进行分类等处理；图像匹配是使用SIFT算法，提取图像区域关键特征点进行图像匹配处理。

3. 灌溉系统智能决策库

灌溉系统智能决策库划分为植物生长阶段、水热传输、区域植被需水3个模型子模块。其中，植物生长阶段模型包含农作物发育模型、生物量积累模型、株高动态模型等；区域植被需水模型主要预测作物ET_0及其相关的需水量。

4. 灌溉预报决策支持平台

灌溉预报是系统的主要功能之一，分为多维实时监测数据展示、土壤含水量和ET_0历史数据展示、数据发布系统、灌溉预报决策控制、灌溉预报决策综合展示平台5个子模块。其中，多维实时监测数据展示通过采用列表、曲线图的方式，对实时监测的数据进行展示、对比；土壤含水量和ET_0历史数据展示也是通过列表、曲线图的方式，对土壤含水量和ET_0历史数据进行展示与比对；通过数据发布系统，可实时获得灌溉预报结果、CropSPAC模型结果、预报计划管理、CropSPAC模型参数等部分相关数据；灌溉预报决策控制主要是根据业务流程、灌溉资源等预报数据进行灌溉决策判定；灌溉预报决策综合展示平台是基于GIS综合展示区域灌溉态势，可获取作物实时长势图像和视频。

5. 远程控制系统

远程控制系统分为机井远程控制系统、阀门远程控制系统以及远程供电监控系统。其中，机井远程控制系统主要是对泵站进行远程控制；阀门远程控制系统主要是针对渠（管）道中各种阀（闸）门进行远程监控；远程供电监控系统负责监控设备的供电情况。

6. 移动应用系统

移动应用系统由数据采集上报模块、灌溉决策移动应用、设备维护移动应用组成。其中，数据采集上报模块主要负责安卓App数据的采集上报；灌溉决策移动应用负责安卓App灌溉决策移动应用；设备维护移动应用主要使用安卓App，可方便、快捷地对设备进行管理与维护。

7. 系统管理平台

系统管理平台包含设备管理系统、权限维护管理、版本维护系统3个子模块。其中，设备管理系统主要负责设备工作状态、网络运行状态的监控工作；权限维护管理负责整个系统的权限维护功能；版本维护系统负责版本迭代、自动分发更新包的维护。

8. 基础数据库建设

基础数据库建设共有地区基础数据的统计分析、数据转换模块、基础数据库建设、数据库管理4个子模块。其中，地区基础数据的统计分析主要统计各地区长系列气象资料，对多年平均最大旬参考作物腾发量（ET_0）进行计算，确定不同天气类型的参考作物腾发量，收集种植区地下水水文地质参数；数据转换模块、基础数据库建设、数据库管理分别负责统一数据接口、数据的增删改查、数据库权限与备份等内容。

系统具体功能见表7-1。

表7-1 系统功能列表

模块	子模块	功能
物联网数据采集	气象数据采集	气象站、卫星数据、互联网相关气象数据
	机井数据采集	泵站工情、流量、水质
	渠（管）道数据采集	水位、流量、闸门状态、开启度、压力
	土壤数据采集	墒情、地下水、土质
	作物生长状态采集	人工上报或专用仪器获取作物实时生长状态
遥感数据处理	图像预处理	图像增强、去噪、过滤等
	图像分析	使用PCA、SVM等分类器进行影像分类、地物识别
	图像匹配	使用SIFT算法，提取图像区域特征进行影像匹配
灌溉系统智能决策库	植物生长阶段模型	农作物发育模型、生物量积累模型、株高动态模型等
	水热传输模型	土壤根系层水热状况模拟，冠层能量分配状况、蒸发和蒸腾模拟
	区域植被需水模型	预测植物 ET_0
灌溉预报决策支持平台	多维实时监测数据展示	列表、曲线图
	土壤含水量和 ET_0 历史数据展示	列表、曲线图
	数据发布系统	发布相关数据
	灌溉预报决策控制	根据业务流程、灌溉资源等预报数据进行灌溉决策
	灌溉预报决策综合展示平台	基于GIS综合展示区域灌溉态势
远程控制系统	机井远程控制系统	泵站远程控制
	阀门远程控制系统	阀（闸）门远程控制
	远程供电监控系统	监控设备供电情况
移动应用系统	数据采集上报模块	安卓App数据采集上报
	灌溉决策移动应用	安卓App灌溉决策移动应用
	设备维护移动应用	使用安卓App方便快捷地对设备进行管理维护
系统管理平台	设备管理系统	设备工作状态、网络运行状态监控
	权限维护管理	整个系统的权限维护管理
	版本维护系统	维护版本迭代，自动分发更新包
基础数据库建设	地区基础数据的统计分析	统计地区 ET_0、天气类型、地下水参数
	数据转换模块	统一数据接口
	基础数据库建设	数据的增删、改查
	数据库管理	数据库权限、备份等

整个系统将气象、土壤墒情、地下水及作物等信息监测数据上传至作物腾发量计算与预报模型、耗水量遥感反演模型，由二者进行分析计算获得作物需水量预报结果，以此确定灌水定额、灌溉时间及其灌水量，最终实现自动灌溉控制。总的业务流程见图 7-1。

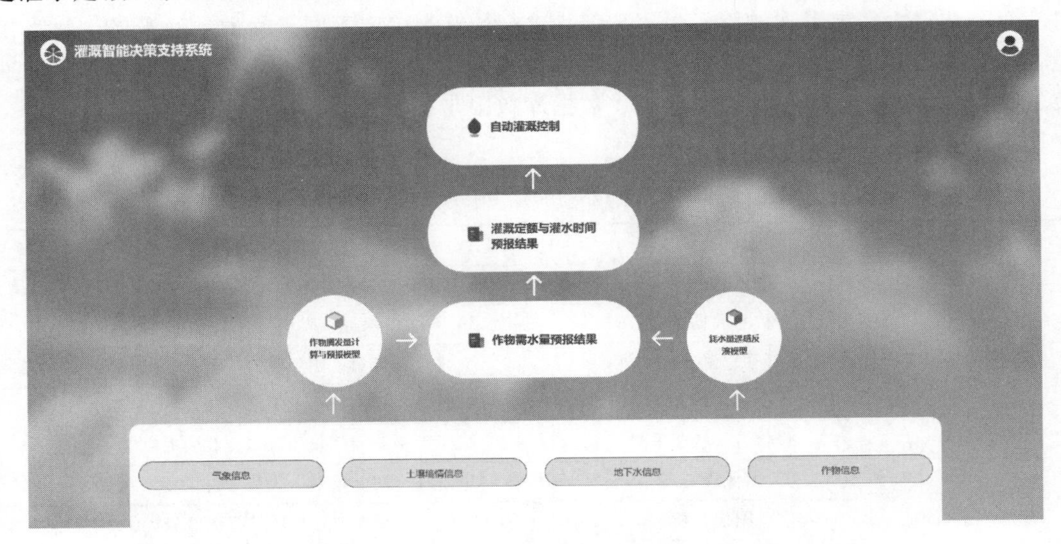

图 7-1　系统业务流程图

三、主要功能及系统展示

1. 系统登录

为了使平台运行安全、减少误操作，平台采用基于角色的权限管理模式，用户权限分为访客、普通用户和管理员等各种角色，不同的用户角色有不同的权限。访客只有浏览的权限，没有操作权限；普通用户有一定的操作权限，可以进行灌溉、数据查询、参数设置等；管理员具有最大的权限，可以对平台进行配置、修改、管理等，非系统专业人员不能进入。

操作流程为：打开浏览器，输入网址按回车键进入登录界面；用户需要输入正确的登录账户和密码，才能进入灌溉智能决策支持系统平台，登录以后，可以对密码进行修改，保证系统的安全性；若操作错误，平台会自动弹出操作结果提示“错误码，重新再登录”。系统登录界面见图 7-2。

通过账户、密码登录后，界面右上端将会显示信息监测、遥感反演、灌溉预报与智能决策、自动灌溉控制、系统管理 5 个模块。

对应于系统管理模块，平台左侧的下拉菜单中显示为用户管理、角色管理、权限管理、日志管理功能，对应于每项功能，右侧显示此系统功能模块的工作内容，用户可通过触屏模块按钮列表进行切换。主界面的视图可以根据用户的需求进行增减与更改，见图 7-3 系统管理-角色管理-管理员界面。

2. 信息监测模块

信息监测模型主要功能是系统中基础数据以及监测数据的管理和展示，包括工程基础信息、测站管理、作物管理、历史蒸散发、气象站数据、灌溉站数据、土壤墒情站数据、

图 7-2　系统登录界面

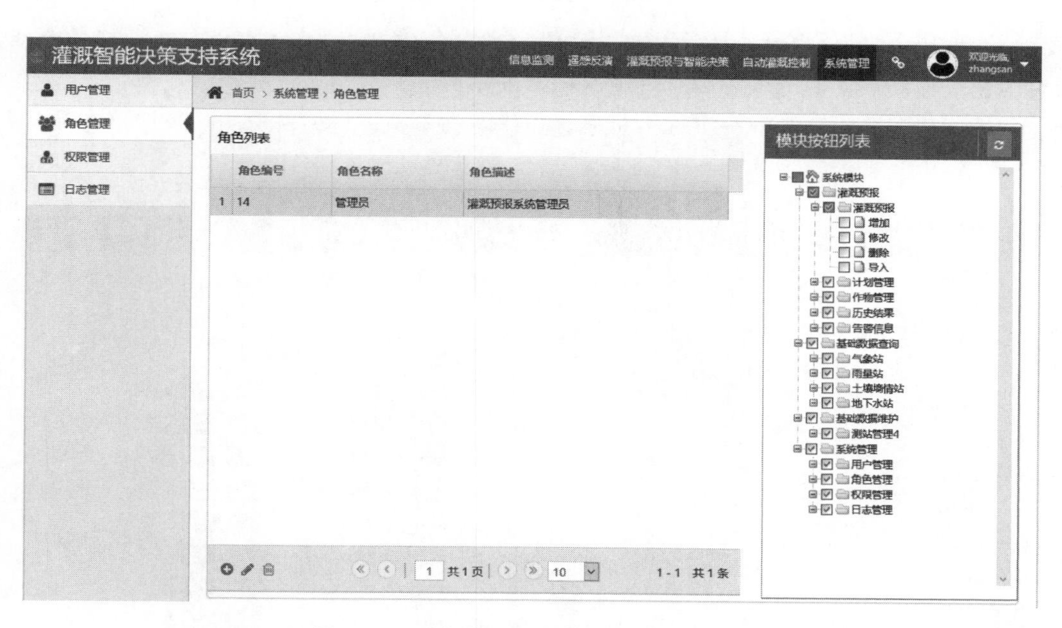

图 7-3　系统管理-角色管理-管理员界面

地下水站数据、图像站数据、影像导入、实时视频及历史数据下载等子模块。

（1）工程基础信息。系统登录后，在信息监测模块中将显示地图界面，从界面中可确定当地及其邻近气象站、土壤墒情站、地下水站、灌溉站、图像站的具体位置，同时也可显示历史及实时气象站、土壤墒情站、地下水站、灌溉站、图像站等相关数据，见图 7-4。

（2）测站管理。测站管理主要是收集与灌溉智能系统相关的气象站、土壤墒情站、地下水站、灌溉站、图像站等历史及灌溉实时数据。气象站指位于试验区（灌区）内或邻近范围内基本（含基准地面）气象观测站及自动站，获取自 1951 年之后的日值气象数据，

图 7-4　地图界面

可通过前期输入试验区域后自动获取，也可将试验区（灌区）内安装的自动小型气象站，通过数据连接获取实时气象资料。气象站包括测站编码、测站名称、测站类型、经度、纬度、行政区代码及操作几部分，其中可通过操作对气象站进行编辑、删除及详情查询。见图 7-5。

灌溉智能决策支持系统　信息监测　遥感反演　灌溉预报与智能决策　自动灌溉控制　系统管理　欢迎光临 zhangsan

工程基础信息　测站管理　作物管理　历史蒸散发　气象站数据　灌溉站数据　土壤墒情站数据　地下水站数据　图像站数据　实时视频　历史数据下载

首页 › 基础数据维护 › 测站管理

气象站　土壤墒情站　地下水站　灌溉站　图像站

	测站编码	测站名称	测站类型	经度	纬度	行政区代码	操作
1	23022902	克山试验田气象站	气象站	125.61	48.25		编辑 删除 详情
2	54715	陵县	气象站	116.566667	37.316667		编辑 删除 详情
3	58005	商丘	气象站	115.666667	34.45		编辑 删除 详情
4	53772	太原	气象站	112.55	37.783333		编辑 删除 详情
5	54511	北京	气象站	116.466667	39.8		编辑 删除 详情
6	57077	栾川	气象站	111.65	33.783333		编辑 删除 详情
7	6020202	馆陶	气象站	115.290277	36.5494444		编辑 删除 详情
8	53698	石家庄	气象站	114.416667	38.033333		编辑 删除 详情
9	53594	灵丘	气象站	114.183333	39.45		编辑 删除 详情
10	53593	蔚县	气象站	114.566667	39.833333		编辑 删除 详情

1 共5页　10　1-10 共44条

图 7-5　测站管理界面

（3）作物管理。作物管理主要是各种作物及其作物常数（Q）、作物系数（R）和作物指数（n），通过操作对试验区（灌区）内作物进行增加与删除。对于每一种作物，作物管理界面可以显示作物的生育周期，包括各生育期（生育阶段）、（各生育阶段的）天数、计划湿润层深度、排序编号及修改与删除操作键。图 7-6 显示试验区内水稻、小麦、夏玉米、大米等作物管理数据。

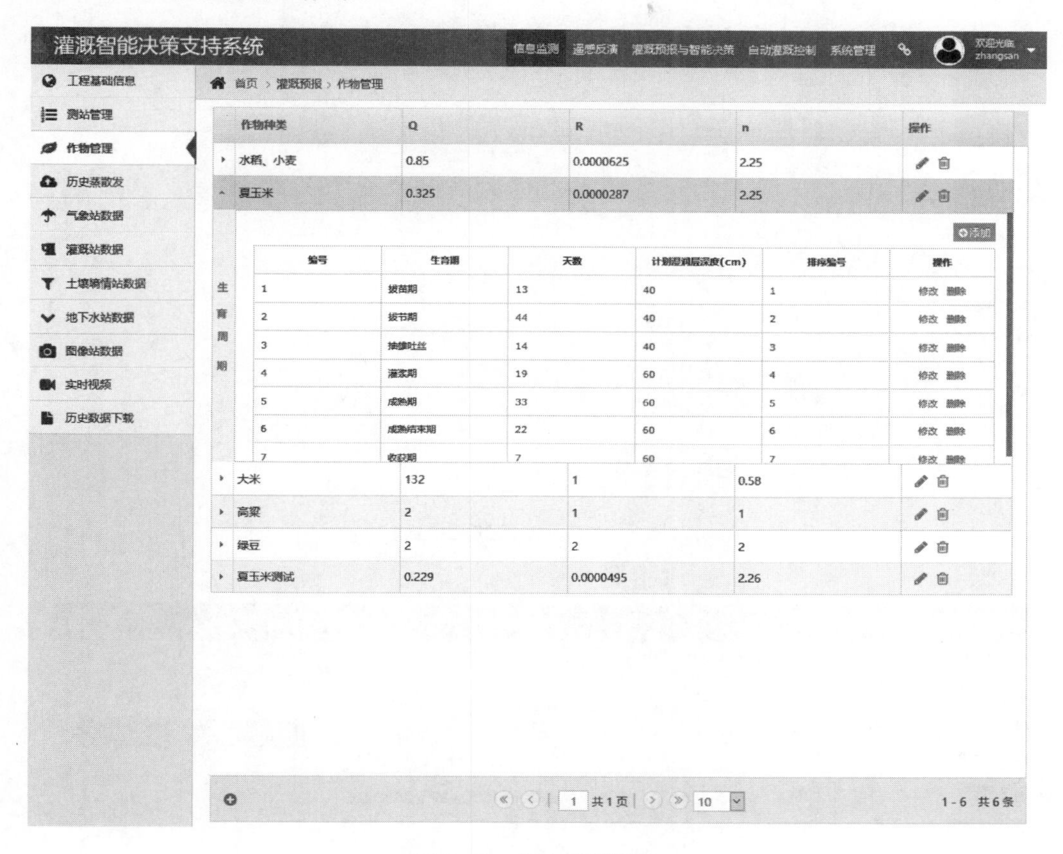

图 7-6　作物管理界面

(4) 历史蒸散发。历史蒸散发包含试验区内各气象站中不同年份、每月各日的历史参考作物腾发量 (ET_0)、天气类型修正系数 (Ψ_i)、多年平均最大旬参考作物腾发量平均值 ($\overline{ET_{0m}}$)，通过下载历史数据可对气象站历史年份的各日作物腾发量 (ET_0)、天气类型修正系数 (Ψ_i) 及多年平均最大旬参考作物腾发量平均值 ($\overline{ET_{0m}}$) 等数据进行下载，见图 7-7。

(5) 气象站数据。气象站数据主要包含了试验区内气象站对应开始与结束时间内的各日平均气温、最高气温、最低气温、日照时数、平均风速、降雨量及其变化过程图，并可对其变化图形进行编辑、下载，同时也可通过显示数据表将气象站各类数据进行显示，见图 7-8。

(6) 图像站数据。试验区内架设摄像头，每天定时、定点对作物生长状况进行拍摄，从图像站数据可查看试验区内各种作物的生长状况，并可对不同时段的图片进行对比，直接观察作物生长状况，见图 7-9。

(7) 实时视频。通过试验区内的摄像头实时播放试验区内作物生长状况，通过播放、停止键控制播放长度，见图 7-10。

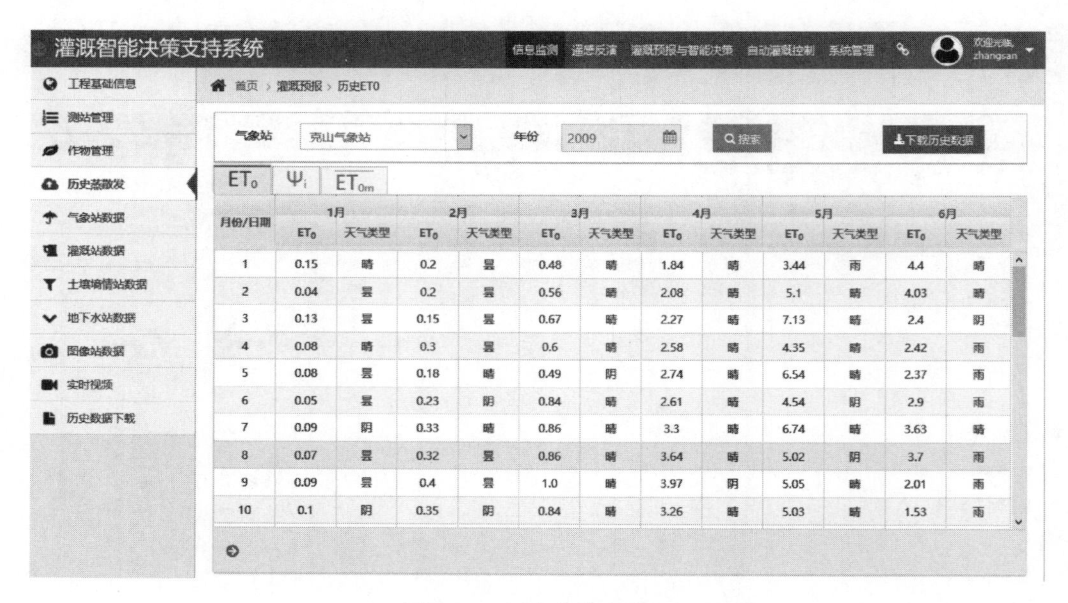

月份/日期	1月		2月		3月		4月		5月		6月	
	ET_0	天气类型	ET_0	天气类型	ET_0	天气类型	ET_0	天气类型	ET_0	天气类型	ET_0	天气类型
1	0.15	晴	0.2	昙	0.48	晴	1.84	晴	3.44	雨	4.4	晴
2	0.04	昙	0.2	昙	0.56	晴	2.08	晴	5.1	晴	4.03	晴
3	0.13	昙	0.15	昙	0.67	晴	2.27	晴	7.13	晴	2.4	阴
4	0.08	晴	0.3	昙	0.6	晴	2.58	晴	4.35	晴	2.42	雨
5	0.08	昙	0.18	晴	0.49	阴	2.74	晴	6.54	晴	2.37	雨
6	0.05	昙	0.23	阴	0.84	晴	2.61	晴	4.54	阴	2.9	雨
7	0.09	阴	0.33	晴	0.86	晴	3.3	晴	6.74	晴	3.63	晴
8	0.07	昙	0.32	昙	0.86	晴	3.64	晴	5.02	阴	3.7	雨
9	0.09	昙	0.4	昙	1.0	晴	3.97	阴	5.05	晴	2.01	雨
10	0.1	阴	0.35	阴	0.84	晴	3.26	晴	5.03	晴	1.53	雨

图 7-7 历史蒸散发界面

图 7-8 气象站数据界面

3. 遥感反演模块

遥感影像一般所占存储空间比较大、处理时间长，难以在 B/S 端实现，所以遥感影像的处理一般在单机进行，处理完成之后形成的遥感 *ET* 成果通过上传界面至 B/S 系统中。遥感反演模块通过蒸散发成果上传、蒸散发成果查询、无人机遥感影像、潜在灌溉面积提取、土壤含水量反演、实际灌溉面积提取、水分亏缺实现反演数据的上传、分析等功能。

(1) 蒸散发成果上传。蒸散发成果上传包含了系统通过信息监测数据计算各种作物每日平均蒸散发及附近气象站预报点蒸散发，并可对开始与结束时间进行查询，获得查询期

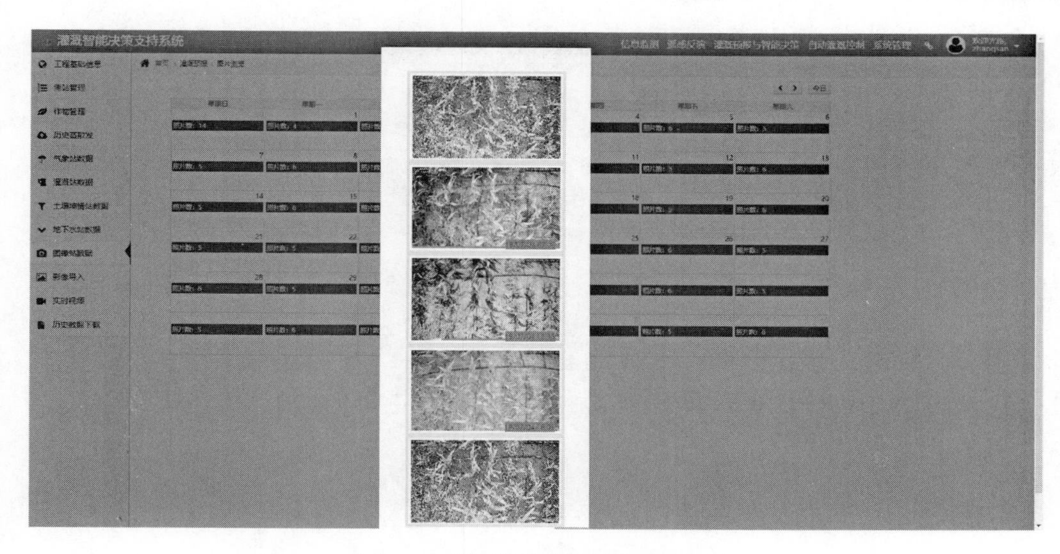

图 7-9　作物实时长势图像展示界面

图 7-10　实时视频界面

内计算蒸散发量值与预报蒸散发量值，也可对其成果进行预览与删除，见图 7-11。还可对各月蒸散发与降水量进行对比，见图 7-12。

（2）蒸散发成果查询。蒸散发成果查询中不仅可以获得系统内各时间段（输入开始与结束时间）每日平均蒸散发的变化过程，而且还可以查询到通过遥感 ET（由卫星遥感反演蒸散发 ET_0 值）、气象 ET（基于 Penman-Monteith 计算模型，通过气象数据计算蒸散发 ET 值）二者对比曲线，并可对其变化过程进行曲线图形编辑及下载，见图 7-13。

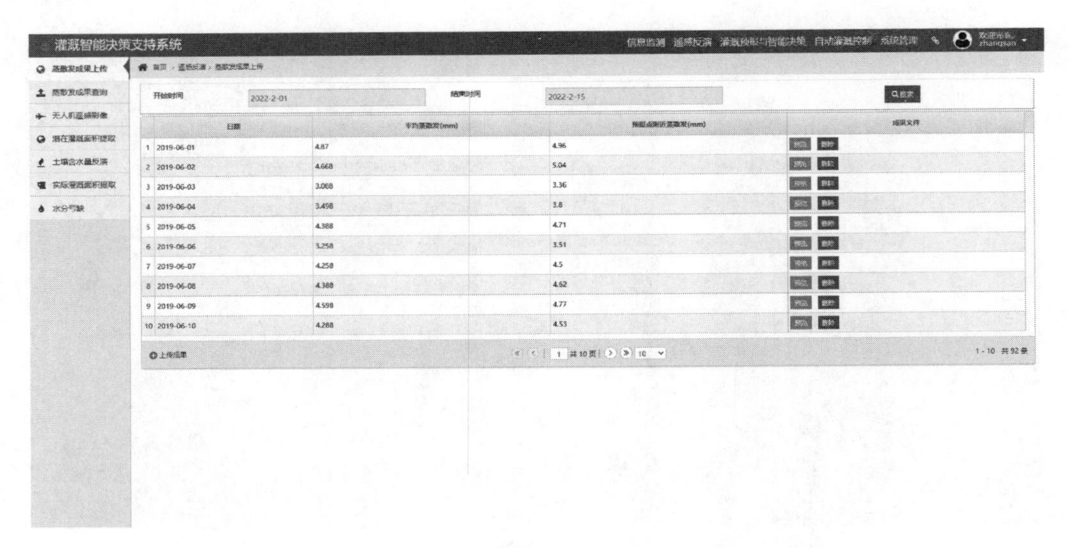

图 7-11 遥感影像上传

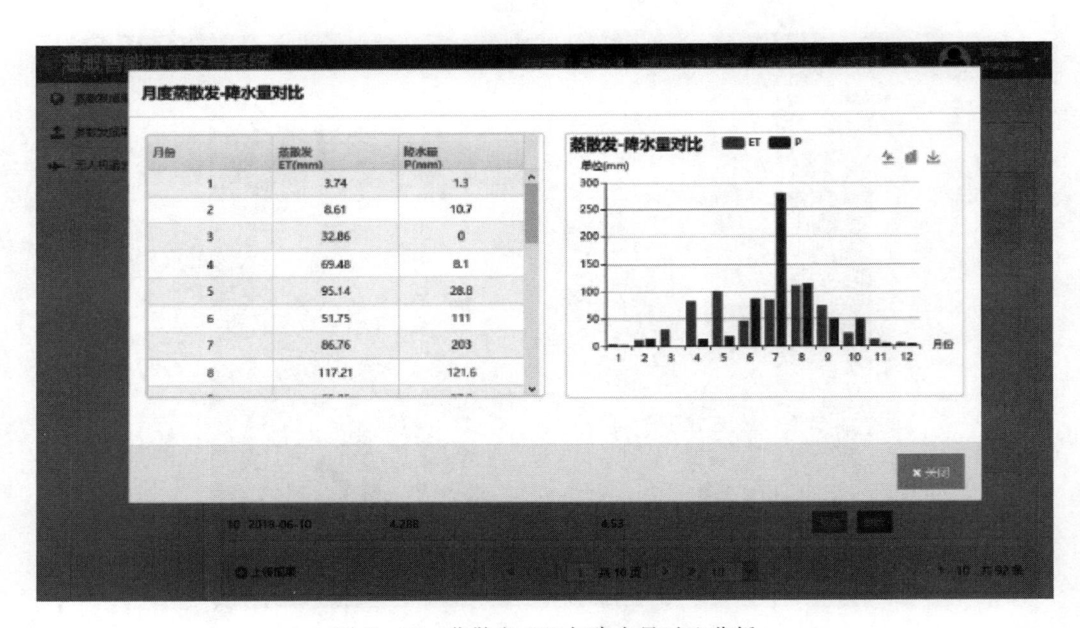

图 7-12 蒸散发 ET 与降水量对比分析

4. 灌溉预报与智能决策模块

灌溉预报与智能决策模块为该系统的核心部分，实现了灌溉预报和智能决策功能，包含监测数据、遥感处理系统、CropSPAC 模型、灌溉系统数据、图像站等部分，具体操作步骤及接口见第七章第二节。

5. 自动灌溉控制模块

自动灌溉控制模块可实现对喷灌机和滴灌设备实时状态的展示，以及对灌溉设备下发灌溉指令。自动灌溉控制模块由自动控制历史指令、滴灌系统实时状态、喷灌机实时状态

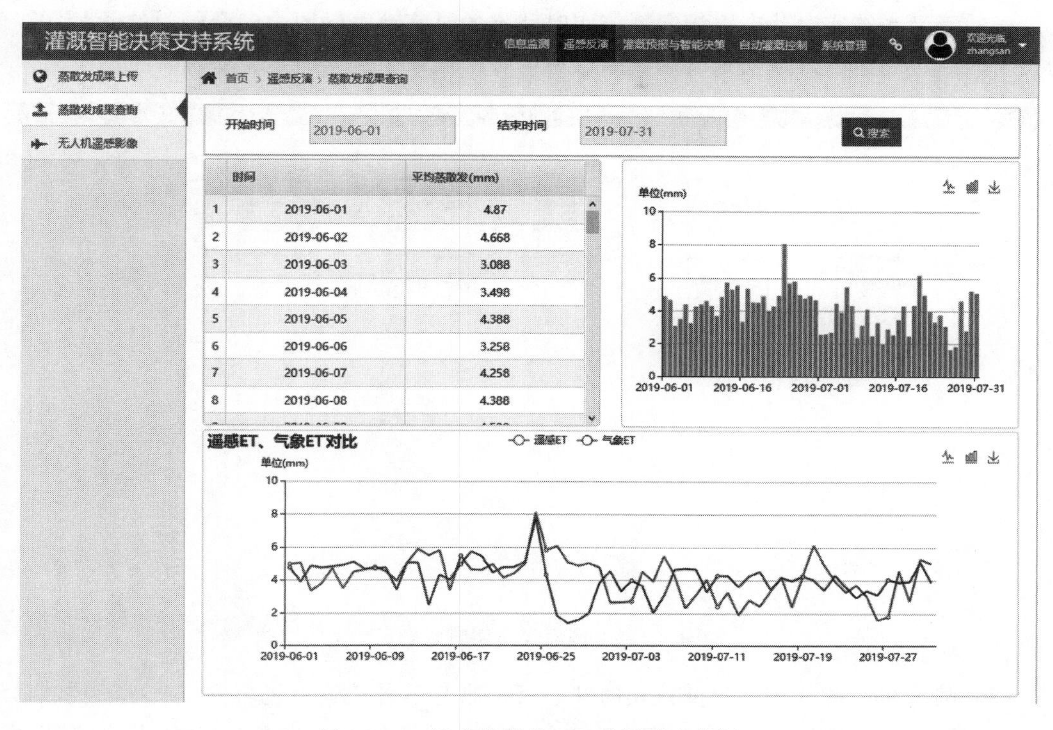

图 7-13 遥感蒸散发 ET 成果对比分析

三部分构成。

(1) 自动控制历史指令。自动控制历史指令可以对各时段（开始至结束时间）各个滴灌系统与喷灌机的灌溉时间、灌溉水量、指令发送时间、指令发送状态进行控制及显示。见图 7-14。

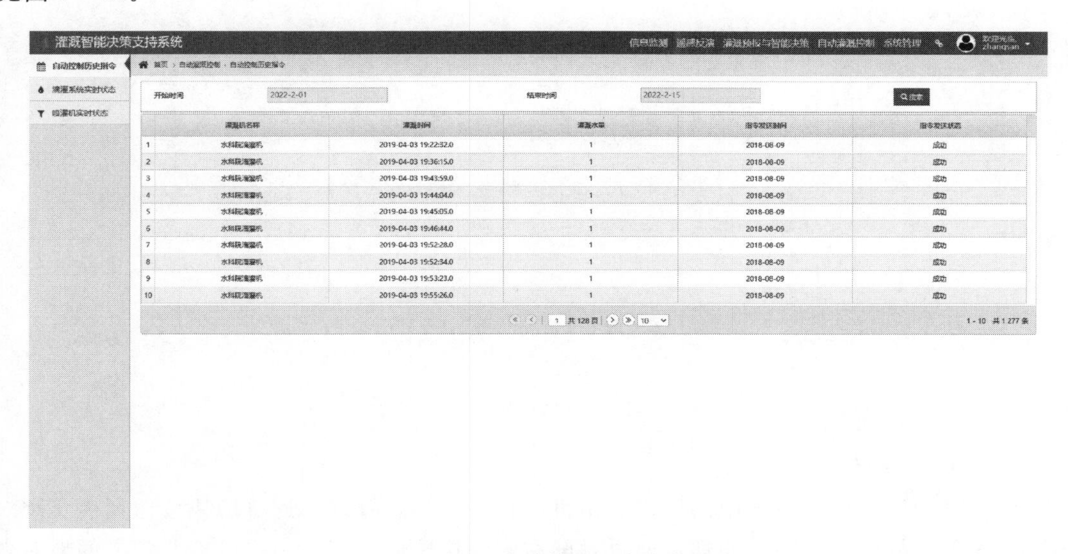

图 7-14 自动控制历史指令

（2）滴灌系统实时状态。滴灌系统实时状态通过滴灌管网图中各个阀门的颜色（红色为关闭、绿色为运行）成功地展示试验区域内各个滴灌系统实时运行状况，见图 7－15。

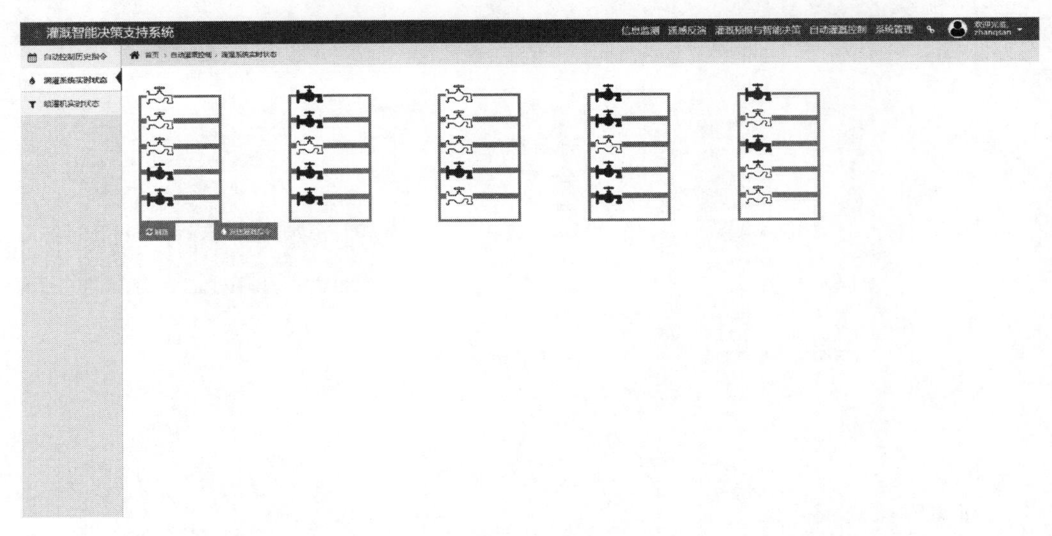

图 7－15　滴灌设备实时状态显示

（3）喷灌机实时状态。喷灌机实时状态可清晰显示各个喷灌机名称（或喷灌控制器编号）、喷灌机 ID、模式（自动、手动）、运行状态（设备掉线、设备开启）、状态详情及下发指令等内容，可通过“下发指令”键对各个喷灌控制器进行设备开启、设备掉线控制，见图 7－16。

图 7－16　喷灌机实时状态显示

6. 系统管理模块

系统管理模块包含系统中的用户、角色、权限、日志管理。通过模块按钮列表实现对用户、角色、权限的管理。同样，通过触屏右侧模块按钮列表，用户可以非常方便地对各功能、模块进行切换，见图 7－17。

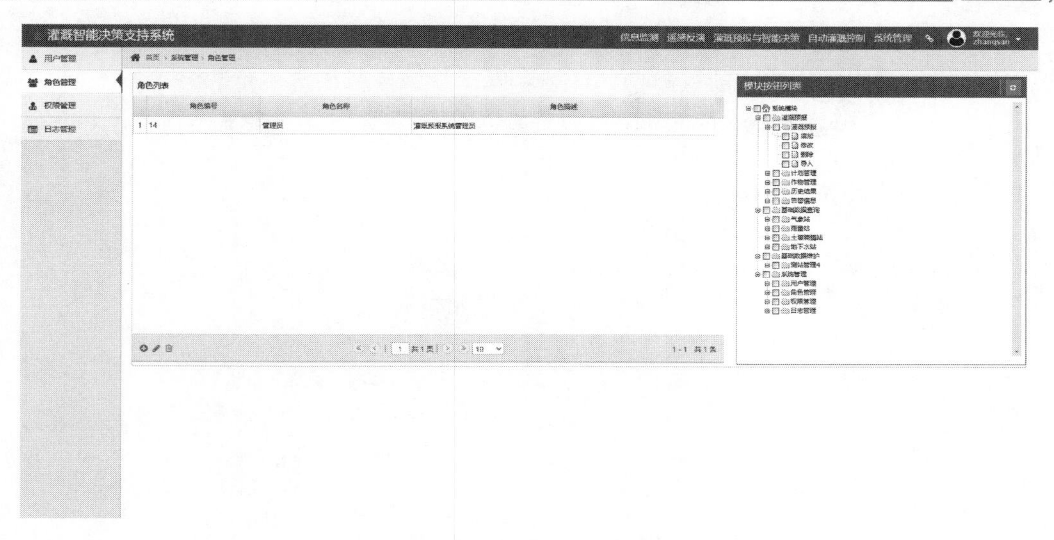

图 7-17 用户角色及权限管理

7. 灌溉预报遥测系统

遥测平台的主要功能是接收气象站、地下水站、土壤墒情站、流量站的实时监测数据以及设备工况数据。同时，对实时数据进行日、旬、月统计，从而为灌溉预报提供基础的监测数据信息。共有 RTU 监控、远程操作、数据管理、字典管理几部分，其中，RTU 监控含有列表模式、地图模式及其在线情况，列表模式可将取用水站、气象站、土壤墒情站、流量站的实时监测数据进行展示。

(1) 取用水站。在 RTU 监控系统的列表模式中，可获得试验区内各个取用水站实时在线状况，包括终端地址、最新上报时间、累计水量、瞬时流量、压力、在线情况及工况等内容，还可以通过每个取用水站的详情查询，了解到各个取用水站实时在线用水情况，见图 7-18。

灌溉预报遥测系统 平台登录

RTU监控：列表模式 / 地图模式 / 在线情况；远程操作；数据管理；字典管理

取用水站 请输入编码/名称 搜索 取用水站在线 0/4(0%) 配置 导出

	测站编码	测站名称	终端地址	最新上报时间	累计水量(m3)	瞬时流量(m3/s)	压力(pa)	在线情况	工况	详情
1	23022907	克山试验田4号喷灌	1100000194	2019-08-10 10:00:00	1462	0	72.8	离线	正常	详情
2	23022905	克山试验田3号喷灌	1100000196	2018-09-15 02:00:00	1840	0		离线	正常	详情
3	23022904	克山试验田2号喷灌	1100000197	2019-04-17 19:00:00	6	0	72.93	离线	正常	详情
4	23022903	克山试验田1号喷灌	1100000198	2019-04-17 19:00:00	0	0	0.03	离线	正常	详情

图 7-18 设备实时数据

(2) 气象站。在 RTU 监控系统的列表模式中，还可获得试验区（灌区）内各个气象站的历史数据、基础信息、RTU 指令、在线统计及工况报警等内容，图 7-19 为克山试验田气象站 2019 年 6 月 1 日 0 时—23 时 55 分一日内的温度变化曲线，同时通过列表形式展示该日各时段的气温。

图 7-19 2019 年 6 月 1 日实时数据展示

8. 移动端应用

移动端应用可实现数据上报、灌溉决策和巡查管理 3 个功能。当登录系统后，灌溉智能决策支持系统首页将会显示上述 3 项功能的按键，通过触屏对各按键进行选取，直接获取上述功能，见图 7-20。

(1) 灌溉决策。在移动端选择灌溉决策按键后，将会呈现智能调控灌溉作物与时间的选择（如图 7-21“2019 年玉米智能调控灌溉”）及其选择的预报时间段内未来天气状况、参数两部分数据录入，未来天气中可确定未来第几天（第 1～第 5 天）及不同的天气类型；参数包含植被覆盖度（日绿叶覆盖度 LCP）、灌水情况（实际灌溉量 M）、地下水位（日地下水深 H）、气象（日平均气温 T、日最低气温 T_{min}、日最高气温 T_{max}、日最大相对湿度 RH_{max}、日最小相对湿度 RH_{min}、2 米风速 U_2、日照时数 n、日降雨量 P）及土壤含水状况（前 1 日末土壤含水量）等数值。录入以上数值后，将进入灌溉预报结果界面，该界面将会显示“请选择计划”，如“2019 年玉米智能调控灌溉”将会显示 2019 年玉米生育期内第 i 日土壤含水量（θ_i）、参考作物腾发量（ET_0）、作物需水量（ET_a）及灌溉水量，见图 7-21 (a)，可选择预报日期（如

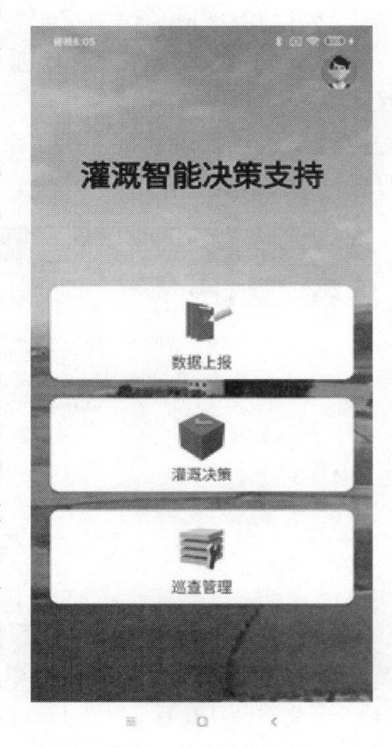

图 7-20 移动端应用首页

（a）预报历史

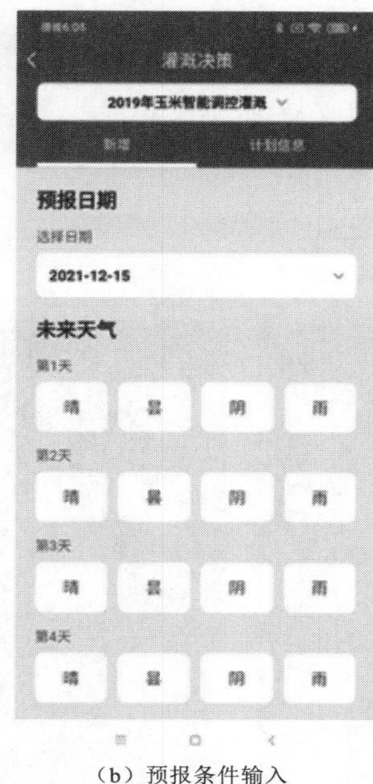

（b）预报条件输入

图 7-21　移动端灌溉预报界面

“2021-12-15”）未来天气（如：第 1 天～第 5 天）内不同的天气状况，见图 7-21（b）。

（2）巡查管理。巡查管理中最主要的部分是巡查，在移动端内包括巡查内容、巡查路线及移动巡查等内容。在巡查内容中首先应填写巡查人、开始时间、结束时间、巡查类型、标题及巡查点，若巡查类型选择设备巡查，该标题就会显示巡查测站及视频设备，可以通过添加巡查点对巡查内容进行添加与删减，见图 7-22（a）。巡查结束后，在巡查路线中可清晰显示巡查各种设备的路线图，见图 7-22（b）。移动巡查界面可以清晰显示近期内巡查人员，巡查开始时间，巡查设备数量等内容，见图 7-22（c）。

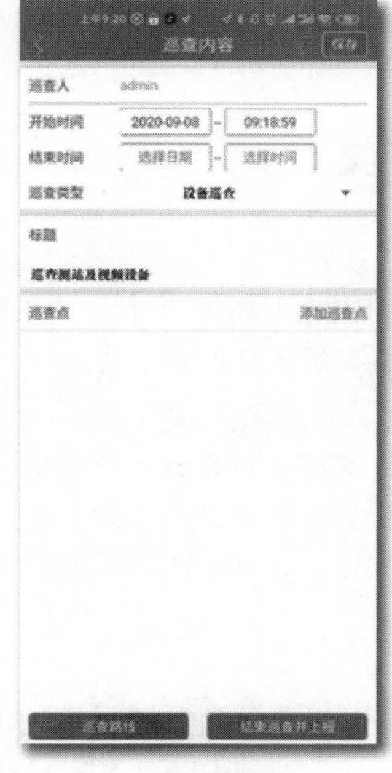

（a）新建巡查任务

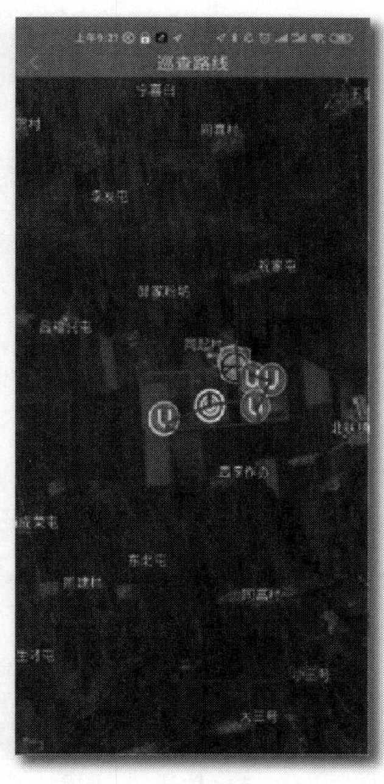

（b）巡查路线显示

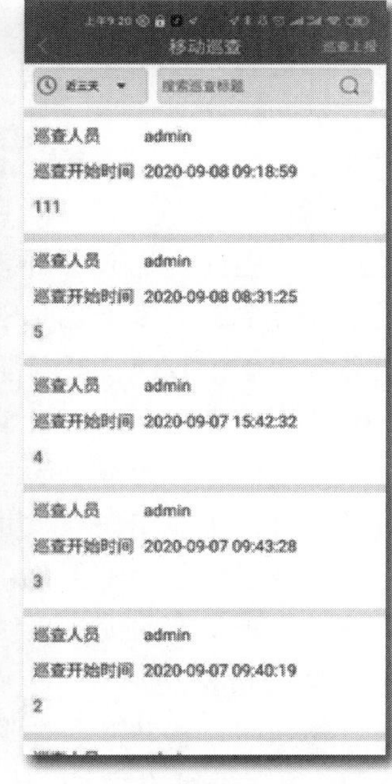

（c）巡查历史记录

图 7-22　移动端设备巡查界面

9. 遥感数据处理

遥感数据处理模块包括遥感影像的增强、去噪、过滤等功能。使用 SIFT 算法提取图像区域特征，从而进行影像配准。使用支持向量机 PCA、SVM 等进行分类，从而为遥感 ET 的计算准备数据，见图 7-23。

图 7-23　基于 SFIT 算法的影像配准

第二节　系统集成实现

通过在试验区内布设多维实时监测设备，由物联网、移动互联、3S 技术实现作物、土壤、气象等要素的多维实时监测与数据采集和集成，对作物需耗水规律的分析，实现对作物生理学需水信号的诊断与监测。对遥感数据的分析，实现区域大范围内节水灌溉所需的关键下垫面信息遥感监测反演，得到区域范围内像元尺度 ET_0，产品精度可靠，并能反应区域空间差异，为节水灌溉控制系统大面积推广应用奠定基础。对作物生长模型、灌溉预报模型进行了应用研究，并且利用地面田间试验的实测数据，对模型当中的参数进行了率定，实现了参数的本土化，以此构建了灌溉预报决策模型库，达到准确、有效的实施灌溉决策，实现了节水灌溉系统的数据融合、决策和执行。

一、监测数据

通过物联网、移动互联数据系统采集存储气象、机井（泵组工情、流量等）、渠（管）道［含渠（管）道水位、流量、闸（阀）门状态、开度、压力等］、土壤采集（土壤墒情、土质数据等）、地下水位等数据，并通过统一的数据标准接口、规范，实现数据的实时传输、统一管理和数据共享。

1. 已有监测系统数据接口

灌溉预报智能决策系统建设之前已建成部分监测站，并且已拥有了相应的数据采集上位机和数据信息查询等 Web 程序。灌溉预报智能决策系统建设时，为了集成已有监测系统的数据，需要对原有的系统进行改造，提供 Web 服务接口，采用 REST 形式的 Web 服务对外提供数据接口。灌溉预报智能决策系统采用定时调用的方式获取测站监测数据，并保存入系统数据库。已有监测系统数据接口示意见图 7-24。

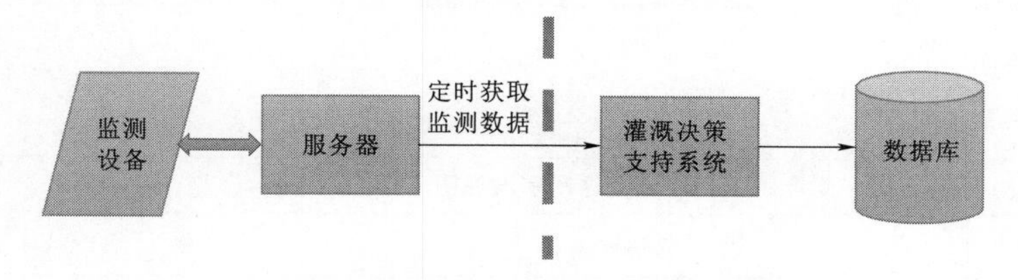

图 7-24 已有监测系统数据接口示意图

已有监测系统 REST 接口的格式、参数以及返回值见表 7-2。

表 7-2 已有监测系统数据接口格式与参数表

<table>
<tr><td colspan="5">功能描述</td></tr>
<tr><td colspan="5">查询设备的设备状态/实时数据/历史数据</td></tr>
<tr><td colspan="5">获取方式</td></tr>
<tr><td colspan="5">POST</td></tr>
<tr><td colspan="5">返回格式</td></tr>
<tr><td colspan="5">JSON</td></tr>
<tr><td colspan="5">参数说明</td></tr>
<tr><td>属性</td><td>必选</td><td>类型</td><td>参数描述</td><td>说　明</td></tr>
<tr><td>instanceIds</td><td>是</td><td>List〈String〉</td><td>实例 id</td><td>平台唯一区别一个设备</td></tr>
<tr><td>devType</td><td>否</td><td>Boolean</td><td>设备类型</td><td>是否是 GPRS
true：GPRS、false：UWS</td></tr>
<tr><td>Type</td><td>是</td><td>Integer</td><td>操作类型</td><td>1. 设备运维状态
2. 实时数据
3. 历史数据
4. 设备基本状态
5. 新历史数据</td></tr>
<tr><td>startTime</td><td>否</td><td>String</td><td>开始时间</td><td>查询范围最大仅支持 7 天
（新历史数据支持任意时间）</td></tr>
<tr><td>endTime</td><td>否</td><td>String</td><td>结束时间</td><td></td></tr>
<tr><td>timeInterval</td><td>否</td><td>Integer</td><td>间隔时间（s）</td><td>新历史数据接口必选</td></tr>
<tr><td>chNums</td><td>否</td><td>List〈Integer〉</td><td>通道号</td><td>新历史数据接口必选</td></tr>
</table>

续表

URL示例			

请求地址：/device/data
https://ip:port/v1/outer/device/data
头部:Content - type:application/json
Token:12FECC4CCA60684F6D25977784ADE51B
{
"instanceIds":["857ff669 - 4705 - 4b3b - b4ee - 8c2311bb628a"],
"devType":1,
"type":2
}			

返回字段说明			
参数	类型	参数描述	说　明
Message	String	返回信息	成功/失败/异常信息描述
Code	Integer	返回码	200:表示成功;其余异常码含义见字典
Data	Object	返回结果	一种类型的 json 字符串格式
实时数据、历史数据返回格式			
instId	String	实例 ID	数据编号
deviceId	Long	设备地址	设备的编号,整数
objType	String	对象类型	数据具体类型
appType	String	应用类型	数据采集方式
collTime	String	采集时间	数据采集时间
Value	Object	通道数据	RTU 数据
chNum	Integer	通道序号	RTU 通道序号
origValue	Float	校正值	RTU 采集的原始数据
corrValue	Float	原始值	修正后的数据

2. 新建监测站点数据接口

对于新建的监测站，统一由数据接收系统提供监测数据进行接收、解析与入库处理。接收到数据后直接进入平台总数据库内，为灌溉决策提供支持。见图 7 - 25。

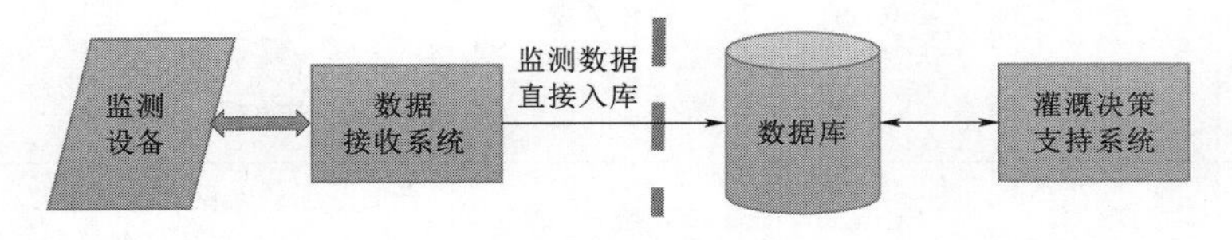

图 7 - 25　新建监测站点数据接口示意图

新建监测站的传输协议统一采用 SL651 协议。数据接收系统可以兼容 SL206 与 SL651 协议，以后新增站点时，只要新增的监测站能够遵循这些标准协议，就可以直接将数据上报到系统平台中。同时，数据接收系统也要协议扩展模块，对于非标准协议的监测站，可以通过编写扩展插件的方式将数据集成入系统。

新建监测站数据接收系统架构见图7-26。

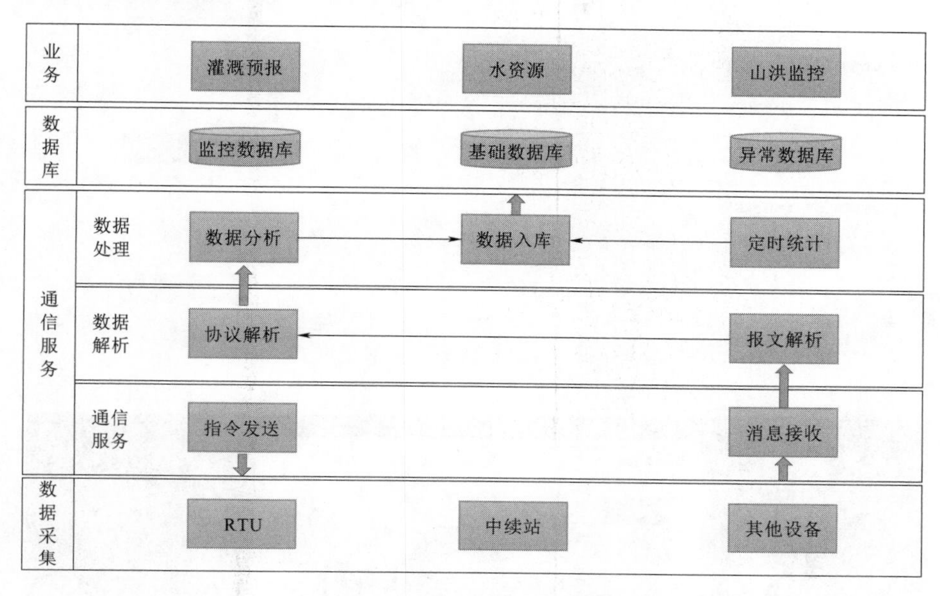

图7-26　数据接收系统架构

二、遥感处理系统数据接口

系统利用遥感获取区域参考作物腾发量，通过遥感影像，结合 Priestley - Taylor 公式计算作物腾发量。

一般遥感数据量比较大，在操作处理中，如几何校正等需要人工干预，无法实现自动运行，所以遥感数据处理软件一般应用在单机运行中。因此，遥感处理系统和平台接口设计为通过文件上传下载的方式进行。遥感处理系统在进行遥感参考作物腾发量计算时需要气象数据，通过平台提供的下载接口下载到本地，遥感处理系统处理完成后，生成的遥感 *ET* 通过文件上传到平台，遥感处理系统数据接口示意图见图7-27。

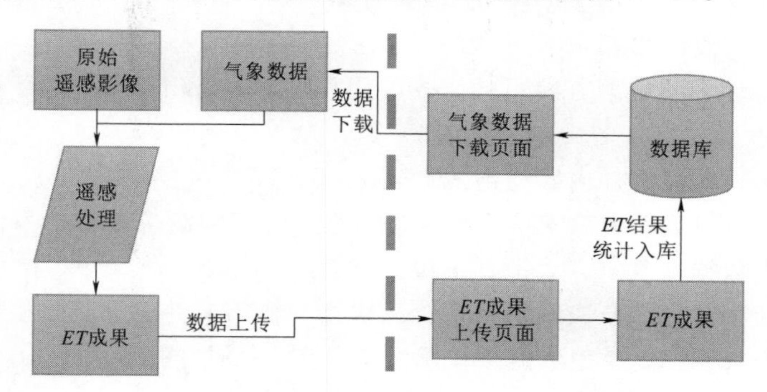

图7-27　遥感处理系统数据接口示意图

遥感处理系统中气象及监测数据下载页面见图7-28。

遥感系统中上传 *ET* 成果页面见图7-29。

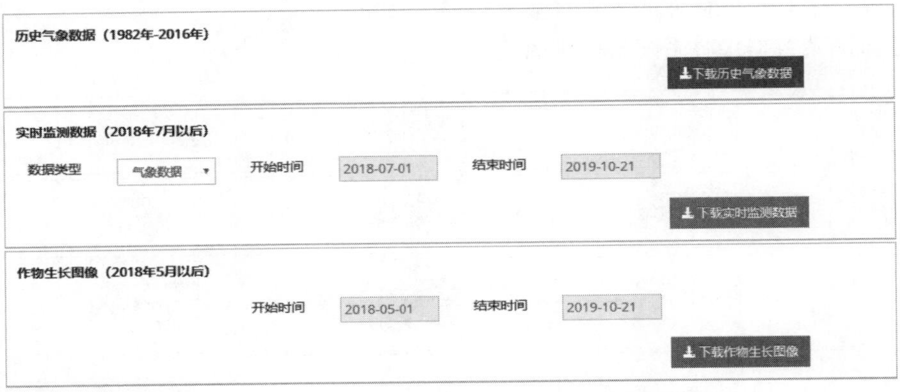

历史气象数据（1982年-2016年）
下载历史气象数据
实时监测数据（2018年7月以后）
数据类型
气象数据
开始时间
2018-07-01
结束时间
2019-10-21
下载实时监测数据
作物生长图像（2018年5月以后）
开始时间
2018-05-01
结束时间
2019-10-21
下载作物生长图像

图 7-28　气象及监测数据下载页面

灌溉智能决策支持系统
上传ET成果
点击选择文件
确定
取消

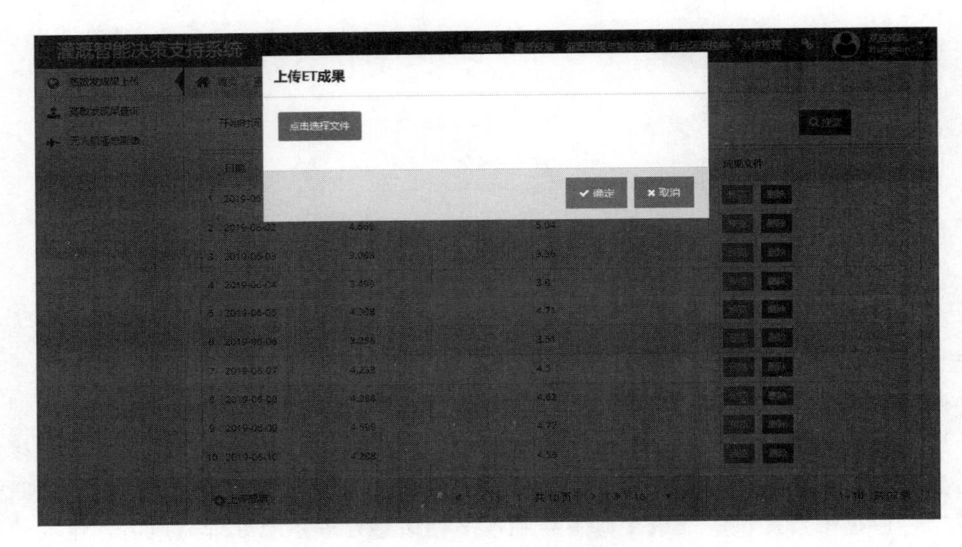

图 7-29　*ET* 成果上传页面

三、CropSPAC 模型接口

CropSPAC 模型是用 C 语言编写的 exe 应用程序，在 Windows 平台下运行，系统输入、输出文件都是 .txt 格式的文本。见图 7-30。

系统部分输入、输出文件内容与格式见表 7-3。

CropSPAC 模型与灌溉决策支持系统的接口是文件，灌溉决策支持系统从系统数据库中读取相应的监测数据（气象、墒情、土壤温度等），写入 CropSPAC 模型对应的输入文件中，模型运行结束后，灌溉决策支持系统从模型的输出文件中读取模型运算结果，写入系统数据库中。CropSPAC 模型数据接口示意图见图 7-31。

四、灌溉系统数据接口

田间灌溉控制器（现场级）作为灌溉系统的核心，由操作员对其状态进行监视控制。控制器具有连接 GPRS/4G 网络功能，使用有线网络或者无线 GPRS/4G 网络，通过 VPN 虚拟隧道与云端服务器连接，可以接受云平台发来的指令进行田间灌溉。同时，灌溉控制

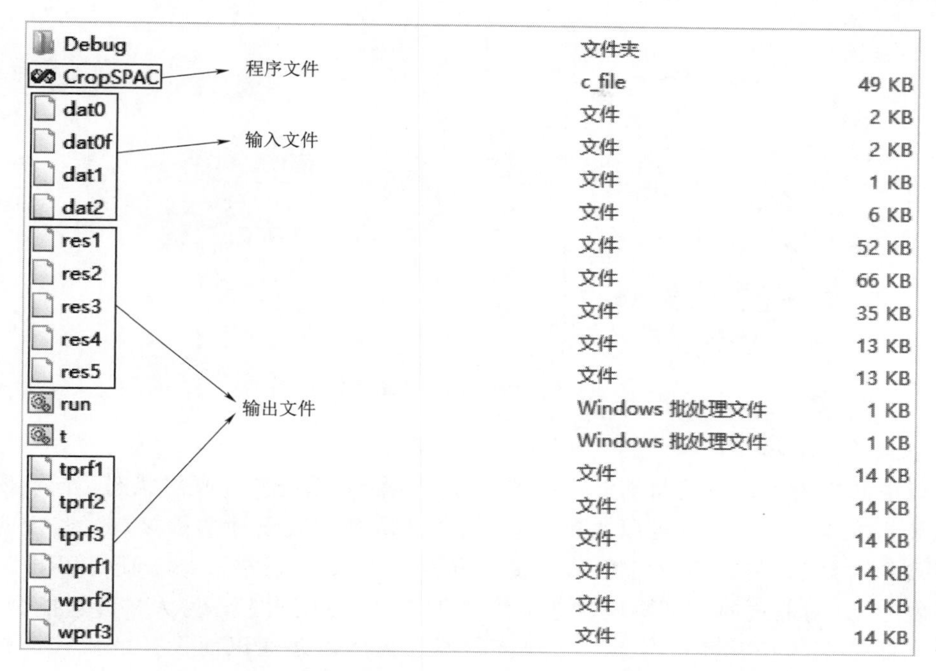

图 7-30　CropSPAC 模型输入、输出文件

表 7-3　输入、输出文件示例

文件	代码	含　义	单位
res1	Id	日序数	
	Ihr	小时序数	
	hRn	第 Id 日的第 Ihr 小时末的净辐射	W/m^2
	hLEv	第 Id 日第 Ihr 小时末用于作物叶面蒸腾的潜热消耗	W/m^2
	hCvxr	第 Id 日的第 Ihr 小时末作物叶面与冠层空气之间的显热交换	W/m^2
	hLEs	第 Id 日的第 Ihr 小时末土壤表面蒸发所消耗的潜热	W/m^2
	hCsxr	第 Id 日的第 Ihr 小时末土壤与冠层空气之间的显热交换	W/m^2
	hGstl	第 Id 日的第 Ihr 小时末土壤向下的热通量	W/m^2
res2	sita(surf)	第 Id 日的第 Ihr 小时末的地表土壤体积含水率	cm^3/cm^3
	temp(surf)	第 Id 日的第 Ihr 小时末的地表土壤温度	℃
	Tb	第 Id 日的第 Ihr 小时末的冠层温度	℃
	Tleaf	第 Id 日的第 Ihr 小时末的叶面温度	℃
	hevpb_a	第 Id 日的第 Ihr 小时的冠层向大气蒸发量	mm
	hevps	第 Id 日的第 Ihr 小时的地表总蒸发量	mm
	hevpg	第 Id 日的第 Ihr 小时的叶面总蒸发量	mm
res3	hqsurf	第 Id 日的第 Ihr 小时的地表的潜水蒸发量	mm
	hinfilt	第 Id 日的第 Ihr 小时的 1 米深处的潜水蒸发量	mm
	hflux	第 Id 日的第 Ihr 小时的潜水面处的潜水蒸发量	mm

器可以向智能灌溉决策支持系统上报灌溉系统的运行情况，包括电磁阀开关状态、管网压力、流量等数据进行实时数据交互。

该系统集成了 2 种常见的灌溉系统，即滴灌和喷灌，根据系统不同特点分别采用不同的接口方式。

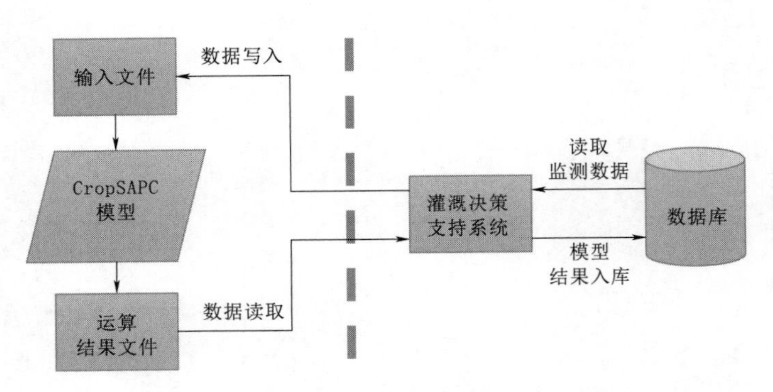

图 7－31　CropSPAC 模型数据接口示意图

1．滴灌系统数据接口

智能灌溉决策支持系统与滴灌系统的交互为从滴灌系统获取阀门状态，向滴灌系统发送灌溉指令（灌溉时间和灌溉水量）。采用消息队列方式设计数据接口，实现时具体采用 MQTT 协议。MQTT（消息队列遥测传输）是 ISO 标准（ISO/IEC PRF 20922）下基于发布/订阅范式的消息协议。它工作在 TCP/IP 协议族上，为大量计算能力有限，且工作在低带宽（或不可靠网络）远程传感器和控制设备通讯而设计的协议，具有以下几项主要特性。①使用发布/订阅消息模式，提供一对多的消息发布，解除应用程序耦合。②对负载内容屏蔽的消息传输。③使用 TCP/IP 提供网络连接。④有 3 种消息发布服务质量。"至多 1 次"表示消息发布完全依赖底层 TCP/IP 网络，会发生消息丢失或重复。这一级别多发生于环境传感器数据，若丢失读记录 1 次，将不会受影响，不久后将会有第 2 次信息发送。"至少 1 次"表示确保消息到达，消息可能会发生重复。"只有 1 次"表示确保消息到达 1 次，这一级别可用于在计费系统中，消息重复或丢失会导致不正确的结果的情况。⑤小型传输，开销很小（固定长度的头部是 2 字节），协议交换最小化，以降低网络流量。⑥使用 Last Will 和 Testament 特性通知有关各方客户端异常中断的机制。

滴灌系统数据接口示意图见图 7－32。

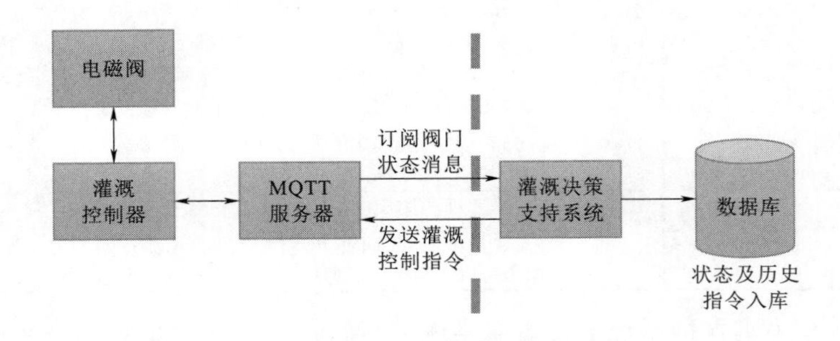

图 7－32　滴灌系统数据接口示意图

滴灌系统数据通过阀门状态反馈、阀门下发控制指令、灌溉水量下发指令等接口发送消息，具体定义见表 7－4。

表 7-4 滴灌系统数据接口

接口	主题	发送消息	返回消息
阀门状态反馈	BS_YB_DID001/UP/data		{"utc":"1547117206207927","data":[[1,1,1,1,1,0,0,0,0,0,0,0,0,0,0,0,0,0,0,0,0,0,0,0,0]]} [[]]中内容表示阀门当前状态,依次共 25 个阀
阀门下发控制指令	BS_YB_DID001/DOWN/valve1	{"value":0}表示设置 1 号阀关闭 {"value":1}表示设置 1 号阀开启	
灌溉水量下发指令	BS_YB_DID001/DOWN/volumn	{"date":"2019-02-01 12:00:00","volumn":30}表示 2019 年 2 月 1 日的灌溉水量为 30mm	

2. 喷灌系统数据接口

智能灌溉决策支持系统与喷灌系统的交互为从喷灌系统获取喷灌机的实时状态，向喷灌机发送灌溉指令（灌溉时间和灌溉水量）。喷灌系统数据接口示意图见图 7-33。

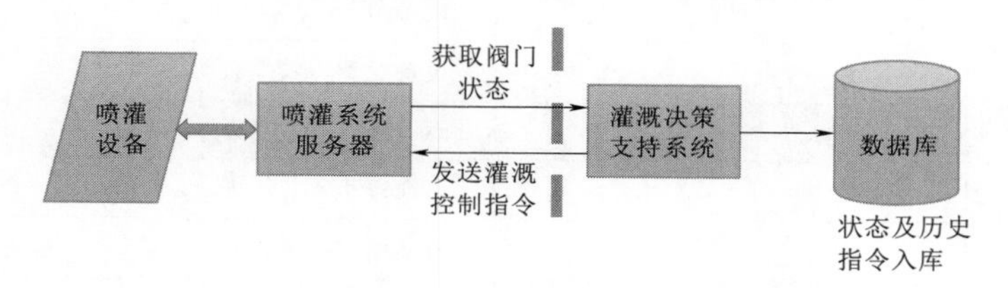

图 7-33 喷灌系统数据接口

数据接口采用 Web 服务的方式，设计了 Rest 形式的数据接口。登录接口定义见表 7-5。

表 7-5 登录接口

url	https://ip:port/v1/token/user		
协议	https		
请求方式	POST		
参数说明			
参数名称	是否必须	类型	描述
account	是	string	登录账户
password	是	string	登录密码
from	是	string	获取 API 来源（外部调用时填写 App）
返回值说明			
参数名称	类型	描述	
code	int	状态码	
msg	string	操作结果提示	
errorCode	int	错误码（如果为 0 则代表请求成功，否则请求失败）	
token	string	用户令牌（只有在请求成功时返回）	

喷灌机完成对运行模式（手动选 1，自动选 0）、启动停止（启动选 1，停止选 0）、自动模式启动停止（启动选 1，停止选 0）、手动正向反向（正向选 0，反向选 1）、自动正向反向（正向选 0，反向选 1）、有水无水（有水选 1，无水选 0）、行进速率（选择 0～100 的整数）、尾枪设置（打开选 1，关闭选 0）、降雨量（自动模式下有效，0～100 的整数）、水泵控制（启动泵选 1，停止泵选 1）的选择后，灌溉决策支持系统即可向服务器发送命令，若状态码出现问题时，操作结果提示错误码，见表 7-6。

表 7-6　发送命令接口

url	https://ip:port/v1/control		
协议	https		
请求方式	POST（header 头中放入 token）		
参数说明			
参数名称	是否必须	类型	描　述
id	是	int	设备 ID
dclass	是	int	设备类型（喷灌机为 4）
mode	是	int	运行模式（1 手动，0 自动）
switch	否	int	启动停止（1 启动，0 停止）
autoSwitch	否	int	自动模式启动停止（1 启动，0 停止）
direction	否	int	手动正向反向（0 正向，1 反向）
autoDirection	否	int	自动正向反向（0 正向，1 反向）
water	否	int	有水无水（1 有水，0 无水）
rate	否	int	行进速率（0～100 的整数）
endGun	否	int	尾枪设置（1 打开，0 关闭）
rain	否	int	降雨量（自动模式下有效，0～100 的整数）
pump	否	int	水泵控制（1 为启动泵，0 为停止泵） 手动模式下有效
返回值说明			
参数名称	类型	描　述	
code	int	状态码	
msg	string	操作结果提示	
errorCode	int	错误码（如果为 0 则代表请求成功，否则请求失败）	

喷灌机完成对运行模式（手动选 1，自动选 0）、自动模式启动停止（启动选 1，停止选 0）、降雨量（自动模式下有效，0～100 的整数）的选择后，灌溉决策支持系统即向喷灌服务器发送灌溉控制命令，见表 7-7。

若需获取喷灌机设备列表时，可以查看获取设备列表接口，将会显示当前页码、每页记录数、总记录数、总页数等选项。若选择当前页码时，不填写即默认为 1；若需每页记录数时，不填写默认为 10，见表 7-8 设备接口中的 data 属性。

表 7-7　发送灌溉命令接口

url	https://ip:port/v1/control/auto
协议	https
请求方式	POST（header 头中放入 token）

参　数　说　明

参数名称	是否必须	类型	描　　述
id	是	int	设备 ID
dclass	是	int	设备类型（喷灌机为 4）
mode	是	int	运行模式（1 手动，0 自动）
autoSwitch	否	int	自动模式启动停止（1 启动，0 停止）
rain	否	int	降雨量（自动模式下有效，0～100 的整数）

返　回　值　说　明

参数名称	类型	描　　述
code	int	状态码
msg	string	操作结果提示
errorCode	int	错误码（如果为 0 则代表请求成功，否则请求失败）

表 7-8　获取设备列表接口

url	https://ip:port/v1/devices
协议	https
请求方式	GET（header 头中放入 token）

参　数　说　明

参数名称	是否必须	类型	描　　述
dclass	否	int	设备类型（喷灌机为 4）
page	否	int	当前页码（不填写默认为 1）
pagesize	否	int	每页记录数（不填写默认为 10）

返　回　值　说　明

参数名称	类型	描　　述
code	int	状态码
msg	string	操作结果提示
errorCode	int	错误码（如果为 0 则代表请求成功，否则请求失败）
data	pageNo	当前页码
	pageSize	每页记录数
	totalRecord	总记录数
	totalPage	总页数
	datalist（json 数组）	详情请见下面设备详情接口中的 data 属性

喷灌机在获取当前设备状态接口时，将会有状态码、操作结果提示、设备ID、设备编码、设备名称、设备类型（标识）、经纬度、地图坐标、运行状态（掉线 break、运行 run、停止 close、故障 trouble、警报 alarm）、运行模式（1为手动，2为自动）、入机流量、入机压力、已灌水量、当前分区、运行开始角度、运行结束角度、当前角度、运行圈数、行进速率、正向行进标识、反向行进标识、有水行进状态、尾枪状态、安全回路状态等内容，见表7-9。

表7-9　　获取当前设备状态接口

<table>
<tr><td>url</td><td colspan="3">https://ip:port/v1/device</td></tr>
<tr><td>协议</td><td colspan="3">https</td></tr>
<tr><td>请求方式</td><td colspan="3">GET（header 头中放入 token）</td></tr>
<tr><td colspan="4">参 数 说 明</td></tr>
<tr><td>参数名称</td><td>是否必须</td><td>类型</td><td>描　述</td></tr>
<tr><td>id</td><td>是</td><td>int</td><td>设备ID</td></tr>
<tr><td colspan="4">返 回 值 说 明</td></tr>
<tr><td>参数名称</td><td>类型</td><td colspan="2">描　述</td></tr>
<tr><td>code</td><td>int</td><td colspan="2">状态码</td></tr>
<tr><td>msg</td><td>string</td><td colspan="2">操作结果提示</td></tr>
<tr><td>errorCode</td><td>int</td><td colspan="2">错误码（如果为0则代表请求成功，否则请求失败）</td></tr>
<tr><td rowspan="19">data</td><td>id</td><td colspan="2">设备ID</td></tr>
<tr><td>serialno</td><td colspan="2">设备编码</td></tr>
<tr><td>dname</td><td colspan="2">设备名称</td></tr>
<tr><td>dclass</td><td colspan="2">设备类型</td></tr>
<tr><td>deviceType</td><td colspan="2">设备类型（标识）</td></tr>
<tr><td>devicePosition</td><td colspan="2">经纬度</td></tr>
<tr><td>kml</td><td colspan="2">地图坐标</td></tr>
<tr><td rowspan="12">states（json 数组）</td><td>deviceStatus</td><td>运行状态
break　run　close　trouble　alarm
掉线　运行　停止　故障　警报</td></tr>
<tr><td>deviceRunInfo</td><td>运行状态（转为文字）</td></tr>
<tr><td>Control_Mode</td><td>运行模式（1为手动，2为自动）</td></tr>
<tr><td>InFlow</td><td>入机流量</td></tr>
<tr><td>InPressure</td><td>入机压力</td></tr>
<tr><td>AccFlow</td><td>已灌水量</td></tr>
<tr><td>Current_Zone</td><td>当前分区</td></tr>
<tr><td>StartAngle</td><td>运行开始角度</td></tr>
<tr><td>StopAngle</td><td>运行结束角度</td></tr>
<tr><td>Current_Angle</td><td>当前角度</td></tr>
<tr><td>Running_Loops</td><td>运行圈数</td></tr>
</table>

续表

参数名称	类型	描述	
data	states（json 数组）	Pivot_Velocity	行进速率
		Forward_HMI	正向行进标识
		Backward_HMI	反向行进标识
		NoWater_HMI	有水行进状态
		EndGun_HMI	尾枪状态
		SafeCircuit_State	安全回路状态

五、图像站接口

系统中采用摄像头，每天定时拍摄多张作物图像，作为计算叶面积指数的依据，自动上传到 FTP 服务器上，灌溉决策支持系统读取图像，判断作物的长势情况。图像站数据接口示意图见图 7-34。

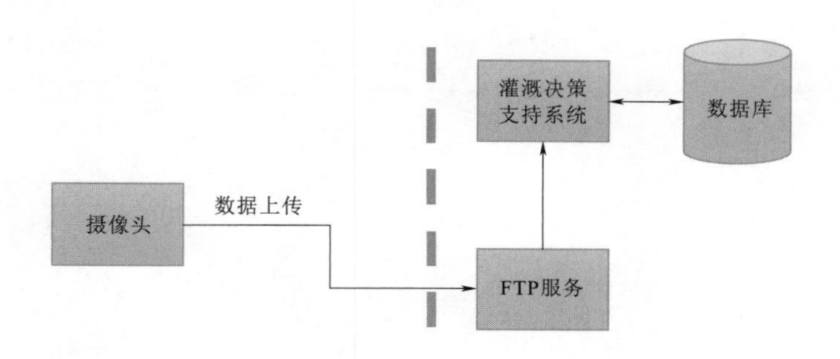

图 7-34　图像站数据接口示意图

第三节　智能灌溉决策支持系统应用

一、总体流程

利用灌溉预报模块进行灌溉预报，在系统中对历年气象数据进行导入与计算，并录入作物管理信息；在每个种植季开始之前，新建种植计划管理，录入待预报地点的土壤信息、作物信息、播种信息等；通过云平台，自动接入监测采集数据，且每日随时自动滚动计算，与计划管理衔接，对灌溉区域进行灌溉预报，实现智能灌溉决策支持系统，其应用流程见图 7-35。

二、具体步骤

利用智能灌溉决策支持系统进行灌溉预报的主要操作程序如下。

1. 新建预报计划

在预报计划管理界面对每种种植作物开始之前新建种植计划管理，首先选择省、市、区县，并确定计划名称，在新建计划键内录入计划，包括计划名称、气象站名称、播种日期、所在区域，见图 7-36。

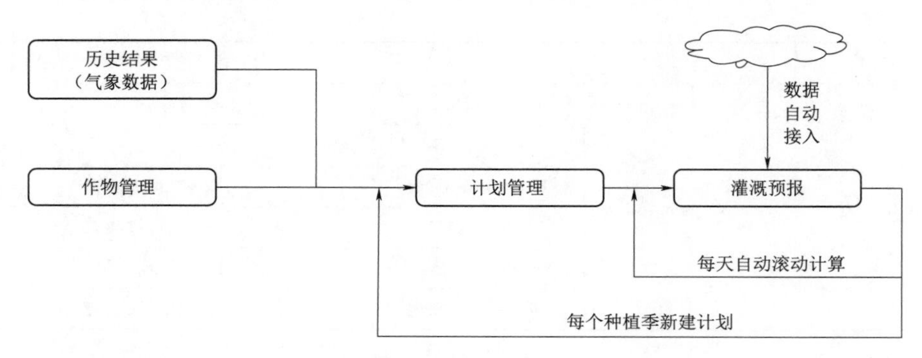

图 7-35　智能灌溉决策支持系统应用流程

图 7-36　新建预报计划

填写预报计划相关的各类参数步骤如下。

（1）填写计划名称。在灌溉预报模块，计划管理中新建计划，在基础信息录入阶段，先填写计划名称，如“2019 年玉米智能调控灌溉”。见图 7-37。

（2）填写预报点信息。预报点信息包括计划所在行政省、市、区县及地址，在“请输入经纬度”内输入经纬度，并输入气象站（如克山试验田气象站）、地下水站（如克山试验田地下水站）、灌溉站（如克山试验田 1 号喷灌）、墒情站（如克山试验田墒情站），选取土壤类型，输入土壤饱和含水率 ω_c 及适宜土壤含水率上限 β_1'、下限 β_2'，见图 7-38。

（3）填写作物信息。填写作物信息时首先选择作物类型，如“夏玉米”，输入 Q（作物常数）、R（作物系数）、n（作物指数）各值，在生育期参数内完成各生育阶段名称、天数及计划湿润层深度的填写，如夏玉米包括拔苗期、13d、计划湿润层深度 100cm，见图 7-39。

（4）填写参数配置。在参数配置中主要降雨入渗系数 α 及未来某日遇到降雨土壤含水率，降雨入渗系数 α 按不同降雨量入渗系数进行填写，如：一次降雨量小于 5mm 时，α

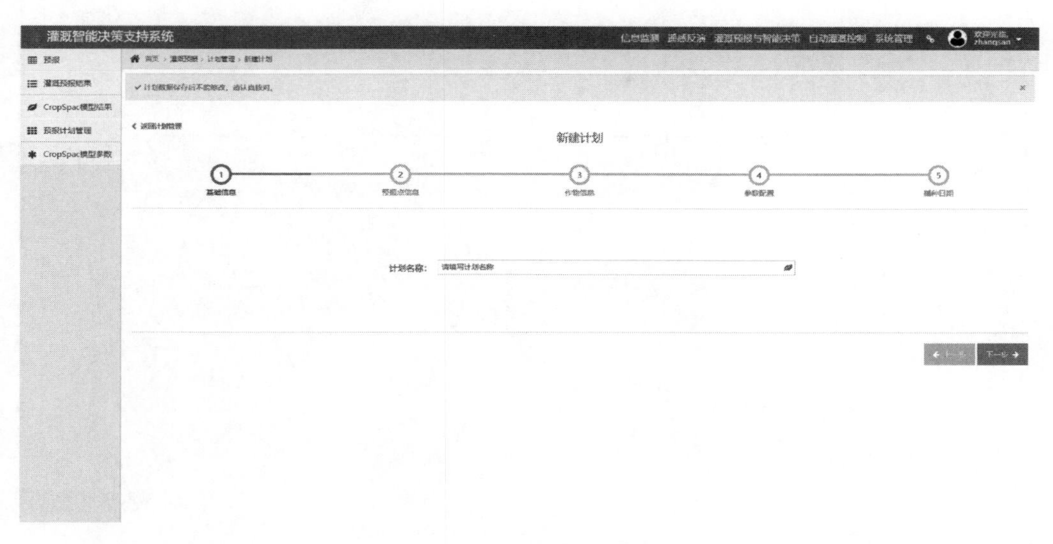

图 7-37　填写计划名称

图 7-38　填写预报点信息

值为“0”；一次降雨量在 5～50mm 之间，α 值为“0.8”；一次降雨量大于 50mm 时，α 值为“0.7”；未来某日遇到降雨土壤含水率有 2 个选项，不管是否有雨，都当成无雨处理；如果预报有雨，将不预报土壤含水率。见图 7-40。

（5）填写播种日期信息。输入播种日期及初始土壤含水率，见图 7-41。

2. 每日录入未来天气及相关参数

在录入数据的界面需录入未来天气及相关参数，需要选择未来 1～5 日内天气类型，参数主要以日绿叶覆盖率 LCP、实际灌溉量 M、日地下水深 H、日平均气温 T、日最高气温 T_{max}、日最低气温 T_{min}、日最大相对湿度 RH_{max}、日最小相对湿度 RH_{min}、2 米

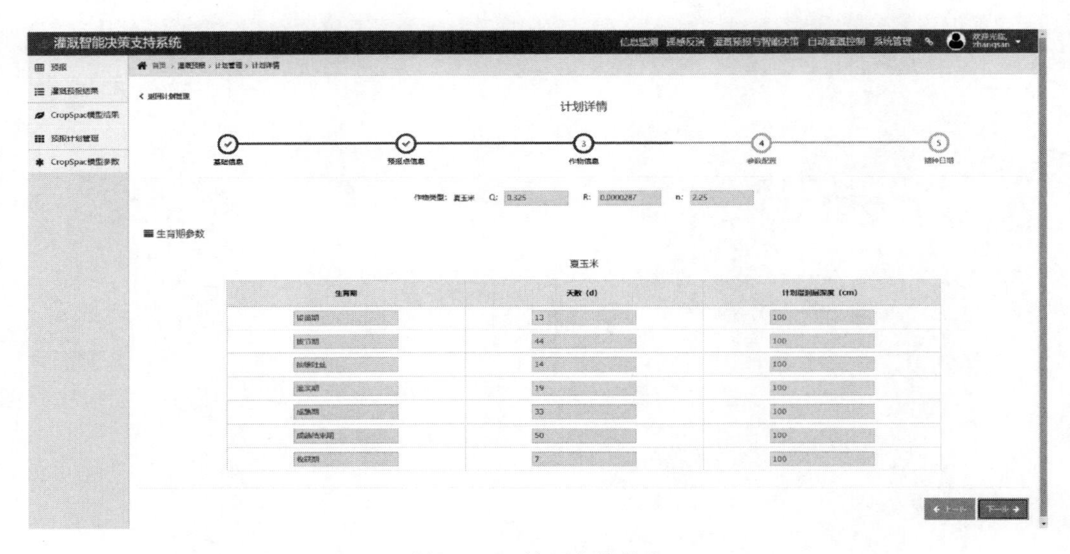

图 7-39 填写作物信息

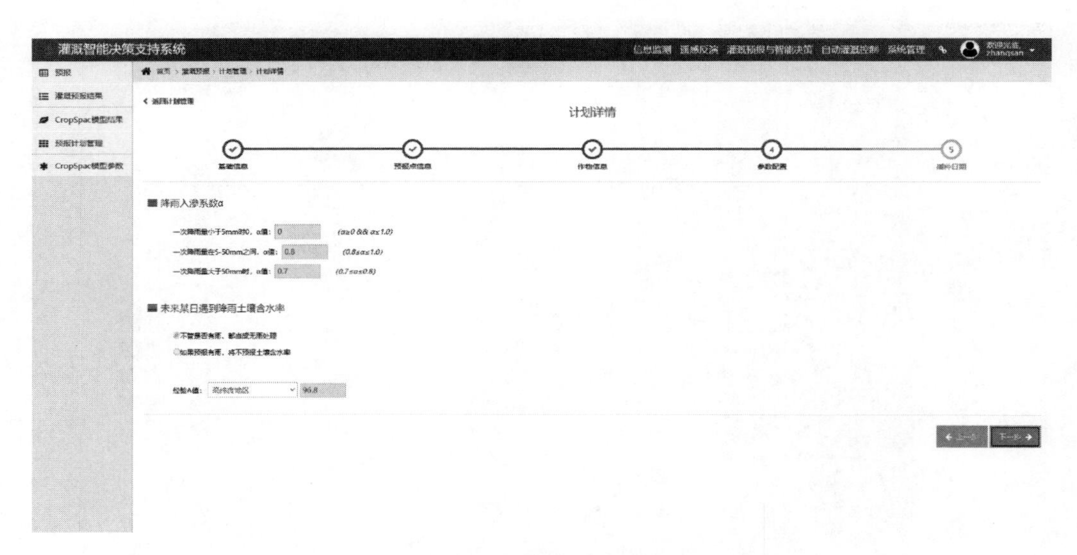

图 7-40 填写参数配置信息

风速 U_2、日照时数 n、日降雨量 P、前一日末土壤含水率等参数，这些信息自动从数据库读取，不需要手工录入，如果测站出现问题时，当天的数据则需要手工录入，见图 7-42。

可以在界面上查看 LCP 影像，计算 LCP 值。

在此界面还集成了深度学习的算法，可以自动根据获取 LCP 图像计算 LCP 值。

3. 查看计算结果

（1）灌溉预报结果。在灌溉预报结果处可以查询到计划（如“2019 年玉米智能调控灌溉”）在各个时间段内的 ET_0（作物腾发量，mm）、θ_i（第 i 日土壤含水量）、K_c（作

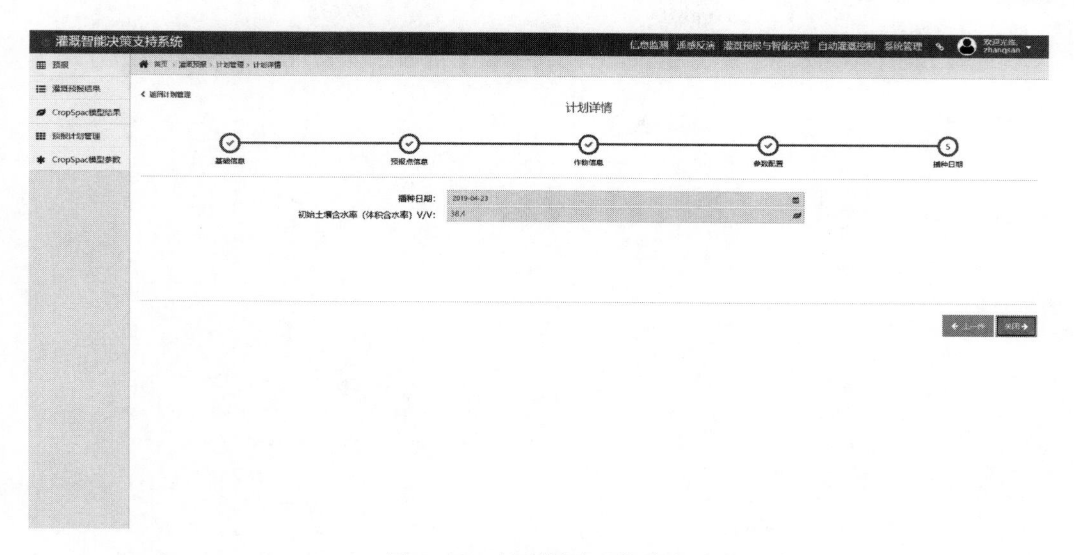

图 7-41 填写播种日期信息

图 7-42 每日录入数据

物系数)、K_ω（土壤水分修正系数)、ET_c（作物腾发量，mm)、有效降雨量 P(mm)、UP（地下水对作物根层的补给量，mm)、W（计划湿润层内自由排水通量，mm）及灌溉 M（灌溉水量，mm）等数据，见图 7-43（a)。同时，预报结果可获得土壤含水率变化曲线，见图 7-43（b)。

（2）结果对比分析。在结果对比分析中，灌溉预报的预报界面，选择灌溉预报计划（如“2019 年玉米智能调控灌溉”），可以查询到作物（如“2019 年玉米智能调控灌溉”）生育期内每日降雨量、灌溉水量、灌溉预报模型预测值、CropSPAC 模型模拟土壤体积含水率、墒情站观测土壤体积含水率及实测土壤体积含水率等变化过程对比曲线，见图 7-44。

(a) 预报结果列表展示

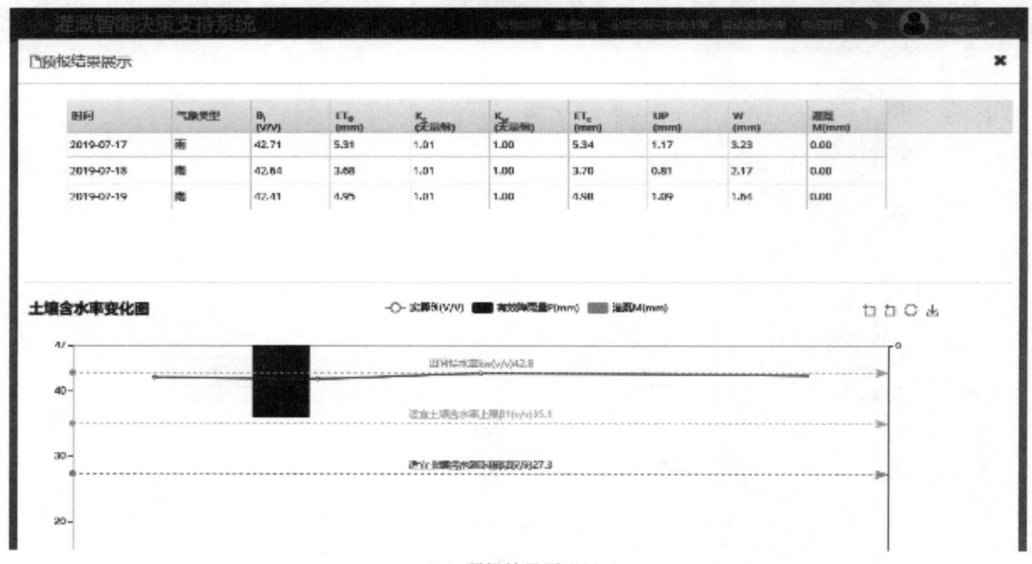

(b) 预报结果图形展示

图 7-43　预报结果展示

4. 实施自动灌溉

根据灌溉预报的灌水定额和灌水周期，启动灌溉系统，按照事先编制的灌溉制度，实施自动灌溉。

5. 自动控制历史指令

在自动控制历史指令处，可以通过系统查看灌溉设备发送的各次指令状态是否成功。

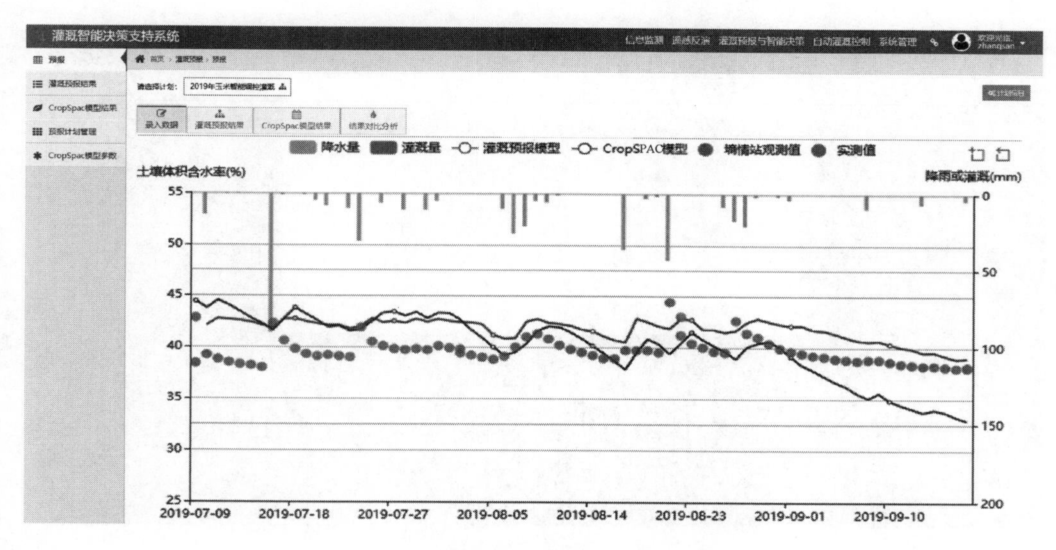

图 7-44　结果对比分析

6. 喷灌、滴灌系统实时状态

（1）喷灌机实时状态。在自动灌溉控制、喷灌机实时状态中，可以查看试验区内各个喷灌设备控制器运行状态，见图 7-45。

	喷灌机名称	喷灌机ID	模式	运行状态	状态详情	下发指令
1	喷灌控制器_001	19995062746046464	手动	设备掉线		▶
2	喷灌控制器_002	19992208328433664	--	设备掉线		▶
3	喷灌控制器_003	19992208396140544	自动	设备掉线		▶
4	喷灌控制器_004	19992208466239488	--	设备掉线		▶
5	喷灌控制器_005	19992208531660800	--	设备掉线		▶
6	喷灌控制器_006	19992208599154688	--	设备掉线		▶
7	奥特美克喷灌控制器_002	20162824528543744	--	设备掉线		▶

图 7-45　喷灌机实时状态

在喷灌机实时状态详情中，可以查询各台喷灌机的控制模式、入机流量、入机压力、已灌水量、当前分区、运行开始角度、运行结束角度、当前角度、运行圈数、行进速率、电池电压、正向行进标识、反向行进标识、有水行进标识、尾枪状态、安全回路状态等具体数据，见图 7-46。

喷灌机也可以通过手工发送灌溉指令，确定灌溉开始时间及其灌溉量，见图 7-47。

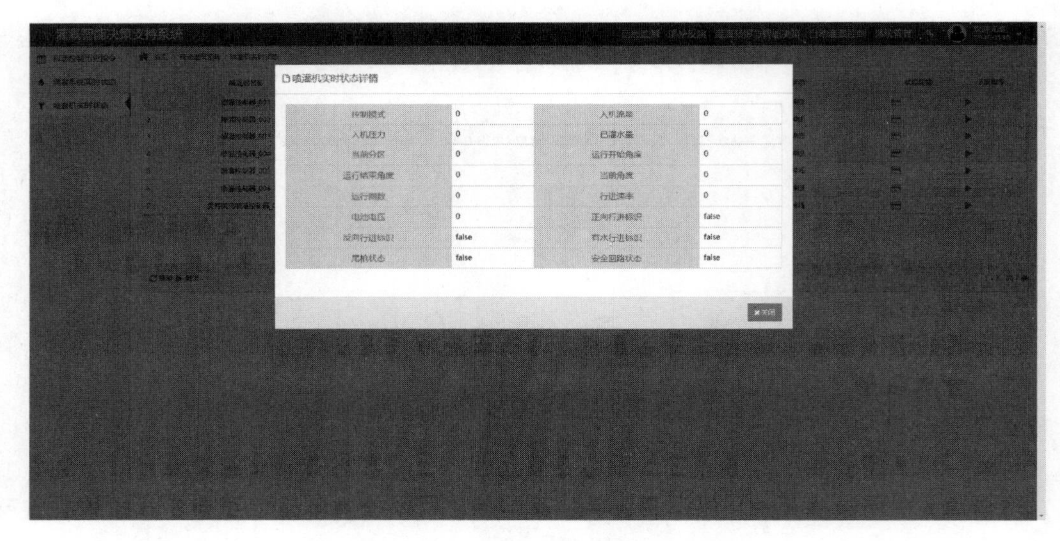

图 7-46 喷灌机实时状态详情

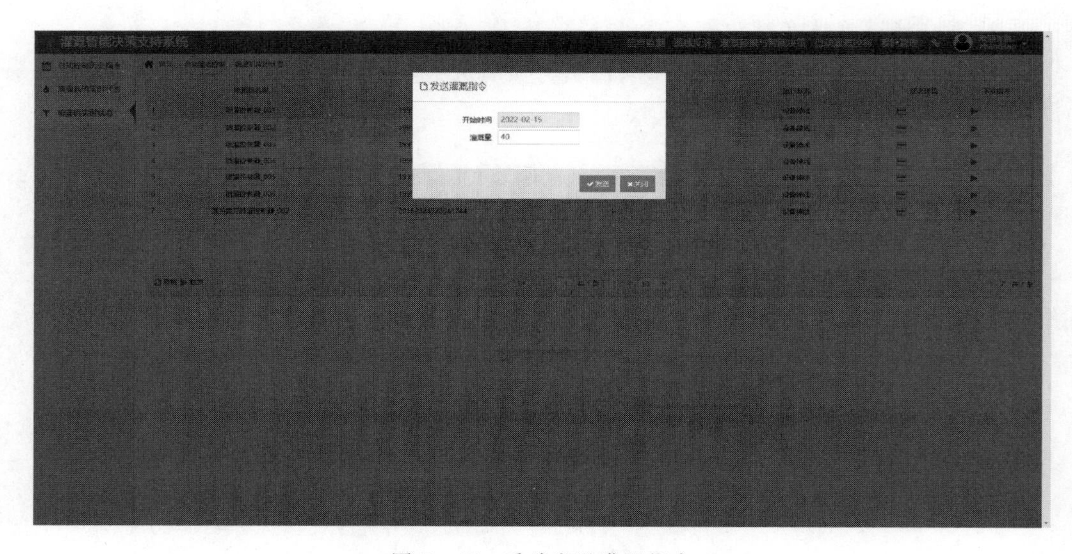

图 7-47 手动发送灌溉指令

（2）滴灌系统实时状态。在自动灌溉控制的滴灌系统实时状态中，可以查看试验区内各个滴灌设备运行状况，绿色表示正常开启，红色表示关闭状态，见图 7-48。

7. 自动控制柜

田间电磁阀的自动控制柜见图 7-49（a），田间电磁阀见图 7-49（b）。

三、结果分析

2018 年和 2019 年采用灌溉智能决策支持系统对克山县试验区进行试运行，灌溉预报误差在 10%以内，初步研究成果精准较高，能够指导当地农业灌溉，服务农业生产，灌溉预报成果见第四章第二、第三节。

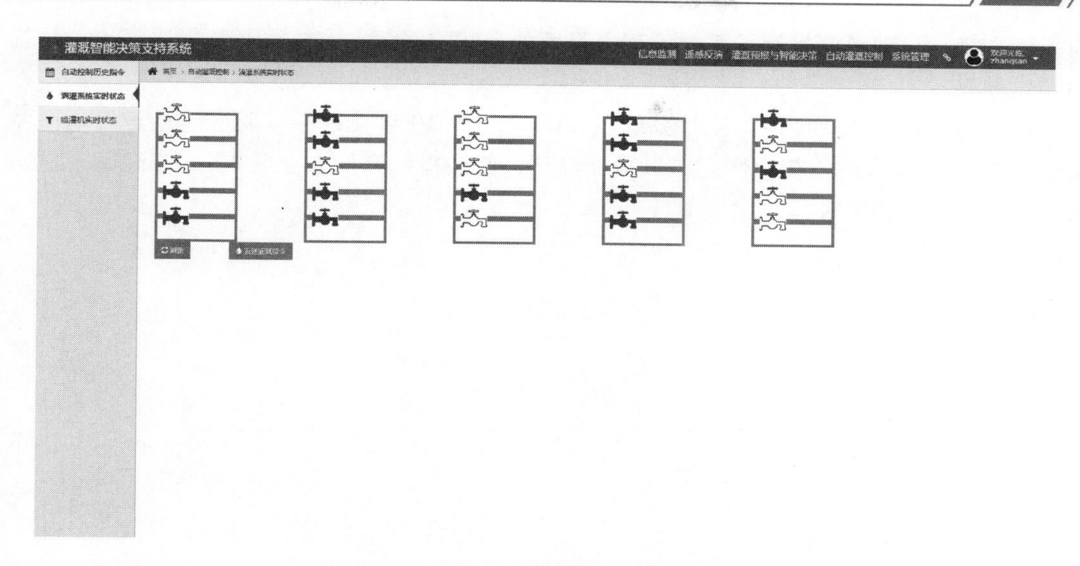

图 7-48　滴灌系统实时状态

（a）自动控制柜

（b）电磁阀

图 7-49　田间的自动控制柜和电磁阀

第四节　本　章　小　结

（1）基于物联网、移动互联、3S 技术灌溉物联云平台，设计开发互联网＋灌溉决策支持系统——灌溉智能决策支持系统，该系统汇集感知层、汇聚层、数据层、服务层和应用层等五部分，包括物联网数据采集、遥感数据处理、灌溉系统智能决策库、灌溉预报决策支持平台、远程控制系统、移动应用系统、系统管理平台、基础数据库建设等 8 个大模块，下面又包括 29 个子模块，实现节水灌溉系统数据的采集、融合、决策、执行、反馈全流程。

（2）通过对灌溉智能决策支持系统中工程基础信息、信息监测、遥感反演、灌溉预报与智能决策、自动灌溉控制、系统管理等界面的介绍与演示，完成灌溉智能决策支持系统的操作过程。

(3) 通过对灌溉智能决策支持系统在2018年、2019年克山县试验区的试运行，灌溉预报误差在10%以内，初步研究成果精准较高，能够指导当地农业灌溉，服务农业生产，具体内容详见第四章第二、第三节。

第八章　灌溉系统智能调控技术标准化模式

灌溉系统智能调控技术包括云平台灌溉智能决策系统、数据采集与传输技术、数据接口技术、自动控制灌溉技术和喷微灌技术。

第一节　灌溉智能决策系统组成

灌溉智能决策系统包括物联网数据采集、遥感数据处理、灌溉系统智能决策库、灌溉预报决策支持平台、远程控制系统、移动应用系统、系统管理平台、基础数据库建设8项功能。

在智能灌溉系统建设过程中，将系统的各个组成部分进行合理的划分，形成监测系统、灌溉系统、视频图像监控系统、遥感解译系统和模型算法系统等模块。各个模块解决各自特定的问题，可以独立工作，即使出现问题也不会影响整个系统的正常运行。模块之间通过接口的互相调用、集成构成智能灌溉决策支持系统。

第二节　数据采集与传输技术

一、数据分类

喷微灌物联网平台数据分为描述工程的基础数据、描述作物生长的环境数据、描述灌溉设备运行状况的过程数据、监测监视作物生长图像与视频等的其他数据。

（1）基础数据：灌溉面积、类型、位置、灌溉设备型号、特性参数、地理信息等。

（2）环境数据：气象信息、土壤信息、地表水与地下水信息、水质信息。

（3）过程数据：工程运行压力、流量、控制、运行状态、指令。

（4）其他数据：图像、视频、遥感数据。

二、数据采集与传输

1. 基础数据

基础数据主要为人工收集并录入系统的、较长时间不变的数据。包括灌溉区域的属性信息、灌溉设备的属性信息等。

2. 环境数据

环境数据是由现场传感器采集的实时监测数据，包括气象数据（气温、风速、风向、气压、相对湿度、太阳辐射量和降雨量等）、土壤数据（各深度土壤含水率信息、土壤EC值、土壤温度等）、地表水和地下水数据（水位、水温）、水质数据（化学需氧量、pH值、全盐量、氯化物）等。

3. 过程数据

过程数据是现场测控设备采集的灌溉设备运行数据和灌溉指令。灌溉设备运行数据包括水泵流量、出口压力、功效等；灌溉设备的行进方向、速度、一次灌水量等；过滤设备的前后压力，施肥装置的运行状况、施肥流量等；阀门开启度等。

4. 其他数据

其他数据包括现场摄像头拍摄的图片数据或视频数据，主要包括重要设备设施和作物长势的图像和视频数据，以及经过遥感技术处理后获取大范围内的蒸散发量等相关数据。

三、数据标准化

在智能灌溉系统的设计或建设过程中，必须对这些数据的内容进行标准化，从数据监测频次、精度、单位、格式等方面制定统一的标准。统一的数据标准有利于数据和系统间的集成。具体要求见附录D《高效节水灌溉物联网平台数据接口技术规范》（T/JSGS 006—2022）。

四、数据传输技术

基础数据主要是由人工收集并录入系统；环境和过程数据由传感器或设备采集后，通过GPRS、4G或ZigBee等无线数据传输网络，将数据传输到上位机中；其他数据中的视频、图片等数据可通过GPRS或4G等无线网络传输到上位机中，而遥感反演成果因数据量相对比较大，并且实时性不像视频或现场图像要求那么高，可选择通过共享文件的方式进行传输。

第三节 数据接口技术

在智能灌溉决策支持系统开发的基础上，本书制定了《高效节水灌溉物联网平台数据接口技术规范》（T/JSGS 006—2022），规范了系统间使用的接口技术。系统间接口常用的规范标准有Web服务调用、消息中间件以及采用《水文监测数据通信规约》（SL 651—2014）等协议直接进行数据接入。可以根据各系统间数据接口的不同特点，采用不同的接口技术。具体要求见附录D《高效节水灌溉物联网平台数据接口技术规范》（T/JSGS 006—2022）。

第四节 自动控制灌溉技术

灌溉自动控制系统主要由安装在系统首部的灌溉控制器和解码器组成，控制器通过一条电缆与田间的多个电磁阀及解码器相连接。每个电磁阀均配置一个解码器，并分配唯一的地址。控制器采用地址识别解码器和田间灌溉电磁阀方式，当控制器发送一个指令来激活某一地址，所有系统内的解码器都将收到这一指令，但只有与指令相对应的解码器会做出反应并开启或关闭对应的阀门。灌溉控制器与云平台数据交换，通过数据接口与云平台实现数据交互，接受云平台的指令，并上报控制器及田间电磁阀的开关状态。

第五节 喷微灌技术

灌溉智能调控系统适用的灌溉技术主要包括喷灌技术和微灌技术。适用的喷灌技术主要包括固定式喷灌与中心支轴式喷灌机、平移式喷灌机的喷灌。适用的微灌技术主要包括微喷技术、小管出流、常规滴灌、膜下滴灌、膜上滴灌、地埋滴灌等。

第六节 本章小结

在应用示范基础上，对灌溉系统智能调控技术进行总结提炼，形成了标准化模式，为该项技术的推广应用提供了技术指导，尤其是编写的《高效节水灌溉物联网平台数据接口技术规范》（T/JSGS 006—2022），能够有效地规范高效节水灌溉物联网系统建设，从技术上统一和协调各个子系统的集成问题，避免重复建设和实现数据互通互联。

第九章 结 论

本书在充分利用互联网、大数据和云平台技术的基础上，建成了农田灌溉智能决策支持系统，通过系统智能决策和执行实现智能灌溉。研究规模化农业多维数据实时监测与数据采集系统，通过物联网技术实现了各类信息的实时监测、指令传输和执行；集成、比对和验证了玉米生长形状、产量和水肥气热多要素响应模型，探究了基于作物高效用水生理学的作物需水信号诊断指标与需水感知模型；研究集成了当地降水、地下水补给模型、作物腾发量实时与预报模型、土壤水分修正系数模型、农田水量平衡方程模型，建立灌溉系统智能决策模型库；应用卫星遥感和无人机低空遥感技术对灌区与试验区的基础空间信息、潜在蒸散发进行了遥感反演；研发规模化农田野外工况下低功耗灌溉监控设备以及灌溉电磁阀；开发了灌溉系统智能调控设备及灌溉智能决策支持系统，提出灌溉系统智能调控技术标准化模式。预测预报效果精度高，能够指导当地农业灌溉进行农业生产，为解决节水灌溉物联网系统建设过程中不同设备之间的联通问题，编写了技术指南，推动了灌溉系统智能化健康发展，为数据应用和深度挖掘奠定基础。具体包括以下结论。

（1）对试验区的土壤物理性状进行了测试，测得当地的土壤以粉壤土为主，黑土层的深度大约为 60～80cm。1m 土层干容重平均值为 1.23g/cm^3，田间持水率平均值为 38.09%，饱和含水率平均值为 54.28%。土壤饱和导水率取值为 3～7cm/d，0～20cm 的饱和导水率较高，深层土壤饱和导水率相对较低。试验区在春玉米生育期内的平均温度大约为 17～18℃，最低温度为－6.6℃，最高温度为 34.8℃。生育期初期和末期温度偏低，9 月易发生霜冻天气，使玉米遭受冻害。光照资源丰富，日照时数长，生育期内太阳辐射累计值为 2428～2694MJ/m^2，净辐射累计值为 1502～1616MJ/m^2。春玉米生育期前期 5—6 月，风速较大，地表蒸腾快，ET_0 值偏高，生育后期 ET_0 逐渐降低，平均为 3～4mm，生育期内累计 ET_0 达 488.83mm。生育期内累计降雨量为 400～650mm，集中在 7、8 月，且强降雨集中。

（2）集成、对比和验证了玉米生长性状、产量和水肥气热多要素响应 CropSPAC 模型，比对后的 CropSPAC 模型实现了参数的本土化，得到了适合当地气象条件和作物的模型参数值，并且能够较好地模拟当地玉米生育阶段发育、叶面积指数、株高、生物量和土壤水热的动态变化。将确定参数后的 CropSPAC 模型纳入灌溉预报智能决策库，可以为灌溉预报提供决策信息。玉米茎流可作为作物生理学需水信号的诊断指标，本书也探究了玉米茎流速率的日变化特征，变化趋势大约呈“几”字形，2017 年、2018 年灌浆期内茎流速率峰值的平均值分别为 58.72g/h、48.26g/h。降雨后茎流明显大于降雨天茎流，达到甚至超过了降雨前茎流，2017 年、2018 年降雨后日茎流速率峰值分别比降雨天增加 24.67%、187.39%。茎流速率与空气温度、风速、水汽压、光合有效辐射呈显著正相关，与相对湿度、土壤温度呈显著负相关，其中茎流速率与空气温度、光合有效辐射、相对湿度间相关系数的绝对值皆在 0.8 以上，是影响东北黑土区茎流速率的主要环境因素。玉米灌浆期每日的植株蒸腾量为 2～6mm/d，日均棵间蒸发值为 1.17mm。

（3）研究集成当地降水、地下水补给模型、作物腾发量实时与预报模型、土壤水分修正系数模型、农田水量平衡方程模型，建立灌溉系统智能决策模型库，并根据大田试验的基础数据和实时监测数据，求出适合当地的作物系数 K_c 和土壤水分胁迫系数 K_s，根据公式和实测值拟合 K_c 与 LAI、LCP 关系公式中的未知参数，以及 K_s 估计公式中的未知参数，为实现灌溉预报提供基础参数，为构建信息化平台提供模型支持。

（4）初步实现了基于光谱匹配技术的土地利用、作物种植结构和有效灌溉信息协同遥感提取技术。利用遥感解译得到克山地区的土地利用类型，2017—2019 年克山县土地利用情况变化不大，基本趋于稳定，耕地面积占比 74.79%～75.41%，裸地面积占比 8.06%～8.86%，草地面积占比 5.64%～5.74%，建设用地占比 5.33%～5.62%，水域占比 2.09%～2.14%，林地占比 3.08%～3.20%。主要土地利用类型中，耕地面积占比最高，约 75%，其次是裸地、草地、建设用地、林地和水域面积。克山县在 2017—2019 年土地利用变化特征是裸地面积、水域面积减少，而建筑用地面积增加。利用遥感反演得到克山地区植被指数（*NDVI*）分布图、*LAI* 分布图、植被覆盖度情况，以及作物种植结构。克山县 2018 年、2019 年主要作物为玉米和大豆，玉米占 49.58%～50.96%，大豆占 41.26%～41.90%，旱稻、麻等作物占比较少。采用耦合遥感信息的 Priestley - Taylor 公式计算潜在蒸散发，分别计算得到 2018 年 8 月，2019 年 7—9 月日尺度 ET_0 空间分布信息。

（5）研发规模化农田野外工况下低功耗灌溉监控设备，开发出统一规范、扩展性较强、可以提供丰富数据服务的通用型应用层网关设备，利用现代信息技术对传统喷、滴灌系统进行了升级改造，开发了基于低压电力载波通讯的两线解码器灌溉控制系统，实现了田间灌溉控制信号与电磁阀供电的共线传输，并且使田间灌溉控制系统的布线量比传统的多线灌溉控制系统减少了 90%以上，另外，灌溉控制器软件采用 B/S 结构，支持远程访问，可以实现灌溉系统的远程管理；揭示电磁阀流道结构对水力学特征的影响机制，本书设计开发的 3 寸电磁阀，启动压力为 0.06MPa，水头损失也低于行业内同类型电磁阀近 8.2%，满足课题任务书对于低水头损失、低能耗启动压力特点的电磁阀产品开发要求，并可用于生产实际应用。

（6）设计开发的互联网＋灌溉决策支持系统是基于物联网、移动互联、3S 技术下作物、土壤、气象等要素多维实时监测与采集系统，构建了以云数据存储和云计算中心为核心、数据标准化为基础、智能物联云网关为接口、便携式智能终端为手段的灌溉物联云平台。平台集成了本书中各子课题的模型算法研究成果、灌溉设备以及遥感反演数据；实现了节水灌溉系统数据采集、融合、决策、执行、反馈全流程有效连接，实现了灌溉预报以及数据信息的实时修正。经过 2 年试运行，在试验区内灌溉预报误差在 10%以内，初步研究成果精准较高，能够指导当地农业灌溉，进行农业生产。编写制定的《高效节水灌溉物联网平台数据接口技术规范》（T/JSGS 006—2022），为规范高效节水灌溉物联网系统的建设，从技术上统一和协调各个子系统的集成问题提供了理论基础，解决了高效节水灌溉物联网系统内各个软硬件之间的信息互通，形成了软硬件相协调、标准化智能调控技术模式，为解决节水灌溉物联网系统建设过程中不同设备之间的联通问题提供了一定参考，同时推动了灌溉系统智能化健康发展，为今后进一步高效节水智能化研究提供了一定的参考标准和指导作用。

参 考 文 献

[1] 马颖卓. 充分发挥农业节水的战略作用助力农业绿色发展和乡村振兴——访中国工程院院士康绍忠 [J]. 中国水利，2019 (1)：6-8.

[2] 龚时宏，吴文勇，廖人宽. 东北粮食主产区高效节水灌溉技术与集成应用 [J]. 中国环境管理. 2017 (2)：111-112.

[3] 魏青. 基于无人机多光谱遥感的典型作物识别及水肥状况监测研究 [D]. 北京：中国水利水电科学研究院，2021.

[4] 彭继达，张春桂. 基于高分一号遥感影像的植被覆盖遥感监测——以厦门市为例 [J]. 国土资源遥感，2019 (4)：137-142.

[5] 樊鸿叶，李姚姚，卢宪菊，等. 基于无人机多光谱遥感的春玉米叶面积指数和地上部生物量估算模型比较研究 [J]. 中国农业科技导报. 2021 (9)：112-120.

[6] 李远华，罗金耀. 节水灌溉技术与理论 [M]. 武汉：武汉大学出版社，2003.

[7] 茆智，等. 实施灌溉预报 [J]. 中国工程科学. 2002 (5)：24-33.

[8] 戚迎龙，赵举，李彬，等. 玉米浅埋滴灌典型种植区参考作物腾发量的气象敏感性研究 [J]. 节水灌溉，2020 (6)：14-19.

[9] 苏春宏，陈亚新，王亚东. ET_0 计算模型及其主要输入因子的影响分析评估 [J]. 灌溉排水学报. 2006 (1)：14-19.

[10] 刘昌明，张丹. 中国地表潜在蒸散发敏感性的时空变化特征分析 [J]. 地理学报，2011 (5)：579-588.

[11] 刘建立，程丽莉，余新晓. 乔木蒸腾耗水的影响因素及研究进展 [J]. 世界林业研究. 2009 (4)：34-40.

[12] 徐浩，张小虎，邱小雷，等. 格网化小麦生长模拟预测系统设计与实现 [J]. 农业工程学报. 2020 (15)：167-171.

[13] 孙诗睿，赵艳玲，王亚娟，等. 基于无人机多光谱遥感的冬小麦叶面积指数反演 [J]. 中国农业大学学报. 2019 (11)：51-58.

[14] 王亚杰. 基于无人机多光谱遥感的玉米叶面积指数监测方法研究 [D]. 杨凌：西北农林科技大学，2018.

[15] 张威. 农田灌溉遥感监测技术的发展与前景 [J]. 节水灌溉. 2019 (4)：102-108.

[16] 朱艳，汤亮，刘蕾蕾，等. 作物生长模型研究进展 [J]. 中国农业科学. 2020 (16)：3235-3256.

[17] 江新兰，杨邦杰，高万林，等. 基于两线解码技术的水肥一体化云灌溉系统研究 [J]. 农业机械学院. 2016 (10)：267-272.

[18] 李淑华. 农田土壤墒情监测与智能灌溉云服务平台构建关键技术研究 [D]. 中国农业科学院，2016.

[19] 张志昊. 规模化滴灌系统灌溉施肥性能评价及模拟 [D]. 北京：中国水利水电科学研究院，2020.

[20] 宋健. 多功能作物模型平台设计及测试 [D]. 北京：中国农业大学，2020.

[21] Muhammad Nasrollahi，Ali Asghar Zolfaghari，et al. Spatial and Temporal Properties of Reference Evapotranspiration and Its Related Climatic Parameters in the Main Agricultural Regions of Iran

[J]. Pure and Applied Geophysics, 2021 (10): 1 - 21.

[22] Sun Juying, Wang Genxu, Sun Xiangyang, et al. Elevation - dependent changes in reference evapotranspiration due to climate change [J]. Hydrological Processes, 2020 (26): 5580 - 5594.

[23] Jing Zhang, Jia Zhang, Xiangyang Du, et al. An overview of ecological monitoring based on geographic information system (GIS) and remote sensing (RS) technology in China [J]. IOP Conference Series: Earth and Environmental Science. 2017 (1): 012056 - 012056.

[24] Ying Lu, Chao Chen, Hailing Gu, et al. Remote sensing monitoring of ecological environment based on Landsat data [J]. IOP Conference Series: Earth and Environmental Science. 2019 (5): 052061 - 052061.

[25] Jhade Sunil, Dagam Sindhu. Growth Status and ARIMA Model Forecast of Area, Production of Wheat Crop in India [J]. Journal of Scientific Research and Reports. 2020: 117 - 125.

[26] Zhuo Wen, Huang Jianxi, Gao Xinran, et al. Prediction of Winter Wheat Maturity Dates through Assimilating Remotely Sensed Leaf Area Index into Crop Growth Model [J]. Remote Sensing. 2020 (12): 2896 - 2896.

[27] Weicai Yang, Xiaomin Mao, Jian Yang, et al. Adeloye. A Coupled Model for Simulating Water and Heat Transfer in Soil - Plant - Atmosphere Continuum with Crop Growth [J]. Water. 2018 (11): 47.

[28] Achilles D. Boursianis, Maria S. Papadopoulou, Panagiotis Diamantoulakis, et al. Internet of Things (IoT) and Agricultural Unmanned Aerial Vehicles (UAVs) in smart farming: A comprehensive review [J]. Internet of Things. 2020: 100187 - 100187.

[29] Kumagai T, Saitoh TM, Sato Y, et al. Transpiration, canopy conductance and the decoupling coefficient of a lowland mixed dipterocarp forest in Sarawak, Borneo: dry spell effects. J Hydrol, 2004, 287: 237 - 251.

[30] 吴伟斌，洪添胜，王锡平，彭万喜，李震，张文昭．叶面积指数地面测量方法的研究进展 [J]. 华中农业大学学报，2007 (02): 270 - 275. DOI: 10.13300/j.cnki.hnlkxb.2007.02.031.

[31] 谭一波，赵仲辉．叶面积指数的主要测定方法 [J]. 林业调查规划，2008 (03): 45 - 48.

[32] 程武学，潘开志，杨存建．叶面积指数 (LAI) 测定方法研究进展 [J]. 四川林业科技，2010，31 (03): 51 - 54+78. DOI: 10.16779/j.cnki.1003 - 5508.2010.03.008.

附　　录

附录A　论文和专利发表情况

一、已公开发表和在投论文

1）Lu Y，Song W，Lu Ji，et al. An Examination of Soil Moisture Estimation Using Ground Penetrating Radar in Desert Steppe [J]. Water，2017，9（7）：521（第一标注，SCI）；

2）Jiang L，Jian S，Mo L，et al. Optimization of irrigation scheduling for spring wheat based on simulation - optimization model under uncertainty [J]. Agricultural Water Management，2018，208：245 - 260（第一标注，SCI）；

3）Yang W，Mao X，Yang J，et al. A Coupled Model for Simulating Water and Heat Transfer in Soil - Plant - Atmosphere Continuum with Crop Growth [J]. Water，2019，11（1）：47（第一标注，SCI）；

4）Yu Y，Li Z，Gao Z. Research and development of smart irrigation in China [J]. Irrigation and Drainage，2020（8）（第一标注，SCI）；

5）Lu Y，Song W，Pang Z. Research on Cosmic - Ray Neutron Method for Irrigation Monitoring. Proceedings of the 7th Academic Conference of Geology Resource Management and Sustainable Development，2020（第一标注，EI）；

6）Liu H，Song W，Tian L. Remote Sensing Monitoring and Classification of Land Use in Irrigation District Based on Deep Learning Proceedings of the 7th Academic Conference of Geology Resource Management and Sustainable Development，2020（第一标注，EI）；

7）Lu Y，Song W，Su Z，et al. Mapping irrigated areas using random forest based on gf - 1 multi - spectral data. The International Archives of the Photogrammetry，Remote Sensing and Spatial Information Sciences，Volume XLIII - B2 - 2020，2020 XXIV ISPRS Congress，2020（第一标注，EI）；

8）Liu H，Song W，Duan Y，et al. Remote Sensing Monitoring and Analysis of Agricultural Drought in Spring Considering Irrigation Area A Case Study of Donglei Irrigation District（Phase Ⅱ），The International Archives of the Photogrammetry，Remote Sensing and Spatial Information Sciences，Volume XLIII - B2 - 2020，2020 XXIV ISPRS Congress，2020（第一标注，EI）；

9）卢奕竹，宋文龙，路京选，苏志诚，刘宏，谭亚男，韩婧怡．探地雷达测量土壤水方法及其尺度特征 [J]. 南水北调与水利科技，2017，15（2）：37 - 44（第二标注，中文核心）；

10）段萌，毛晓敏，许尊秋，赵引，陈帅，薄丽媛．覆膜和水分亏缺对制种玉米灌浆期气体交换参数及产量的影响［J］．排灌机械工程学报，2018，36（11）：1065－1070（第一标注，中文核心）；

11）陈帅，毛晓敏．地表滴灌条件下土壤湿润体运移量化表征［J］．农业机械学报，2018，v.49（8）：292－299（第一标注，EI）；

12）杨伟才，毛晓敏．气候变化影响下作物模型的不确定性［J］．排灌机械工程学报，2018，36（9）：874－879＋902（第一标注，中文核心）；

13）宋健，李江，杨奇鹤，毛晓敏，杨健，王凯．基于AquaCrop和NSGA－Ⅱ的灌溉制度多目标优化及其应用［J］．水利学报，2018，49（10）：1284－1295（第一标注，EI）；

14）宋文龙，李萌，路京选，卢奕竹，史杨军，贺海川．基于GF－1卫星数据监测灌区灌溉面积方法研究［J］．水利学报，2019，50（7）：854－863（第二标注，EI）；

15）田琳静，宋文龙，卢奕竹，吕娟，李焕新，陈静．基于深度学习的农业区土地利用无人机监测分类［J］．中国水利水电科学研究院学报，2019，17（4）：312－320（第一标注，中文核心）；

16）陈帅，毛晓敏．滴灌土壤湿润体迁移计算的人工神经网络模型［J］．排灌机械工程学报，2020，38（2）：206－211（第一标注，中文核心）；

17）黄茜，杨伟才，毛晓敏．东北黑土区春玉米耗水规律及其尺度提升方法研究［J］．农业工程学报．2020（第一标注，EI）．

二、软件著作权

1）层状土壤水盐运移与作物生长耦合模拟软件，著作权人：中国农业大学，2016；

2）灌区基础信息遥感监测系统，著作权人：中国水利水电科学研究院，2017；

3）无人机航飞土地利用快速分类软件，著作权人：中国水利水电科学研究院，2017；

4）灌溉智能决策系统V1.0，著作权人：中国灌溉排水发展中心，2019.

三、专利

申请发明专利：

1）一种多尺度土壤墒情协同观测装置，专利权人：中国水利水电科学研究院，专利号：ZL201510202877.3；

2）一种改进的倾斜矩形范围框标注方式，专利权人：中国水利水电科学研究院，专利号：2020106607051；

3）一种基于地表温度的春灌期灌溉面积动态监测遥感方法，专利权人：中国水利水电科学研究院，专利号：201910763032.X；

4）基于GF－1卫星数据监测灌区灌溉面积方法，专利权人：中国水利水电科学研究院，专利号：201910553283.5.

完成实用新型专利：

1）一种折叠自锁装置、机臂及旋翼飞机，专利权人：中国水利水电科学研究院，专利号：ZL201620895267.6；

2）一种较高分辨率区域地表温度无人机获取装置及系统，专利权人：中国水利水电科学研究院，专利号：ZL201721214928.1；

3）一种简易的轻小型电动无人机动力电池防打火电路，专利权人：中国水利水电科学研究院，专利号：ZL201820903061.2.

附录 B　应用层通信协议数据结构

所有的通信包都是由 UTF－8 编码的 json 字符串组成

[UUID] 说明：进入此网站 https：//www. uuidgenerator. net/，页面刷新将会产生一个新的 UUID。

（1）Last Will and Testament（LWT）

此特性用于通知其他客户端当前设备的异常断线。

topic：

[UUID]/UP/lwt

QoS = 2，消息体：

{"state"："Offline"}

（2）Device Profile 设备描述-仅在连接到 MQTT 服务器后收到一条

topic：

[UUID]/UP/profile

QoS = 0，RETAIN = 1，消息体：

{"device"：{

- 站名

"site"："水科院"，

- 产品名称

"prdt"："TBox"，

- 生产商

"mnfr"："Servelec Technologies"，

}，

"groups"：[{

- 数据块名称

"name"："T1"，

- 中文名称

"cnname"："玻璃温室-北-阀门状态"，

"item"：[{

- 数据名称

"tag"："V_0"，

- －1＝bool，0～4＝整型，5＝浮点；

"type"：－1，

- 数据中文名

"name"："阀门编号 1"，

- 数据单位

"unit"："m^3/s"，

- 0＝只读，1＝可读可写

"rw"：0，

}

],
  },
],
}

(3) Real Data 发送实时数据 2sec/条

topic:
[UUID]/UP/data
QoS = 0,消息体:
- UTC时间+微秒,共16位

{"utc":"1501213400000000"
"data":[
[
• "value":变量值替换,变量排列顺序必须与"设备描述"消息体"items"内容一致
"value",
"0",
"123",
"33.456",
"1"
],
[
"0",
"123",
"33.456",
]
]
}

(4) log Data 发送log数据 5min/条(需入库)

topic:
[UUID]/UP/data
QoS = 0,消息体:
- UTC时间+微秒,共16位

{"utc":"1501213400000000"
"log":[
[
• "value":变量值替换,变量排列顺序必须与"设备描述"消息体"items"内容一致
"value",
"0",
"123",
"33.456",
"1"
],
[

```
"0",
"123",
"33.456",
]
]
}
```


表 B.1　　item 名称编码规则：设备分类（可扩充）

控制器类型	英文缩写	编码规则				
基站控制器	BS	BS_地名首字母_DID 三位数字编码	BS_YQ_DID002			
			YQ_DID002			
种植小区	英文缩写	编码规则	由系统配置，系统根据配置信息查询对应所属小区			
种植小区	BL	BL_BID 三位数字编码	BL_BID001			
			将 groups 中的 name（T1）替换成 BL_BID001			
设备类型（对应 tag 编码）	英文缩写	编码规则		单位	单位说明	
阀门开关指令	CV	CV_三位数字	CV_001		开关指令	0 关 1 开
阀门	SV	SV_三位数字	SV_001		开关状态	0 关 1 开
空气温度传感器	AT	AT_三位数字	AT_001	℃	摄氏度	
空气湿度传感器	AH	AH_三位数字	AH_001	%	百分比	
空气二氧化碳传感器	AC	AC_三位数字	AC_001	ppm	浓度	
空气光照传感器	AR	AR_三位数字	AR_001	klx	千勒克斯	
空气风速传感器	AS	AS_三位数字	AS_001	m/s	米/秒	
空气风向传感器	AD	AD_三位数字	AD_001		角度	正北为 0 度
空气雨量传感器	AW	AW_三位数字	AW_001	mm	毫米	
空气大气压传感器	AP	AP_三位数字	AP_001	kPa	千帕	
土壤温度传感器	ST	ST_三位数字	ST_001	℃	摄氏度	
土壤湿度传感器	SM	SM_三位数字	SM_001	%	百分比	
土壤热通量传感器	SH	SH_三位数字	SH_001	W/m^2	热通量	
肥液 EC 传感器	EC	EC_三位数字	EC_001	μS/cm	电导率	
肥液 PH 传感器	pH	pH_三位数字	pH_001		pH 值	
肥液流量传感器	FF	FF_三位数字	FF_001	m^3/h	流量	
肥液压力传感器	FP	FP_三位数字	FP_001	kPa	千帕	
灌溉管网主管道压力传感器	MP	MP_三位数字	MP_001	kPa	千帕	
灌溉管网主管道流量传感器	MF	MF_三位数字	MF_001	m^3	累计流量	
灌溉管网小区流量传感器	BF	BF_三位数字	BF_001	m^3	累计流量	
灌溉管网小区压力传感器	BP	BP_三位数字	BP_001	kPa	千帕	
能效电压传感器	EV	EV_三位数字	EV_001	V	电压	
能效电流传感器	EI	EI_三位数字	EI_001	A	电流	

续表

控制器类型	英文缩写	编码规则				
能效功率传感器	EP	EP_三位数字	EP_001	W	瓦	
能效总电能传感器	EE	EE_三位数字	EE_001	kW·h	千瓦·时	
EC 参考温度	ET	ET_三位数字	ET_001	℃	摄氏度	
pH 参考温度	PT	PT_三位数字	PT_001	℃	摄氏度	

附录C 克山县天气类型修正系数与多年平均ET_0值

日期	日序数	晴	昙	阴	雨	多年平均ET_0值/mm
6月1日	152	1.16	0.83	0.67	0.99	4.86
6月2日	153	1.10	1.20	0.46	0.65	5.14
6月3日	154	1.16	0.93	0.58	0.71	5.24
6月4日	155	1.22	0.81	0.79	0.69	5.11
6月5日	156	1.09	0.83	0.69	0.47	5.73
6月6日	157	1.22	0.84	0.60	0.69	5.35
6月7日	158	1.21	0.85	0.64	0.72	4.93
6月8日	159	1.25	0.86	0.71	0.81	4.89
6月9日	160	1.29	1.00	0.75	0.60	4.61
6月10日	161	1.21	0.83	0.64	0.80	5.28
6月11日	162	1.17	0.97	0.59	0.78	5.17
6月12日	163	1.17	0.85	0.43	0.75	5.13
6月13日	164	1.11	0.82	0.56	0.76	5.41
6月14日	165	1.14	0.70	0.78	0.70	5.30
6月15日	166	1.28	0.94	0.70	0.67	4.87
6月16日	167	1.21	0.69	0.58	0.79	5.06
6月17日	168	1.19	0.96	0.54	0.78	4.93
6月18日	169	1.24	0.84	0.70	0.65	4.90
6月19日	170	1.19	1.12	0.71	0.83	5.02
6月20日	171	1.18	0.86	0.81	0.80	4.89
6月21日	172	1.11	0.93	0.69	0.67	4.99
6月22日	173	1.15	0.92	0.60	0.68	5.23
6月23日	174	1.15	0.73	0.60	0.83	5.12
6月24日	175	1.09	0.93	0.70	0.73	5.44
6月25日	176	1.17	1.11	0.68	0.77	5.11
6月26日	177	1.11	0.77	0.79	0.60	5.34
6月27日	178	1.12	1.02	0.70	0.60	5.26
6月28日	179	1.13	0.85	0.74	0.72	5.20
6月29日	180	1.22	0.79	0.67	0.76	5.36
6月30日	181	1.23	0.89	0.74	0.81	4.97
7月1日	182	1.26	0.97	0.65	0.75	4.79
7月2日	183	1.22	0.91	0.60	0.94	4.82
7月3日	184	1.15	0.88	0.62	0.80	4.86

续表

日期	日序数	晴	昙	阴	雨	多年平均 ET_0 值/mm
7月4日	185	1.17	0.95	0.65	0.77	5.05
7月5日	186	1.12	0.85	0.91	0.74	5.06
7月6日	187	1.24	0.88	0.67	0.79	4.80
7月7日	188	1.19	0.77	0.74	0.69	4.95
7月8日	189	1.26	0.87	0.74	0.84	4.37
7月9日	190	1.30	0.85	0.57	0.74	4.33
7月10日	191	1.25	0.83	0.71	0.79	4.43
7月11日	192	1.15	0.84	0.80	0.85	4.56
7月12日	193	1.12	1.18	0.83	0.78	4.75
7月13日	194	1.21	0.99	0.94	0.66	4.63
7月14日	195	1.16	0.88	0.66	0.67	4.67
7月15日	196	1.13	0.82	0.69	0.59	4.74
7月16日	197	1.17	0.85	0.63	0.78	4.74
7月17日	198	1.12	0.81	0.67	0.93	4.77
7月18日	199	1.17	0.94	0.75	0.65	4.65
7月19日	200	1.18	0.95	0.74	0.88	4.35
7月20日	201	1.24	0.96	0.73	0.88	4.12
7月21日	202	1.17	0.98	0.79	0.73	4.21
7月22日	203	1.31	0.81	0.75	0.86	4.07
7月23日	204	1.27	1.02	0.84	0.69	3.85
7月24日	205	1.24	0.92	0.67	0.82	4.06
7月25日	206	1.13	0.91	0.78	0.76	4.41
7月26日	207	1.16	0.91	0.77	0.85	4.30
7月27日	208	1.21	0.92	0.68	0.77	4.26
7月28日	209	1.20	0.93	0.73	0.74	4.16
7月29日	210	1.23	0.94	0.77	0.81	4.00
7月30日	211	1.24	1.02	0.75	0.70	3.93
7月31日	212	1.16	0.93	0.64	0.79	4.19
8月1日	213	1.09	1.22	0.67	0.79	4.38
8月2日	214	1.23	0.93	0.69	0.94	3.98
8月3日	215	1.14	0.79	0.51	0.72	4.44
8月4日	216	1.22	0.97	0.55	0.72	4.06
8月5日	217	1.17	0.80	0.59	0.85	4.13
8月6日	218	1.23	0.92	0.60	0.79	3.94
8月7日	219	1.19	1.07	0.74	0.85	3.96

续表

日期	日序数	晴	昙	阴	雨	多年平均 ET_0 值/mm
8月8日	220	1.17	0.81	0.77	0.75	4.28
8月9日	221	1.25	1.10	0.71	0.80	3.88
8月10日	222	1.15	0.83	0.80	0.88	4.02
8月11日	223	1.15	0.79	0.71	0.88	3.88
8月12日	224	1.24	0.99	0.76	0.82	3.74
8月13日	225	1.16	0.94	0.80	0.88	3.69
8月14日	226	1.22	0.99	0.62	0.79	3.75
8月15日	227	1.22	0.90	0.77	0.80	3.70
8月16日	228	1.12	0.89	0.75	0.78	4.07
8月17日	229	1.08	0.81	0.58	0.86	4.01
8月18日	230	1.19	0.94	0.66	0.71	3.74
8月19日	231	1.10	0.88	0.69	0.75	3.85
8月20日	232	1.13	0.91	0.57	0.81	3.74
8月21日	233	1.20	0.85	0.64	0.67	3.57
8月22日	234	1.18	0.95	0.66	0.75	3.67
8月23日	235	1.13	0.82	0.66	0.74	3.76
8月24日	236	1.16	0.83	0.62	0.90	3.67
8月25日	237	1.13	0.94	0.69	0.75	3.81
8月26日	238	1.18	0.80	0.75	0.64	3.50
8月27日	239	1.13	0.86	0.87	0.81	3.48
8月28日	240	1.17	0.93	0.64	0.86	3.32
8月29日	241	1.19	0.85	0.76	0.80	3.49
8月30日	242	1.18	0.70	0.66	0.77	3.45
8月31日	243	1.15	1.03	0.75	0.76	3.46
9月1日	244	1.12	1.17	0.72	0.72	3.42
9月2日	245	1.15	0.91	0.66	0.67	3.39
9月3日	246	1.18	0.94	0.64	0.59	3.25
9月4日	247	1.18	0.95	1.03	0.68	3.07
9月5日	248	1.23	0.93	0.74	0.78	2.93
9月6日	249	1.11	1.03	0.57	0.82	3.35
9月7日	250	1.06	1.16	0.73	0.90	3.29
9月8日	251	1.20	0.99	0.77	0.78	3.12
9月9日	252	1.22	0.80	0.62	0.68	3.04
9月10日	253	1.12	0.91	0.71	0.88	3.11
9月11日	254	1.11	0.90	0.70	0.77	3.17

续表

日期	日序数	晴	昙	阴	雨	多年平均 ET_0 值/mm
9月12日	255	1.10	0.83	0.54	0.59	3.23
9月13日	256	1.16	0.90	0.76	0.58	3.09
9月14日	257	1.12	0.84	0.60	0.82	3.13
9月15日	258	1.08	0.81	0.73	0.74	3.11
9月16日	259	1.15	0.90	0.71	0.66	2.83
9月17日	260	1.13	1.07	0.76	0.77	2.68
9月18日	261	1.13	0.87	0.83	0.73	2.66
9月19日	262	1.11	0.92	0.83	0.72	2.71
9月20日	263	1.13	0.83	0.75	0.51	2.71
9月21日	264	1.06	0.95	0.54	0.57	2.77
9月22日	265	1.13	0.82	0.75	0.55	2.89
9月23日	266	1.09	1.20	0.69	0.80	2.82
9月24日	267	1.11	0.93	0.55	0.85	2.79
9月25日	268	1.11	0.94	0.97	0.67	2.45
9月26日	269	1.09	1.00	0.80	0.90	2.47
9月27日	270	1.16	0.99	0.89	0.77	2.36
9月28日	271	1.09	1.08	0.78	0.69	2.41
9月29日	272	1.13	1.03	0.67	0.61	2.45
9月30日	273	1.11	1.11	0.72	0.73	2.39

附录D 《高效节水灌溉物联网平台数据接口技术规范》(T/JSGS 006—2022)

1 范围

本文件规定了高效节水灌溉物联网平台数据的范围、分类和模型描述，以及各类数据交互方式和服务接口。

本文件适用于新建、改建高效节水灌溉物联网平台的设计、研发、建设、运行和维护。

2 规范性引用文件

下列文件对于本文件的应用是必不可少的，凡是注日期的引用文件，仅注日期的版本适用于本文件。凡是不注日期的引用文件，其最新版本（包括所有的修改单）适用于本文件。

SL2 水利水电量和单位

SL56 农村水利技术术语

SL61 水文自动测报系统技术规范

SL651 水文监测数据通信规约

SZY206 水资源监测数据通讯规约

3 术语和定义

SL2、SL56 所规定的及下列术语和定义适用于本文件。

3.1 服务接口 service interface

一个自动化系统与另一个自动化系统或人之间的共享边界，用于使用者和提供者之间在不同系统上实现信息交换的合约。

3.2 网络服务接口 web service interface

可在网络（通常为 Web）中被描述、发布、查找以及通过 Web 来调用，使应用程序可以与平台和编程语言无关的方式进行相互通信的一项技术。

3.3 表述性状态传递 representational state transfer（REST）

将对象抽象为资源、资源的瞬时状态定义为一种表述，通过 HTTP 协议操作方式使服务器发生状态传递一种跨平台、跨语言的架构风格。

3.4 消息中间件 message - oriented middleware（MOM）

基于队列与消息传递技术，在网络环境中为应用系统提供同步或异步、可靠的消息传输支撑性软件系统。

3.5 消息队列遥测传输 message queuing telemetry transport（MQTT）

工作在 TCP/IP 协议族上，为硬件性能低下的远程设备以及网络糟糕状况而设计的、基于 ISO 标准（ISO/IEC PRF 20922）下的发布/订阅型消息协议。

3.6 传输层安全性协议 transport layer security（TLS）

为互联网通信提供安全及数据完整性保障，采用主从式架构模型，在 2 个应用程序间透过网络创建起安全的连接，防止在交换数据时受到窃听及篡改的一种安全协议。

3.7 访问控制 access control

按用户身份及其所归属的某项定义组来限制用户对某些信息项的访问，或限制对某些控制功能使用的一种技术。

4 数据分类及要求

4.1 数据分类

高效节水灌溉物联网平台数据分为 4 大类：描述灌溉工程的基础数据、描述作物生长的环境数据、描述灌溉设备运行状态的过程数据以及图像与视频等的其他数据。

本文件中规定了高效节水灌溉物联网平台中常用的数据项，各地在项目实施过程中可在此基础上根据实际项目需求及管理需要增加。

4.2 数据内容及要求

4.2.1 基础数据包括灌溉面积、类型、位置、灌溉设备型号、特性参数、地理信息等。

4.2.2 现场传感器采集的实时环境数据包括气象数据、地下水相关数据和水质数据等。

4.2.3 实时采集的气象、地下水等相关数据以及水质数据应符合表 D.1 的要求。

表 D.1 实时采集的环境数据要求

数据分类	数据项	监测频次要求	精度要求	单 位
气象信息	气温	不少于 1 小时一次	0.1	℃
	风速	不少于 1 小时一次	0.1	m/s
	风向	不少于 1 小时一次	1	(°)
	降雨量	不少于 1 小时一次	0.1	mm
	相对湿度	不少于 1 小时一次	0.1	%RH
	太阳辐射	不少于 1 小时一次	1	W/m^2
土壤信息	土壤温度	不少于 1 天一次	0.1	℃
	土壤 EC 值	不少于 1 天一次	0.01	mS/cm
	土壤体积含水率	不少于 1 天一次	0.1	%
地下水信息	地下水位	不少于 1 天一次	0.1	m
	地下水水温	不少于 1 天一次	0.1	℃
水质信息	化学需氧量	不少于 1 月一次	1	mg/L
	pH	不少于 1 月一次	0.1	—
	全盐量	不少于 1 月一次	10	mg/L
	氯化物	不少于 1 月一次	1	mg/L

4.2.4 过程数据包括现场测控设备采集的灌溉设备运行数据和灌溉指令。

4.2.5 灌溉设备运行数据包括水泵流量、出口压力、功效等；灌溉设备的行进方向、速度、一次灌溉水量等；过滤设备的前后压力，施肥装置的运行与否、施肥流量等；阀门的开启状态等。各运行数据项应符合表D.2、表D.3的要求。

表D.2 **测控设备运行状态数据要求**

数据项	频次	精度	单位	备　注
水量	实时	1	m^3	
流量	实时	0.1	m^3/h	
压力	实时	1	kPa	
电压	实时	0.1	V	
电量	实时	0.1	W	
设备运行状态	实时	—	—	根据设备不同，设备运行状态的内容不同
设备告警	实时	—	—	根据设备不同，设备告警的内容不同

表D.3 **灌溉指令数据要求**

数据分类	数据项	频次	精度	单位
水泵	启停	实时	—	—
闸/阀	开闭	实时	—	—
	开度	实时	1	°
施肥机	启停	实时	—	—
中心支轴式喷灌机和平移式喷灌机	启停	实时	—	—
	灌溉水量	实时	1	mm
过滤器	反冲洗启停	实时	—	—

4.2.6 其他数据包括现场摄像头拍摄的图片数据或视频数据以及蒸散发遥感反演成果数据。图片数据或视频数据主要包括重要设备设施和作物长势的图像和视频数据；蒸散发遥感反演成果数据主要包括经过遥感技术处理后大范围内蒸散发量数据。图像、视频和遥感数据应符合表D.4的要求。

表D.4 **图像、视频和遥感数据要求**

数据项	格式	分辨率及格式要求	频次要求
作物长势监测	图像	最低分辨率：800×600 图像格式：jpg/png/gif/bmp	不少于一天一次
现场实时监测	视频	最低码流：1.5Mb/s 视频格式：mpg4/H.264	实时
遥感 ET_0 影像	图像	最低分辨率：800×600 图像格式：tiff/geotiff	一天一次

5　数据接口

5.1　一般要求

5.1.1　数据接口应支持包含实时信息采集、灌溉控制、模型数据交换及管理在内的各种类型交换需要。

5.1.2　数据接口应满足智能灌溉信息交互和控制的实时性要求。

5.1.3　数据接口应做到代码全面可控，避免中间件带来的安全漏洞。

5.1.4　数据接口信息交互应采用传输层安全性协议（TLS）、访问控制管理等手段保证信息安全。

5.1.5　数据接口架构实现应适应嵌入式装置实现方面的需求。

5.1.6　数据接口应满足跨平台的要求。

5.2　架构

5.2.1　高效节水灌溉物联网平台一般包含数据监测系统、灌溉控制设备、视频图像监控系统等各类子系统，应将基础数据、环境数据、过程数据和其他数据等各类数据进行汇集。汇集的数据应按照水利部颁布的水利信息分类和编码、水利数据库表结构及标识符等规范进行统一的存储。

5.2.2　汇集完成的数据应可通过数据共享对外部系统提供数据接口服务。

5.2.3　高效节水灌溉物联网平台宜遵循图D.1的总体架构。

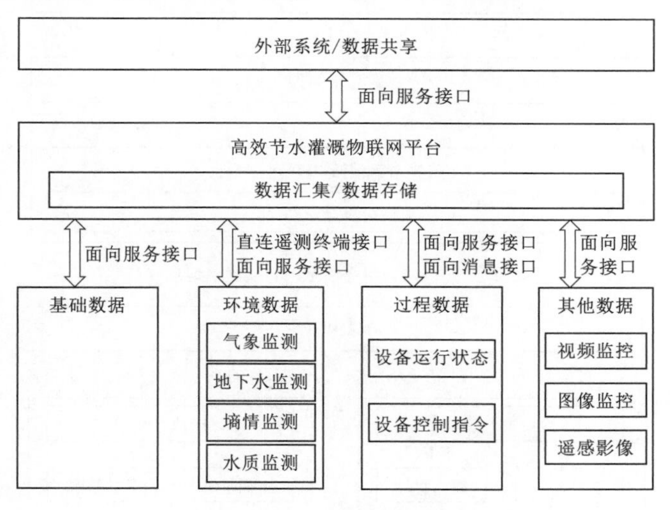

图D.1　系统总体架构

5.2.4　根据信息化技术和数据特点，高效节水灌溉物联网平台宜选用面向服务接口、面向消息接口以及直连遥测终端接口3种数据接口形式。

5.2.4.1　采用面向服务接口的系统设计宜遵循图D.2所示的架构。监测子系统和灌溉设备子系统提供服务接口，物联网平台通过调用接口接收数据或将控制指令下发。同时平台提供接口，供基础数据和其他数据上报，也可以供外部系统调用进行数据共享。

5.2.4.2　采用面向消息接口系统宜遵循图D.3所示的架构。面向消息接口应有消息中间

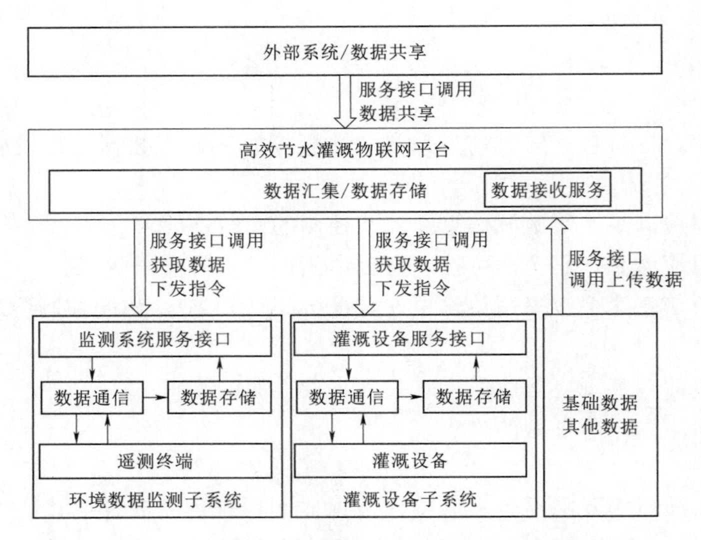

图 D.2　采用面向服务接口需遵循的系统架构

件的支持。平台通过订阅灌溉设备子系统和监测子系统的消息获取数据，通过发布消息向灌溉设备发送控制指令。同时平台对外也可以用消息进行数据共享。

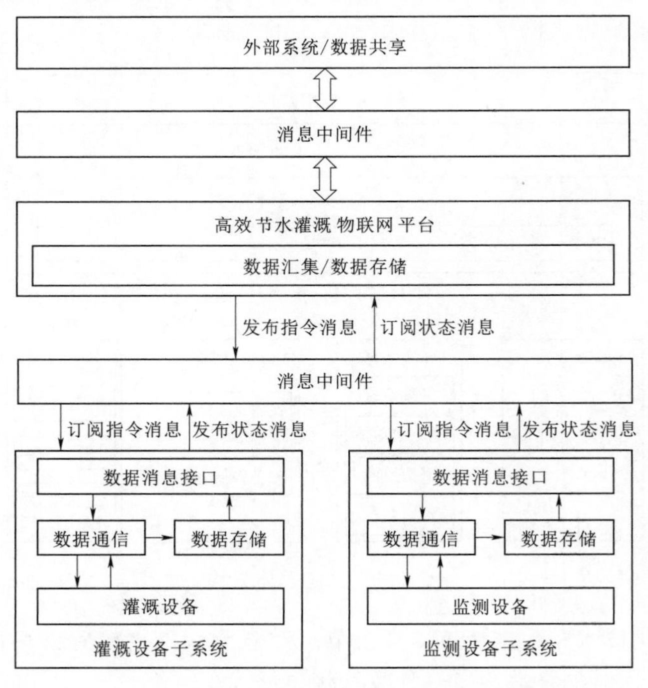

图 D.3　采用面向消息接口需遵循的系统架构

5.2.4.3　采用直连遥测终端接口的系统设计宜遵循图 D.4 所示的架构。直连遥测终端接口方式可用于监测设备或灌溉设备的数据获取，平台建立数据接收模块，监测设备或灌溉设备直接连接到平台上报数据以及获取指令，不用于对外数据共享。

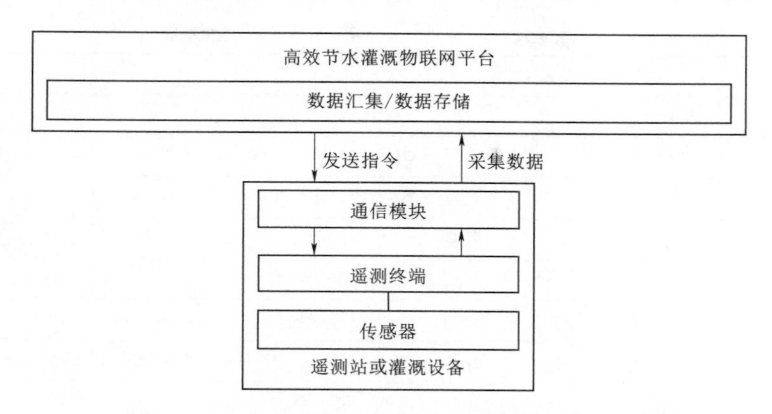

图 D.4 采用直连遥测终端接口需遵循的系统架构

5.3 接口规范

5.3.1 接口应满足系统间信息交互下列要求。

覆盖本文件涉及的所有类型数据的交互；支持对数据模型、定义的交互，接口设计时应具有自描述功能，通过服务接口能获得数据描述并获取和解析数据，达到即插即用的效果；支持实时、当前和历史数据的交互；在实现控制、设置等关键功能时，应具备认证等安全功能；应充分考虑可靠性要求，各环节均应按照冗余设计。

5.3.2 面向服务接口

5.3.2.1 接口设计应遵循下列原则。

(1) API与用户的通信宜使用HTTP或HTTPS协议，在安全性要求高的场合，优先使用HTTPS协议。

(2) 应将API的版本号放入URL。

(3) 在表述性状态传递（REST）架构中，每个网址代表一种资源（resource），网址中不应有动词，只应有名词，API中的名词也应使用复数。

(4) 对于资源的具体操作类型，由HTTP动词GET、POST、PUT、DELETE等表示。

(5) 记录数量很多，服务器不可能将它们全部返回给用户时，API应提供参数，过滤返回结果。

(6) 服务器应向用户返回状态码和提示信息。

5.3.2.2 服务接口设计应符合下列要求。

(1) 实现REST风格的Web服务接口，宜通过调用服务接口，实现环境监测数据、灌溉设备运作状态的获取以及对灌溉设备进行控制与操作。

(2) 在进行控制时，应根据授权参数逐步实现端到端的安全认证。

(3) 基本的服务接口设计宜符合下列要求，具体系统实现时可以在基本接口设计的基础上进行扩展。

5.3.3 面向消息接口

5.3.3.1 面向消息接口宜采用消息队列遥测传输（MQTT）协议。

5.3.3.2 消息接口设计应符合下列要求。

表 D.5 登　录

url	/v1/token/user		
协议	http 或 https		
请求方式	POST		
参 数 说 明			
参数名称	是否必须	类型	描　述
account	是	string	登录账户
password	是	string	登录密码
from	是	string	获取 API 来源（外部调用时填写 App）
返 回 值 说 明			
参数名称	类型	描　述	
code	int	状态码	
msg	string	操作结果提示	
errorCode	int	错误码（如果为 0 则代表请求成功，否则请求失败）	
token	string	用户令牌（只有在请求成功时返回）	

表 D.6 发送灌溉设备命令

url	/v1/{id}/control		
协议	http 或 https		
请求方式	POST（header 头中放入 token）		
参 数 说 明			
参数名称	是否必须	类型	描　述
id	是	int	设备 ID
指令	是	string	启停、开度、灌溉水量等
返 回 值 说 明			
参数名称	类型	描　述	
code	int	状态码	
msg	string	操作结果提示	
errorCode	int	错误码（如果为 0 则代表请求成功，否则请求失败）	

表 D.7 获取灌溉设备状态

url	/v1/{id}/statue		
协议	http 或 https		
请求方式	GET（header 头中放入 token）		
参 数 说 明			
参数名称	是否必须	类型	描　述
id	是	int	设备 ID

续表

返回值说明

参数名称	类型	描述
code	int	状态码
msg	string	操作结果提示
errorCode	int	错误码（如果为 0 则代表请求成功，否则请求失败）

data	string	设备状态 JSON 字符串
		喷灌机：
		{
		"id":value,//设备 id
		"serialno":value,//设备序列号
		"dname":value,//设备名称
		"dclass":value, //设备等级
		"deviceType":value, //设备类型
		"devicePosition":value,//设备位置
		"tm":value,//时间
		"states":{
		"deviceStatus":value, //设备状态
		"deviceRunInfo":value,//运行状态
		"Control_Mode":value, //控制模式
		"AccFlow":value, //已灌水量
		"Current_Zone":value,//当前分区
		"EndGun_HMI":value, //尾枪状态
		"SystemRun":value, //
		"StartAngle":value, //运行开始角度
		"StopAngle":value, //运行结束角度
		"Current_Angle":value, //当前角度
		"InFlow":value, //入机流量
		"InPressure":value, //入机压力
		"Running_Loops":value, //运行圈数
		"Pivot_Velocity":value, //行进速率
		"Forward_HMI":value, //正向行进标识
		"Backward_HMI":value,//反向行进标识
		"NoWater_HMI":value, //有水行进状态
		"SafeCircuit_State":value //安全回路状态
		}
		}
		
		滴灌设备
		{
		"id":value,//设备 id
		"serialno":value,//设备序列号
		"dname":value,//设备名称
		"dclass":value, //设备等级
		"deviceType":value, //设备类型
		"devicePosition":value,//设备位置
		"tm":value,//时间
		"states":[[
		"value",0,1,…… //滴灌设备电磁阀状态
		]]
		}

表 D.8 获取设备列表

url	/v1/devices
协议	http 或 https
请求方式	GET（header 头中放入 token）

参数说明

参数名称	是否必须	类型	描述
dclass	否	int	设备类型
page	否	int	当前页码（不填写默认为 1）
pagesize	否	int	每页记录数（不填写默认为 10）

返回值说明

参数名称	类型	描述
code	int	状态码
msg	string	操作结果提示
errorCode	int	错误码（如果为 0 则代表请求成功，否则请求失败）
data	pageNo	当前页码
	pageSize	每页记录数
	totalRecord	总记录数
	totalPage	总页数
	datalist	[{ "id":value,//设备 id "serialno":value,//设备序列号 "dname":value,//设备名称 "dclass":value, //设备等级 "deviceType":value, //设备类型 "devicePosition":value,//设备位置 }]

表 D.9 获取监测设备最新监测数据

url	/v1/{id}/newdata
协议	http 或 https
请求方式	GET（header 头中放入 token）

参数说明

参数名称	是否必须	类型	描述
id	是	int	设备 ID

返回值说明

参数名称	类型	描述
code	int	状态码
msg	string	操作结果提示
errorCode	int	错误码（如果为 0 则代表请求成功，否则请求失败）
data	string	监测设备最新监测数据 JSON 字符串

表 D.10　　获取监测设备实时监测数据

<table>
<tr><td>url</td><td colspan="3">/v1/{id}/realtimedata</td></tr>
<tr><td>协议</td><td colspan="3">http 或 https</td></tr>
<tr><td>请求方式</td><td colspan="3">GET（header 头中放入 token）</td></tr>
<tr><td colspan="4">参　数　说　明</td></tr>
<tr><td>参数名称</td><td>是否必须</td><td>类型</td><td>描　　述</td></tr>
<tr><td>id</td><td>是</td><td>int</td><td>设备 ID</td></tr>
<tr><td>stime</td><td>是</td><td>datetime</td><td>开始时间</td></tr>
<tr><td>etime</td><td>是</td><td>datetime</td><td>结束时间</td></tr>
<tr><td colspan="4">返　回　值　说　明</td></tr>
<tr><td>参数名称</td><td>类型</td><td colspan="2">描　　述</td></tr>
<tr><td>code</td><td>int</td><td colspan="2">状态码</td></tr>
<tr><td>msg</td><td>string</td><td colspan="2">操作结果提示</td></tr>
<tr><td>errorCode</td><td>int</td><td colspan="2">错误码（如果为 0 则代表请求成功，否则请求失败）</td></tr>
<tr><td rowspan="5">data</td><td>pageNo</td><td colspan="2">当前页码</td></tr>
<tr><td>pageSize</td><td colspan="2">每页记录数</td></tr>
<tr><td>totalRecord</td><td colspan="2">总记录数</td></tr>
<tr><td>totalPage</td><td colspan="2">总页数</td></tr>
<tr><td>datalist</td><td colspan="2">监测设备监测数据列表 JSON 字符串
气象数据：
{
"stcd":value，//测站编码
"tm":value，//时间
"wndv":value,//风向
"wnddir":value,//风速
"airp":value，//大气压
"ottemper":value，//温度
"othumidity":value，//湿度
"avgradition":value，//辐射量
"dyp":value，//日累积雨量
}

地下水数据：
{
"stcd":value，//测站编码
"tm":value，//时间
"bd":value，//埋深
"z":value　//水位
}

土壤墒情数据：
{
"stcd":value，//测站编码
"tm":value，//时间
"swc10":value，//10cm 处含水量
"swc20":value，//20cm 处含水量</td></tr>
</table>

续表

参数名称	类型	描　述

data	datalist	"swc40":value, //40cm 处含水量
		"swc60":value, //60cm 处含水量
		"swc80":value, //80cm 处含水量
		"swc100":value, //100cm 处含水量
		"vvswc":value //垂线平均含水量
		}
		
		水质数据:
		{
		"stcd":value, //测站编码
		"tm":value, //时间
		"cod":value, //化学需氧量
		"wt":value, //水温
		"ph":value, //酸碱度
		"tsc":value //全盐量
		}
		
		喷灌机:
		{
		"id":value, //设备编码
		"tm":value, //时间
		"deviceStatus":value, //设备状态
		"deviceRunInfo":value,//运行状态
		"Control_Mode":value, //控制模式
		"AccFlow":value, //已灌水量
		"Current_Zone":value,//当前分区
		"EndGun_HMI":value, //尾枪状态
		"SystemRun":value, //
		"StartAngle":value, //运行开始角度
		"StopAngle":value, //运行结束角度
		"Current_Angle":value, //当前角度
		"InFlow":value, //入机流量
		"InPressure":value, //入机压力
		"Running_Loops":value, //运行圈数
		"Pivot_Velocity":value, //行进速率
		"Forward_HMI":value, //正向行进标识
		"Backward_HMI":value,//反向行进标识
		"NoWater_HMI":value, //有水行进状态
		"SafeCircuit_State":value //安全回路状态
		}
		
		滴灌设备:
		滴灌设备
		{
		"id":value,//设备 id
		"tm":value,//时间
		"states":[[
		"value",0,1,...... //滴灌设备电磁阀状态
		]]
		}
		
		设备状态:
		{
		"id":value,//设备 id
		"tm":value,//时间
		"states":value //设备启停状态
		}

表 D.11　获取监测设备时间区间统计监测数据

url	/v1/{id}/statisticdata		
协议	http 或 https		
请求方式	GET (header 头中放入 token)		
参数说明			
参数名称	是否必须	类型	描述
id	是	int	设备 ID
stime	是	datetime	开始时间
etime	是	datetime	结束时间
type	是	int	日、旬、月、年等统计方式
返回值说明			
参数名称	类型	描述	
code	int	状态码	
msg	string	操作结果提示	
errorCode	int	错误码 (如果为 0 则代表请求成功，否则请求失败)	
data	pageNo	当前页码	
	pageSize	每页记录数	
	totalRecord	总记录数	
	totalPage	总页数	
	datalist	同表 D.10 对应数据	

表 D.12　灌溉设备控制

url	/v1/control/auto		
协议	http 或 https		
请求方式	POST (header 头中放入 token)		
参数说明			
参数名称	是否必须	类型	描述
id	是	int	设备 ID
dclass	是	int	设备类型
mode	是	int	运行模式 (1 手动，0 自动)
autoSwitch	是	int	启动停止 (1 启动，0 停止)
irriValue	是	int	灌溉量
返回值说明			
参数名称	类型	描述	
code	int	状态码	
msg	string	操作结果提示	
errorCode	int	错误码 (如果为 0 则代表请求成功，否则请求失败)	

（1）平台通过请求/响应消息与灌溉设备通信，来实现控制与操作业务。

（2）平台通过选择不同的消息主题对灌溉设备进行选择，通过发布命令消息要求灌溉设备完成操作与控制，灌溉设备通过消息向平台提交控制与操作后的设备状态。

（3）在进行控制时，应根据授权参数逐步实现端到端的安全认证。

（4）基本的服务接口设计宜符合下列要求，具体系统实现时可以在基本接口设计的基础上进行扩展。

表 D.13　灌溉设备运行状态消息

消息主题	{id}/up/data	
协议	MQTT	
返回值说明		
参数名称	类型	描　述
utc	int	状态码

data	string	{
		"tm":value,//时间
		"data":[[
		"value",0,1,……　//设备电磁阀状态
		]]
		}

表 D.14　向灌溉设备发送控制指令

消息主题	{id}/down/data		
协议	MQTT		
参数说明			
参数名称	是否必须	类型	描　述
id	是	int	设备 ID

command	是	string	{
			"date":value,//时间
			"volumn":30 //灌溉量
			}

5.3.4　直连遥测终端接口

5.3.4.1　直连遥测终端接口消息协议宜采用 SL651 或 SZY206 协议。

5.3.4.2　遥测终端与高效节水灌溉物联网平台之间采用端对端的工作模式进行数据交换，工作制式宜采用自报式、查询/应答式或兼容式。